U0171400

# 目标定位理论与方法

江刚武　刘建辉　编著

科学出版社

北京

# 内 容 简 介

本书主要介绍各类目标定位的基本概念和原理，帮助学生建立以测绘导航技术为基础的目标定位知识体系，了解目标定位的常用技术和方法。主要内容包括与目标定位相关的误差理论、最小二乘法、大地坐标系、地图投影和地图的若干知识，全面介绍以角度距离测量为基础的传统测量定位、基于航空航天遥感图像的定位、卫星导航定位和经典的大地天文测量定位理论和方法等。

本书既可作为高等院校目标工程、摄影测量与遥感、测绘工程、地理信息科学专业本科生和研究生教材，也可供科研院所相关工程技术人员和管理人员阅读参考。

**图书在版编目(CIP)数据**

目标定位理论与方法/江刚武，刘建辉编著. —北京：科学出版社，2024.3
ISBN 978-7-03-077478-1

I. ①目… Ⅱ. ①江… ②刘… Ⅲ. ①目标跟踪–教材 Ⅳ. ①TN953

中国国家版本馆 CIP 数据核字(2024)第 009231 号

责任编辑：杨 红 郑欣虹 / 责任校对：杨 赛
责任印制：张 伟 / 封面设计：迷底书装

**科学出版社**出版
北京东黄城根北街 16 号
邮政编码：100717
http://www.sciencep.com
北京中石油彩色印刷有限责任公司印刷
科学出版社发行 各地新华书店经销

*

2024 年 3 月第 一 版 开本：787×1092 1/16
2024 年 3 月第一次印刷 印张：13 1/2
字数：330 000
**定价：59.00 元**
(如有印装质量问题，我社负责调换)

# 前　言

在日常生活中，"你在哪？"是我们打电话时经常会问对方的一句话。"你在哪？""我在哪？"这都需要提供"你"和"我"的准确位置，也就是需要解决目标的定位问题。

随着科学技术的快速发展，目标定位也逐渐发展到视觉定位、无线电定位、卫星导航定位和遥感图像定位等多学科融合发展的崭新阶段。对于目标保障工作来说，目标定位是一项重要的基础性工作。当然，纯粹从技术角度分析，目标定位本质上是测绘导航技术的具体应用，涉及多种测量手段和处理算法，如基于测角测距原理的普通测量定位、以无线电测距为基础的卫星定位、以遥感成像模型为基础的航空航天遥感定位，以及以星空背景为基础的大地天文测量定位等。这些技术都可以用来解决不同场景下的目标定位问题，都是当前目标保障领域常用的目标定位方法。

因为目标定位主要解决"目标在哪里"这样的数学问题，所以需要一个具体而明确的坐标参考系，从而进一步解算目标在这个参考系中的具体坐标值。在传统视觉定位的范围，目标处于人眼观测范围之内，因此可以在一个局部的、范围比较小的坐标系内完成定位。但是要对超视距范围的目标进行定位，就需要更大尺度、更大范围的坐标系，如以地球中心为基础的大地坐标系等。进一步，如果要对天上的恒星进行观测后再对地面目标进行定位，就需要能描述更大范围的坐标系统，如天球坐标系等。因此，目标定位还必须解决坐标系的定义及其相互转换问题。

针对不同的场景，不管是哪一种方式的定位，其在数学本质上都是通过已知条件求解目标点坐标。大体上来说，确定一个目标的精确坐标，主要有两种典型模式：第一种是在坐标未知的目标点上，通过设备观测位置已知的参考目标，如恒星、导航卫星和地面上其他已知的控制点，在获得未知点相对于已知点的方向或距离后，进行数学求解得到未知点的坐标。第二种模式则刚好相反，即在坐标已知的控制点上测量坐标未知的目标点，如通过飞行位置和状态已知的飞机、卫星平台获取目标的图像，或者在地面上位置已知的控制点上观测未知点的方向和距离，进而求解出未知点的坐标。在这里，位置已知的控制点在两种模式里都出现了，表面上看原理好像是一致的，实则不然。第一种定位模式是"从未知观测已知"，通常称为"后方交会"，而第二种模式是"从已知观测未知"，也可称为"前方交会"。后方交会和前方交会是测量定位中经常出现的概念，两种方式的目标定位解算是不同的，在本教材中会作进一步的说明。

在传统测绘学科专业体系中，对于目标定位技术的研究和学习是一项具体而复杂的过程，涉及测量平差理论、现代测量学、大地天文测量学、摄影测量学、地图学、卫星导航定位等多门课程，编写本教材的初衷是让非测绘导航专业的学生和读者全面了解目标定位的一般方法和技术。全书共 9 章，详细地介绍以测绘导航技术为基础的目标定位理论与方法。第 1 章介绍曾经应用和正在应用的各种目标定位手段，分析目标定位所必需的坐标系、典型观测设备和定位基本原理。第 2 章介绍了目标定位解算所必需的误差理论和最小二乘法原理。第 3 章介绍了目标定位所必需的大地坐标系的基本概念、定义方式及其相互转换的数学原理。第

4 章介绍了平面控制测量的投影基础和地图基本知识。第 5 章介绍了经典的以角度测量、距离测量为基础的普通测量定位理论与方法。第 6 章介绍了以航空摄影测量定位技术为基础的目标定位理论与方法。第 7 章则介绍了以航天摄影测量定位技术为基础的目标定位理论与方法。第 8 章介绍了以卫星导航定位技术为基础的目标定位理论与方法。第 9 章介绍了以大地天文测量定位为基础的目标定位理论与方法。本教材是依据战略支援部队信息工程大学作战目标工程本科专业的教学大纲和人才培养方案编写完成的，其中，江刚武教授编写了第 1、第 2、第 6、第 7、第 9 章，刘建辉博士编写了第 3、第 4、第 5、第 8 章，全书由江刚武教授统稿。

　　本教材的编写得益于许多人的指导和帮助。衷心感谢战略支援部队信息工程大学数据与目标工程学院胡宗云院长、教学科研处翟天增处长对本教材出版的关心和支持，感谢姜挺教授、余旭初教授的指导和帮助，以及他们提出的宝贵意见。感谢教研室王鑫教授、张贝贝老师给予的无私帮助和支持。在这里向他们和本书所列参考文献的作者，以及为本书出版给予热心支持和帮助的朋友们，表示衷心的感谢。

　　由于编者的理论学术水平有限，书中难免存在不足之处，敬请各位同学、专家同行以及广大读者批评指正！在阅读本书过程中，如有建议或意见请发信至 jianggw@163.com。

编　者<br>2023 年 8 月 · 郑州

# 目　　录

前言

第 1 章　绪论 ···················································· 1

1.1　目标定位发展简史 ·········································· 1

1.1.1　从视觉观察定位到天文定位 ···························· 1

1.1.2　无线电定位与惯性导航定位 ···························· 2

1.1.3　卫星导航定位 ······································· 3

1.1.4　航空航天摄影测量定位 ······························· 4

1.2　目标定位系统概述 ·········································· 5

1.2.1　坐标系 ·············································· 5

1.2.2　典型观测设备 ········································ 8

1.2.3　定位基本原理 ······································· 11

练习和思考题 ················································· 13

第 2 章　误差理论基础 ············································ 14

2.1　测量误差概述 ············································· 14

2.1.1　真值和真误差 ······································· 14

2.1.2　测量误差的来源 ····································· 14

2.1.3　观测的分类 ········································· 15

2.1.4　测量误差分类 ······································· 16

2.1.5　偶然误差的特性 ····································· 17

2.2　精度估计的标准 ··········································· 19

2.2.1　精度 ··············································· 19

2.2.2　中误差 ············································· 19

2.2.3　相对误差 ··········································· 20

2.2.4　极限误差 ··········································· 20

2.3　算术平均值及其中误差 ····································· 21

2.3.1　算术平均值 ········································· 21

2.3.2　观测值的改正数 ····································· 21

2.3.3　观测值的中误差 ····································· 22

2.4　误差传播定律 ············································· 23

2.4.1　误差传播定律的推导 ································· 23

2.4.2　误差传播定律的应用 ································· 25

2.5　最小二乘法 ··············································· 26

2.5.1　基本概念 ··········································· 26

2.5.2 解算方法 ···················································· 27

练习和思考题 ························································· 30

**第 3 章 大地坐标系** ··················································· 31

3.1 引言 ···························································· 31

3.2 地球形状 ························································ 32

    3.2.1 椭球面 ····················································· 32

    3.2.2 大地水准面 ················································· 34

3.3 坐标系的建立 ···················································· 35

    3.3.1 球面大地坐标系 ············································· 35

    3.3.2 空间直角坐标系 ············································· 36

    3.3.3 高程系统 ··················································· 37

3.4 坐标系的形式 ···················································· 38

    3.4.1 天球参考系 ················································· 39

    3.4.2 参心坐标系 ················································· 39

    3.4.3 地心坐标系 ················································· 40

3.5 坐标系的转换 ···················································· 42

    3.5.1 坐标旋转变换的数学原理 ····································· 42

    3.5.2 球面坐标系与空间直角坐标系的转换 ··························· 45

    3.5.3 大地坐标系与空间直角坐标系的转换 ··························· 45

    3.5.4 不同空间直角坐标的转换 ····································· 47

    3.5.5 不同大地坐标的转换 ········································· 48

练习和思考题 ························································· 51

**第 4 章 投影与地图** ··················································· 52

4.1 投影概述 ························································ 52

    4.1.1 投影的意义 ················································· 52

    4.1.2 投影方程 ··················································· 52

    4.1.3 投影变形 ··················································· 53

4.2 圆柱投影 ························································ 54

    4.2.1 圆柱投影及一般公式 ········································· 55

    4.2.2 等角正圆柱投影 ············································· 56

4.3 高斯投影 ························································ 57

    4.3.1 基本概念 ··················································· 57

    4.3.2 投影分带 ··················································· 58

    4.3.3 高斯平面直角坐标系 ········································· 59

    4.3.4 高斯投影正反算 ············································· 60

4.4 地理格网 ························································ 62

    4.4.1 美军军事网格参考系统 ······································· 62

    4.4.2 我国的地理格网 ············································· 66

4.5 地图、地形图和比例尺 ············································· 67

　　　　4.5.1　地图 ·································································· 67

　　　　4.5.2　地形图 ······························································ 68

　　　　4.5.3　比例尺 ······························································ 69

　　4.6　地形图的分幅与编号 ······················································ 70

　　　　4.6.1　基本比例尺地形图的分幅与编号 ························ 70

　　　　4.6.2　大比例尺地形图的分幅与编号 ··························· 73

　　练习和思考题 ···································································· 74

**第 5 章　普通测量定位** ·························································· 75

　　5.1　角度测量 ······································································ 75

　　　　5.1.1　水平角 ······························································ 75

　　　　5.1.2　垂直角 ······························································ 76

　　　　5.1.3　经纬仪的整置 ················································· 76

　　　　5.1.4　水平角观测与记录 ··········································· 78

　　　　5.1.5　垂直角观测与记录 ··········································· 80

　　5.2　距离测量 ······································································ 82

　　　　5.2.1　钢尺量距 ·························································· 82

　　　　5.2.2　电磁波测距 ····················································· 84

　　5.3　全站仪测量 ··································································· 91

　　　　5.3.1　概述 ································································· 91

　　　　5.3.2　全站仪的基本功能 ··········································· 91

　　5.4　测角交会测量 ······························································ 97

　　　　5.4.1　余切公式及交会图形 ········································ 97

　　　　5.4.2　前方交会、侧方交会和单三角形的坐标计算 ········· 98

　　　　5.4.3　后方交会 ························································· 100

　　5.5　测边交会与边角后方交会 ············································· 102

　　　　5.5.1　测边交会 ························································· 102

　　　　5.5.2　边角后方交会 ················································· 102

　　5.6　三角高程测量 ····························································· 103

　　　　5.6.1　三角高程测量原理 ··········································· 103

　　　　5.6.2　高差计算公式 ················································· 104

　　　　5.6.3　地球曲率和大气折光对高差的影响 ···················· 104

　　　　5.6.4　高程计算 ························································· 106

　　练习和思考题 ·································································· 106

**第 6 章　航空摄影测量定位** ·················································· 108

　　6.1　坐标系及内外方位元素 ················································ 108

　　6.2　共线条件方程 ····························································· 111

　　6.3　单像空间后方交会 ······················································ 113

　　　　6.3.1　角锥体法 ························································· 113

　　　　6.3.2　共线条件方程法 ·············································· 115

6.4  基于单张像片的目标定位 ······························································· 117
6.5  基于立体像对的目标定位 ····························································· 120
    6.5.1  相对方位元素 ··········································································· 121
    6.5.2  绝对方位元素 ··········································································· 123
    6.5.3  相对定向 ·················································································· 124
    6.5.4  空间前方交会 ··········································································· 126
    6.5.5  绝对定向 ·················································································· 128
练习和思考题 ······················································································· 132
第 7 章  航天摄影测量定位 ········································································ 133
7.1  相关坐标系及其转换 ····································································· 133
    7.1.1  像方坐标系 ··············································································· 133
    7.1.2  卫星相关坐标系 ······································································· 134
    7.1.3  物方坐标系 ··············································································· 136
7.2  基于严密成像模型的目标定位 ····················································· 137
    7.2.1  基于共线方程的传感器模型 ····················································· 137
    7.2.2  严密传感器模型的解算 ····························································· 139
7.3  基于通用成像模型的目标定位 ····················································· 143
    7.3.1  多项式模型方法 ······································································· 143
    7.3.2  直接线性变换模型方法 ····························································· 144
    7.3.3  有理函数模型方法 ··································································· 147
练习和思考题 ······················································································· 155
第 8 章  卫星导航定位 ··············································································· 156
8.1  卫星导航系统简介 ········································································ 156
    8.1.1  中国北斗系统 ··········································································· 156
    8.1.2  美国 GPS 系统 ········································································· 157
    8.1.3  俄罗斯 GLONASS 系统 ····························································· 158
    8.1.4  欧盟 Galileo 系统 ····································································· 158
8.2  定位误差源分析 ··········································································· 159
    8.2.1  与卫星有关的误差 ··································································· 159
    8.2.2  与信号空间传播有关的误差 ····················································· 160
    8.2.3  与接收机相关的误差 ······························································· 161
    8.2.4  其他误差 ·················································································· 161
8.3  卫星导航定位基本原理 ································································· 161
    8.3.1  伪距测量 ·················································································· 162
    8.3.2  载波相位测量 ··········································································· 163
    8.3.3  绝对定位和相对定位 ······························································· 166
    8.3.4  差分 GNSS 定位原理 ································································· 173
    8.3.5  CORS 技术 ··············································································· 176
8.4  GNSS 测量的作业模式 ································································· 176

　　　练习和思考题 ·············································································· 178
第 9 章　大地天文测量定位 ································································· 179
　9.1　发展现状 ················································································ 179
　　9.1.1　传统的天文测量 ································································· 179
　　9.1.2　基于电子经纬仪的大地天文测量 ············································ 180
　　9.1.3　基于 CCD 技术的自动大地天文测量 ········································ 180
　9.2　天球 ······················································································ 181
　　9.2.1　天球的基本概念 ································································· 181
　　9.2.2　天球上的标识 ···································································· 181
　　9.2.3　天体的视运动 ···································································· 182
　9.3　空间坐标系 ·············································································· 183
　　9.3.1　地平坐标系 ······································································· 184
　　9.3.2　时角坐标系 ······································································· 185
　　9.3.3　赤道坐标系 ······································································· 186
　　9.3.4　黄道坐标系 ······································································· 187
　9.4　时间基准 ················································································ 187
　　9.4.1　时间的基本概念 ································································· 187
　　9.4.2　恒星时与太阳时 ································································· 189
　　9.4.3　历书时 ············································································ 191
　　9.4.4　原子时与协调世界时 ···························································· 192
　　9.4.5　大地天文测量定位中的时间工作 ·············································· 194
　9.5　天顶距法测量原理 ······································································ 195
　　9.5.1　纬度测量 ·········································································· 195
　　9.5.2　经度测量 ·········································································· 196
　9.6　数字天顶仪 ·············································································· 197
　　9.6.1　系统概述 ·········································································· 197
　　9.6.2　工作原理 ·········································································· 198
　　　练习和思考题 ·············································································· 203

主要参考文献 ····················································································· 204

# 第 1 章　绪　论

目标定位是目标保障工作的基础，要准确获得目标的精确位置，坐标系的建立、针对目标的观测以及目标定位解算等环节都是不可或缺的。本章从目标定位发展简史开始，介绍各种典型的目标定位技术手段，并简要分析目标定位所必需的坐标系、典型观测设备和定位基本原理。

## 1.1　目标定位发展简史

### 1.1.1　从视觉观察定位到天文定位

作为高级视觉动物的人类，需要定位和导航时，想到的办法自然是利用能看到的物体来实现，即使是去远在地平线以外的地方。因此，在很早之前，世界上就出现了非常原始的地图——用于显示某地相对其他地方距离和方位的图画。为了绘制这种地图，首先需要找到能定位自己位置的方法，然后再确定前进方向和速度。对于可以使用高德地图或百度地图的现代人来说，这些导航和定位的事看起来非常容易，但古代的人类为了探索定位导航的秘密，则花了近 6000 年的时间！

地图是最初的辅助定位和导航工具，在发明文字之前，人类就已经开始使用地图了。绘制一小块地方的地图还不需要先进的测绘工具，只要对那块地方足够熟悉就可以了。例如，4 万年前的非洲岩画中就出现了对游牧定居点和畜栏的描绘，尽管这种岩画能否被称为真正的地图还存在一定的争议，但也能算得上是广义上的“地图”。2009 年，萨拉戈萨大学的科学家在西班牙某洞穴的一块岩石上发现有风化的纹路，纹路表现了附近的狩猎场和一条河。据研究人员推测，这些纹路有约 1.4 万年的历史，是迄今发现的最古老的西欧地图。而我国记载于《左传》中的“九鼎图”和《山海经》中绘有山、水、动植物及矿物的“山海经图”也是非常古老的地图。

在导航方面，古人也采用来自天空的天然信号指引方向。人们很早就注意到太阳、月亮和星辰的运行非常有规律，如太阳总是从同一个方向升起，掠过天空然后在相反的方向落下。实际上，正是太阳的这种运行给了人们东和西的概念。与此同时，还可以通过太阳定义南与北。由于人类聚居地大多数集中在北半球，太阳通常在观察者的南方，因此正午时太阳达到天空中的最高点即为正南方。到了晚上，旅行者得依靠其他更远的恒星来指路，若干个世纪的天文观察揭示了恒星的运行规律，在需要定位的时候，关于恒星的知识足以确定旅行者的纬度——即相对于赤道的南北向位置。郑和下西洋时，就采用了“牵星术”实现导航定位。此外，在广袤大海上航行的水手，还能用北极星和基础三角法得到船只与赤道的距离，这个距离的度量就是纬度。只需简单地假设北极星在北极的正上方，再测量北极星与地平线的夹角即可得到纬度。很多设备都可以完成这项工作，如星盘（图 1-1），这种木头或金属制成的简易仪器，可以精确测量天体角度。

图 1-1　星盘

纬度的确定对导航和地图绘制至关重要。但是只知道离赤道多远还不够，精确的导航还需要东西向的位置，即经度。众所周知，地球是个绕其南北轴自转的类球体。地球每天旋转 360°，每小时 15°，这意味着可以通过某些参照点找到东西方向位置。只需回答出两个简单的问题：第一，所在的位置是什么时间？第二，参照点是什么时间？

　　一个航海家能够从太阳的位置判断出当地的时间，假设当地时间是上午 9 点，如果他知道陆地上的某个位置此时正当中午，那么他就在这个位置偏西 45° 的地方。具体有多远则取决于纬度。在赤道，经度的 15° 大概相当于 1670km 那么远，每 1° 相当于 111km。经线收敛于南北极，所以纬度越高，相同经度代表的距离越短。幸运的是，只要知道纬度，就可以用一个简单的公式计算出这个距离。航海家们已经能够确认纬度了，因而水手只需要确认经度，就能快速精准地找到他在任何一片大洋上的位置。因此航海家们需要一个能够工作数月、走时准确的计时器，以便准确地计算出自己所处的经度。非常奇妙的事情发生了，定位技术发展到这个阶段，空间和时间就不可避免地、完美地走到了一起。

## 1.1.2　无线电定位与惯性导航定位

　　非常遗憾，在乌云密布或者是云量稍多的阴天，无论是视觉观察还是天文导航定位都会失效，因为这两类方法都需要一个好天气，需要看清参照物从而实现定位。1914 年 7 月，第一次世界大战爆发，这是飞机占据主导地位的首场战争，飞机的精确定位和导航的难度和重要性很快突显。怎样才能让侦察机或轰炸机无论白天黑夜，也无论天气好坏，都能找到任务目标然后返航呢？像水手一样，飞行员也能用"航位推测法"进行导航，但是这种方法依赖的磁罗盘被证实在飞机上并不可靠，飞机的金属组件（如发动机和炸弹）都会扰乱地磁场，在这样的状况下，可全天时、全天候工作的无线电导航定位看上去大有前途。

　　1915 年春，德国人在博尔库姆岛和诺德霍尔茨以东 120km 的地方各建造了一个无线电导航基准站，飞艇上的导航员从而可以使用无线电定位装置来校准方位。1926 年，美国商务部部长赫伯特·胡佛开始推动无线电导航定位系统建设。与此同时，美国军方当时已经有了一套不完善的无线电导航系统，使用成套的天线发送无线电信号，从而帮助飞行员找到"回家的路"。

　　第二次世界大战爆发前，麻省理工学院成立了一个新的辐射实验室，成功研制了无线电定位定向装置，也就是无线电探测与测距，简称为雷达。雷达技术改变了战局，它让盟军军舰、飞机和防空武器能够预先发现来袭的敌人，并以极高的精确度进行火力打击。尽管无线电导航定位有很多优点，但也有一个最大的缺点，就是需要其他地面导航定位设备的支持，也就是说这种定位方法无法自主运行。因此，科学家也在寻找完全自主导航定位的技术和装备。1953 年 2 月，一架 B-29 轰炸机从位于马萨诸塞州贝德福德的汉斯科姆空军基地起飞，中途未作停留一直飞到洛杉矶。此次飞行，导航没有人工干预，在 12 小时中飞行了 3600km，都是由惯性导航控制系统掌舵（图 1-2）。

图 1-2　麻省理工学院在 20 世纪 50 年代研发的惯性导航控制系统

这种设备重达 1t，是麻省理工学院实验室的产品，单纯依赖惯性的导航定位仪首次测试获得了全面胜利。波音 747 成为第一批标配惯性设备的商用飞机，这套系统名叫"旋转木马"，由通用汽车公司的德尔科电子产品分公司生产，可以让驾驶员和副驾驶把预定航线标记为一系列导航点，就像天空中的面包屑，然后"旋转木马"引导飞机飞向目的地，中途只需按照一个接一个的导航点飞行就行，驾驶员和副驾驶不需要做任何操控。在惯性导航的基础上，人们发明了第一项全自动的指路技术。尽管它足以引导潜艇到达北极，但是对于横跨大西洋或者对准几千千米之外目标的核弹头导弹，还不够完善。航位推测法是由导航员人工进行的，不可避免的细小错误悄悄进入惯性导航系统的计算当中，随着时间的推移，精度和可靠性越来越差。惯性导航足以用于大多数目的，但是也存在精度越来越低的固有缺点。为了更进一步地精确定位，科学家又一次仰望天空，以寻找更好的导航定位方法。

### 1.1.3　卫星导航定位

1957 年 10 月 4 日，苏联发射了世界上的第一颗人造地球卫星——"伴侣号"，它有节奏地发出 20MHz 电子信号的嘟嘟声，直到 21 天后电池失效。"伴侣号"不仅仅是第一颗人造卫星，还是第一颗导航定位卫星。"伴侣号"人造卫星以 8km/s 的速度运转时，会产生多普勒效应，通过测量多普勒频移，可以非常精确地计算出卫星的轨道。反过来说，反向运算，一旦卫星的位置已知，通过卫星计算地面位置也是可行的。

于是，美国在 1959 年启动了子午卫星定位系统计划。1963 年底，第一颗子午卫星全面投入运行，并且在次年投入到海军的实际工作中。子午卫星是一个二维导航系统。该系统根据多普勒效应，接收器可以计算经度和纬度，但算不出高度。因此在 1973 年，美国国防部牵头的卫星导航定位联合计划局正式成立，并将办事机构设立在洛杉矶的空军航天处，开启了全球卫星定位系统的建设，也就是被人们熟知的全球定位系统（global positioning system，GPS）。

与此同时，俄罗斯也在采用类似技术开发自己的卫星导航定位系统，系统名叫格洛纳斯（GLONASS），该系统由 24 颗人造卫星组成，1995 年完成组网工作，和美国的 GPS 有许多共同之处。全世界所有人都可以使用 GLONASS，每颗卫星都是同时发射军用与民用两种信号，且民用信号的准确度相当惊人，可以精确地找到用户所处的位置。

中国也高度重视卫星导航系统的建设，一直在努力探索和发展拥有自主知识产权的卫星导航系统。2000 年，我国建成北斗导航试验系统，成为继美国、俄罗斯之后的世界上第三个拥有自主卫星导航系统的国家。2012 年底，建成北斗二号系统，向亚太地区提供服务；2020 年，建成北斗三号系统，向全球提供服务。北斗系统由空间段、地面段和用户段三部分组成，其中，空间段由若干地球静止轨道卫星、倾斜地球同步轨道卫星和中圆地球轨道卫星组成；地面段包括主控站、时间同步/注入站和监测站等若干地面站，以及星间链路运行管理设施；用户段包括北斗兼容其他卫星导航系统的芯片、模块、天线等基础产品，以及终端产品、应用系统与应用服务等。

### 1.1.4　航空航天摄影测量定位

在无线电定位、惯性导航定位和卫星导航定位快速发展的同时，人类也在研究如何尽快绘制全球地图，以实现更广大范围内的目标定位。传统的地面制图技术受到地形和人力的限制，要想实现全球范围的制图是一项巨大的工程，事实上很难完成。随着 19 世纪 20 年代发明的摄影技术的快速发展，准确、客观地获取地面影像成为可能，进而以图像为基础的制图和目标定位也就得以实现。19 世纪 50 年代，法国陆军军官艾梅·洛瑟达开发出用于"摄影测量法"的工具，摄影测量法是将照片转译为精确地图的新技术。

莱特兄弟发明飞机后，空中侦察才算"自立门户"。同时，相机技术也更先进了，曾用于捕获光学影像的玻璃或金属板已被又轻又柔韧的摄影胶片取代。为航空拍摄特制的新一代相机有多个镜头，可以提供地面的立体图形。这些相机能给出多个地标的高度和深度，大大简化了制图程序。

1972 年，美国发射了地球资源卫星，设计目的是拍摄地球的照片，为环境研究、土地使用管理和城市规划服务。

20 世纪 80 年代，法国政府在比利时和瑞典航天研究部门的帮助下发射了自己的成像卫星。此外，法国还成立了视宝公司（SPOT Image），这是一家出售卫星照片的商业企业。

1997 年，世界映像公司的第一颗卫星发射。这颗"晨鸟 1 号"卫星（Early Bird 1）可以分辨 3m 大小的目标，4 年后世界映像公司发射了更先进的"快鸟"卫星（QuickBird），这颗卫星一直使用到了今天。快鸟卫星的分辨率可达 60cm，对商业应用来说完全足够，还能胜任大多数的军事用途。其后，这家公司更名为"数字地球"（DigitalGlobe），又发射了多颗分辨率更高的卫星。

2006 年，地球之眼公司并购了 Space Imaging 公司，获得了这家公司的 IKONOS 卫星所有权，这颗卫星发射于 1999 年，是第一颗分辨率达到 1m 的商用卫星。在数字地球、地球之眼和视宝这三巨头，以及其他数百家航天图像公司的努力下，整个地球都已经被拍成了精度可观的照片。这些照片制成的高精度地图为我们展现了前所未有的、细节化的世界。

我国的高分系列卫星是"高分专项"所规划的高分辨率对地观测系列卫星。它是《国家中长期科学和技术发展规划纲要（2006—2020 年）》所确定的 16 个重大专项之一，该专项系统于 2010 年经国务院批准启动实施。高分系列卫星覆盖了从全色、多光谱到高光谱，从光学到雷达，从太阳同步轨道到地球同步轨道等多种类型，构成了一个具有高空间分辨率、高时间分辨率和高光谱分辨率的对地观测系统。

航空航天遥感系统的逐渐完善，使得利用影像确定目标的位置变得更加快捷，特别是在人员不能到达的地区、无法采用天文定位、无线电定位技术，航空航天摄影测量定位成为唯一的目标定位手段。

# 1.2　目标定位系统概述

目标定位在火力打击、雷达探测、声呐、无线传感器网络、无线基站等领域应用非常广泛，定位算法又是这些领域的研究热点。目标、观测设备、坐标系共同构成了一个目标定位系统。无论是被动定位跟踪还是自主定位和导航，都无法脱离观测设备采集数据，将数据映射到坐标系内形成轨迹或航迹，最终供决策者使用。

在目标定位系统中，目标是打击或防卫的对象，如导弹阵地、指挥所和航空母舰等。观测设备是对目标具有探测能力，能采集到目标相关信息的设备或装置。脱离了目标本身，观测设备就没有存在的意义，同理，没有观测设备就无法对目标实现定位和跟踪。

人的眼睛就是一个典型的观测设备，掠过眼前的所有图像都是眼睛观测的信息，如果人眼观看天空中运动的飞机，那么飞机则是锁定的目标。遥感卫星也是一个观测设备平台，它能在遥远的太空观测地面的目标，确定目标的位置。蝙蝠能发送超声波，根据反射回来的波形确定障碍物的位置和大小，达到自定位和自导航的目的，蝙蝠自身就是一个观测设备平台。装备有卫星导航设备的武器平台（如坦克），可以接收导航定位卫星发射的定位信号，进而获得自己的位置，此时坦克自身就是一个观测设备。

在目标定位系统中，观测设备往往具备探测目标的声音、图像、电磁波等功能。如果观测设备不具备探测目标的任何信息，那么目标即使在观测设备附近出现也等同于隐形，无法实现对其定位和跟踪。例如，在遥远的狮子座星系，有一颗陨石撞向一颗行星，人类在地球上无法探知该陨石的任何信息，那么对这颗陨石进行定位和轨迹预测就没有任何意义。

观测设备探测目标的声音、图像、电磁波（距离）、角度及信号衰减强度等，经过提炼，最终还是加工成距离和角度（也可以理解为方位）这两类信息。因为要实现对目标的定位，只有这两个信息与坐标系直接相关，能为坐标系所用，并最终转换为精确的目标坐标。

## 1.2.1　坐标系

如果有人问"你们大学在哪里？"如果不采用坐标系和坐标的话，我们可能会回答："我们大学在地球上中国河南省郑州市高新区科学大道 62 号。"但是在目标定位跟踪系统中，无法采用这样的自然语言来描述目标的空间位置，需要用更为精确的数学语言来表达目标所在的空间位置，这时就需要借助坐标系。

坐标系是描述物质存在的空间位置（坐标）的参照系，通过定义特定基准及其参数形式来实现。坐标是描述位置的一组数值。按坐标的维度一般分为一维坐标、二维坐标、三维坐标。公路里程碑是典型的一维坐标，我们日常使用的直尺、卷尺等也可理解为一维坐标。笛卡儿坐标系、高斯坐标系是常用的二维坐标系，表示地球经纬度的坐标系也是二维的。三维坐标主要是大地坐标、空间直角坐标。

目标定位的基本目的就是确定目标在某一个坐标系中的坐标，即用具体数字表示的目标位置。要了解目标定位的原理首先需要了解坐标系的基础知识。常用的坐标系主要包括直角坐标系和极坐标系两大类。

### 1. 直角坐标系

直角坐标系，也称笛卡儿坐标系，是一种正交坐标系。如图 1-3 所示，二维直角坐标系是由两条相互垂直、原点重合的数轴构成的。在平面内，任何一点与坐标的对应关系，类似于数轴上点与坐标的对应关系，即任何一点的坐标是根据数轴上对应的点坐标设定的。

采用直角坐标，几何形状可以用代数公式明确地表达出来。几何形状的每一个点的直角坐标必须遵守代数公式。例如，直线可以利用标准式 $ax+by+c=0$、斜截式 $y=mx+k$ 等代数公式表示；一个半径为 $r$，圆心位于 $(a,b)$ 的圆则用 $(x-a)^2+(y-b)^2=r^2$ 表示。

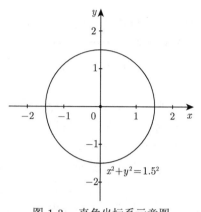

图 1-3　直角坐标系示意图

如图 1-4 所示，二维直角坐标系通常由两个互相垂直的坐标轴构成，通常分别称为 $x$ 轴和 $y$ 轴；两个坐标轴的相交点，称为原点，通常标记为 $o$，既有"零"的意思，又是英语 origin 的首字母。每一个轴都指向一个特定的方向。这两个坐标轴决定了一个平面，称为 $xy$ 平面，又称为笛卡儿平面。通常两个坐标轴只要互相垂直，其指向何方对于分析问题是没有影响的，但习惯性地，$x$ 轴水平摆放，称为横轴，通常指向右方；$y$ 轴竖直摆放，称为纵轴，通常指向上方。两个坐标轴这样的位置关系，称为二维的右手坐标系，或右手系。如果把这个右手系画在一张透明纸片上，则在平面内无论怎样旋转它，所得到的都是右手系；但如果把纸片翻转，其背面看到的坐标系则称为"左手系"。

如何知道坐标轴中的任何一点离原点的距离？假设我们可以刻画数值于坐标轴，那么从原点开始，沿坐标轴所指的方向每隔一个单位长度，就刻画数值于坐标轴。这数值是刻画的次数，也是离原点的正值整数距离；同样地，背着坐标轴所指的方向，我们也可以刻画出离原点的负值整数距离。$x$ 轴上的数值称为 $x$ 坐标，又称为横坐标，$y$ 轴刻画的数值称为 $y$ 坐标，又称为纵坐标。在这里这两个坐标都是整数，对应于坐标轴特定的点。按照比例，我们可以推广至实数坐标和其所对应的坐标轴的每一个点。这两个坐标就是直角坐标系的直角坐标，标记为 $(x,y)$。

任何一个点 $P$ 在平面的位置可以用直角坐标来表达，只要从点 $P$ 画一条垂直于 $x$

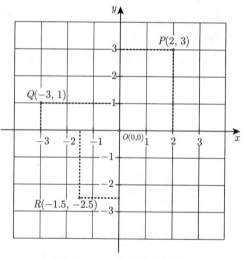

图 1-4　二维直角坐标系

轴的直线，从这条直线与 $x$ 轴的相交点，可以找到点 $P$ 的 $x$ 坐标。同样地，可以找到点 $P$ 的 $y$ 坐标。这样就可以得到点 $P$ 的直角坐标。例如，在图 1-4 中，点 $P$ 的直角坐标是 $(2,3)$，点 $Q$ 的直角坐标是 $(-3,1)$，点 $R$ 的直角坐标是 $(-1.5,-2.5)$。直角坐标系也可以推广至三维空间与高维空间。

直角坐标系的两个坐标轴将平面分成了四个部分，称为象限，分别用罗马数字表示，其编号为 I$(+,+)$、II$(-,+)$、III$(-,-)$、IV$(+,-)$。依照惯例，象限 I 的两个坐标都是正值；象限 II 的 $x$ 坐标是负值，$y$ 坐标是正值；象限 III 的两个坐标都是负值；象限 IV 的 $x$ 坐标是正值，$y$ 坐标是负值。

　　在上述二维直角坐标系的基础上，再添加一个垂直于 $x$ 轴、$y$ 轴的坐标轴，称为 $z$ 轴，$z$ 轴与 $x$ 轴、$y$ 轴相互正交于原点。假若这三个坐标轴满足右手定则，则可得到三维直角坐标系。在三维空间的任何一点 $P$，可以用直角坐标 $(x, y, z)$ 来表达其位置。例如，图 1-5 中，两个点 $P$ 与 $Q$ 的直角坐标分别为 $(2, 0, 3)$ 与 $(1, 2, 2)$。

**2. 极坐标**

　　在数学中，极坐标系是一个二维坐标系。该坐标系中任意位置可由一个夹角和一段相对于原点（或极点）的距离来表示。极坐标系的应用领域十分广泛，包括数学、物理、工程、航海、航空以及机器人等。在两点间的关系用夹角和距离很容易表示时，极坐标系便显得尤为有用，而在平面直角坐标系中，这样的关系就只能使用三角函数来表示。

　　与二维坐标系相同，极坐标系也有两个坐标轴：$r$（半径坐标）和 $\theta$（角坐标、极角或方位角，有时也表示为 $\varphi$ 或 $t$）。$r$ 坐标表示与极点的距离，$\theta$ 坐标表示按逆时针方向距离坐标 $0°$ 射线（有时也称作极轴）的角度，极轴就是在平面直角坐标系中的 $x$ 轴正方向。

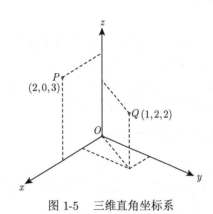

图 1-5　三维直角坐标系

　　例如，极坐标中的（3, 60°）表示了一个距离极点 3 个单位长度、和极轴夹角为 60° 的点。（−3, 240°）和（3, 60°）表示了同一点，因为该点的半径为在夹角射线反向延长线上距离极点 3 个单位长度的地方（240°−180° = 60°）。

　　极坐标系的一个重要特性是，平面直角坐标中任意一点，可以在极坐标系中有无限种表达形式。通常来说，点 $(r, \theta)$ 可以任意表示为 $(r, \theta \pm n \times 360°)$ 或 $(-r, \theta \pm (2n+1) \times 180°)$，这里 $n$ 是任意整数。如果某一点的 $r$ 坐标为 0，那么无论 $\theta$ 取何值，该点的位置都落在极点上。

　　极坐标系中的角度通常表示为角度或者弧度，使用公式 $2\pi(\mathrm{rad}) = 360°$。具体使用哪一种方式，基本都是由使用场合而定。在测量中，由于涉及数值计算，角度和弧度都得到了应用。

　　极坐标系和平面直角坐标系可以进行相互转换，其公式为

$$\left. \begin{array}{l} r = \sqrt{x^2 + y^2} \\ \theta = \arctan(y, x) \end{array} \right\} \tag{1.1}$$

和

$$\left. \begin{array}{l} x = r\cos\theta \\ y = r\sin\theta \end{array} \right\} \tag{1.2}$$

　　式 (1.1) 中，函数 $\arctan(y, x)$ 为求解原点到 $(x, y)$ 的射线与 $x$ 轴正方向的夹角的函数，具体形式为

$$
\arctan(y, x) = \begin{cases}
\arctan(y/x) & (x > 0) \\
\arctan(y/x) + \pi & (x < 0, y \geqslant 0) \\
\arctan(y/x) - \pi & (x < 0, y < 0) \\
\pi/2 & (x = 0, y > 0) \\
-\pi/2 & (x = 0, y < 0) \\
0 & (x = 0, y = 0)
\end{cases}
\tag{1.3}
$$

用极坐标系描述的曲线方程称作极坐标方程，其中 $r$ 为自变量 $\theta$ 的函数。极坐标方程经常会表现出不同的对称形式，如果 $r(-\theta) = r(\theta)$，则曲线关于极点（$0°/180°$）对称；如果 $r(\pi - \theta) = r(\theta)$，则曲线关于极点（$90°/270°$）对称；如果 $r(\theta - \alpha) = r(\theta)$，则曲线相当于从极点逆时针方向旋转角度 $\alpha$。

### 1.2.2  典型观测设备

雷达、声呐、数码相机、经纬仪、全站仪、卫星定位系统是典型的观测设备。雷达探测手段主要是电磁波，声呐的处理对象是"声音"，数码相机则处理摄像头获取的所有图像信息。下面主要介绍这几类典型观测设备的基本工作原理。

**1. 雷达**

雷达是目前用来侦测移动目标最普遍的方法，雷达的英文为 Radar，是 radio detection and ranging 的缩写，意为无线电检测和测距的电子设备。它发射电磁波对目标进行照射并接收其回波，由此获得目标至电磁波发射点的距离、距离变化率（径向速度）、方位、高度等信息。各种雷达的具体用途和结构不尽相同，但基本形式是一致的，包括发射机、发射天线、接收机、接收天线、数据处理部分及显示设备等。

雷达所起的作用与人的眼睛和耳朵相似，它的信息载体是无线电波（电磁波）。雷达工作时，发射机向空间发射一串重复且周期一定的高频窄脉冲。如果在电磁波传播的路径上有目标存在，雷达就可以接收到由目标反射回来的回波，由于回波信号往返于雷达与目标之间，所以它将滞后于发射脉冲时间。

我们知道电磁波是以光速传播的，设与目标的距离为 $R$，则传播距离等于光速乘以时间间隔，即

$$
2R = c \cdot t_R
\tag{1.4}
$$

式中，$R$ 为目标到雷达的单程距离，单位为 m；$t_R$ 为电磁波往返于目标与雷达之间的时间间隔，单位为 s；$c$ 为电磁波在空气中传播的速度，约为 $3.0 \times 10^8 \mathrm{m/s}$。

测量目标运动速度时，如果测得回波信号的多普勒频移为 $f_d$，那么 $f_d$ 是正比于径向速度 $v_r$ 的，$f_d$ 可以是正值也可以是负值，取决于目标运动的相对方向：

$$
\frac{f_d}{f_0} = \frac{2v_r}{c}
\tag{1.5}
$$

在多数情况下，多普勒频率处于音频方位内，如当雷达的工作频率 $f_0 = 10\mathrm{GHz}$，目标径向相对运动速度 $v_r = 200\mathrm{km/h}$ 时，目标回波信号频率 $f_r = 10\mathrm{GHz} \pm 2\mathrm{kHz}$，两者相差的百

分比是很小的。因此要从接收信号中提取多普勒频率需要采用差拍的方法，即没法取出 $f_0$ 和 $f_r$ 的差值 $f_d$。

为了确定目标的空间位置，雷达在大多数应用情况下，不仅要测定目标的距离和速度，还要测目标的方向，即测定目标的角坐标，其中包括方位角和仰角。把目标抽象成一个点 $P$，可用球坐标表示为 $P(r, \alpha, \beta)$，$r$ 为雷达到目标的直线距离 $OP$ 的长度，方位角 $\alpha$ 为目标的斜距 $OP$ 在水平面上的投影 $OB$ 与某一起始方向（一般是正北方向）在水平面上的夹角，仰角 $\beta$ 为斜距 $OB$ 与它在水平面上的投影 $OB$ 在沿垂直面上的夹角，有时也称为高低角。雷达测角的方式可以分为振幅法和相位法，有了距离、角位置，按照式 (1.6) 则可以最终确定目标在三维空间中的位置。

$$\left.\begin{array}{l} x = r\cos\beta \cdot \cos\alpha \\ y = r\cos\beta \cdot \sin\alpha \\ z = r\sin\beta \end{array}\right\} \tag{1.6}$$

### 2. 声呐

声呐（sound navigation and ranging，SONAR）是利用水中声波对水下目标进行探测、定位和通信的电子设备，是水声学中应用最广泛、最重要的一种装置。它有主动式声呐和被动式声呐两种类型：主动式声呐主要由自身发送探测声波，然后接收回波，完成目标探测；被动式声呐主要潜伏在水中，接收周围传来的声波，自身不发送声波，这样就不会暴露自己的位置。

声呐技术至今有 100 多年的历史，它是 1906 年由英国海军的刘易斯·尼克森发明的。他发明的第一部声呐仪是一种被动式的聆听装置，主要用来侦测冰山。这种技术也被广泛应用在第一次世界大战的战场上，用来侦测潜伏在水底的潜水艇。目前，声呐是各国海军进行水下监视使用的主要设备，用于对水下目标进行探测、分类、定位和跟踪，并进行水下通信和导航，保障舰艇、反潜飞机和反潜直升机的战术机动和水中武器的使用。此外，声呐还广泛用于鱼雷制导、水雷引信，以及鱼群探测、海洋石油勘探、船舶导航、水下作业、水文测量和海底地质地貌勘测等领域。

由于光在水中的穿透能力很有限，即使在清澈的海水中，人们也只能看到十几米到几十米内的物体。电磁波在水中也衰减很快，波长越短损失越大，即使大功率的低频电磁波，也只能传播几十米。然而，声波在水中传播的衰减就小多了，在深海中爆炸一枚几千克的炸弹，在 20000km 以外还可以接收到信号，低频段的声波还可以穿透海底几千米的地层。

声音在不同介质中的传播速度并不相同。如在空气中，声音的传播速度大约为 331.4m/s，而在纯水中传播速度大约为 1482.9m/s。如果能计算发送声波和回声之间的时间间隔 $t$，那么声呐与目标之间的距离 $R$ 可以表示为

$$R = \frac{1}{2}c \cdot t \tag{1.7}$$

式中，$c$ 为声音传播速度。

被动式目标定位跟踪中，常用时差法来测量与目标的距离，即在直线上放置三个等距离的阵元或三个子阵，通过测量目标和这三个阵元之间的距离，就可以确定目标位置。

### 3. 数码相机

数码相机是能把光学图像信号转变为电信号的装置，如专业航摄相机、工业 CCD 摄像头等。当我们拍摄一个目标时，此目标上反射的电磁信号被数码相机镜头收集，使其聚焦在数码相机的感光面（如摄像管的靶面）上，再通过数码相机把光转变为电能，即得到图像信号。光电信号很微弱，需要通过放大电路进行放大，再经过各种电路进行处理和调整，最后得到标准信号并送到硬盘、磁带等存储设备记录下来，也可以通过数字传输系统传送到专业系统上进行处理。

用数码相机完成对目标的定位和跟踪，首先要用其拍摄或捕获目标出现的场景，在目标场景中提取出目标。这个过程中需要对图像进行边缘检测、轮廓提取、识别检测等处理，将目标和场景进行分离，最后得到目标相对于场景中参照物或坐标系的位置，从而达到目标定位的目的。

与雷达和声呐相比，基于数码相机的目标定位和跟踪需要更多地借助计算机图像处理手段来获取目标的位置等信息，而雷达和声呐则更多地通过数字信号处理、回波数据处理等手段来获得有用信息。

### 4. 经纬仪

经纬仪是一种根据测角原理设计的测量水平角和竖直角的测量仪器，分为光学经纬仪（optical theodolite）和电子经纬仪（electronic theodolite）两种，最常用的是电子经纬仪。经纬仪是望远镜的机械部分，使望远镜能指向不同方向。经纬仪具有两条相互垂直的转轴，以调校望远镜的方位角及水平高度。经纬仪包括水平度盘、竖直度盘、水准器和基座等结构。

经纬仪最初的发明与航海有着密切的关系。在 15～16 世纪，英国、法国等一些航海技术发达的国家，因为航海和战争的原因，需要绘制各种地图。最早绘制地图使用的是三角测量法，就是根据两个已知点上的观测结果，求出远处第三点的位置，但由于没有合适的仪器，角度测量手段有限，精度不高，由此绘制出的地形图精度也不高。而经纬仪的发明，提高了角度的观测精度，同时简化了测量和计算的过程，也为高精度目标定位和绘制精确地图提供了更精确的数据。

### 5. 全站仪

全站仪，即全站型电子测距仪（electronic total station），是一种集光、机、电为一体的高技术测量仪器，是集水平角、垂直角、距离（斜距、平距）、高差测量功能于一体的测绘仪器系统。与光学经纬仪不同，电子经纬仪将光学度盘改为光电扫描度盘，将人工光学测微读数改为自动记录和显示读数，使测角操作简单化，同时避免了读数误差的产生。因其一次安置就可完成该测站上的全部测量工作，所以称为全站仪。全站仪广泛用于目标定位、阵地测量、地上大型建筑和地下隧道施工等精密工程测量或变形监测领域。

### 6. 卫星定位系统

卫星定位系统是一种使用卫星对某物进行准确定位的技术，它从最初的定位精度低、不能实时定位、难以提供及时的导航服务，发展到如今的高精度全球定位系统。现在，利用卫星定位系统，在地球上任意一点都可以通过同时观测 4 颗及更多的卫星，实现导航、定位、授时等功能。卫星定位可以用来引导飞机、船舶、车辆及个人，安全、准确地沿着选定的路线，准时到达目的地。卫星定位还可以应用到手机追寻等功能中。

全球定位系统（GPS）是 20 世纪 70 年代由美国陆海空三军联合研制的新一代空间卫星导航定位系统。其主要目的是为陆、海、空三大领域提供实时、全天候和全球性的导航服务，并用于情报收集、核爆监测、卫星定位等军事目的，是美国独霸全球战略的重要组成部分。GPS 是一个由覆盖全球的 24 颗卫星组成的卫星系统。这个系统可以保证在任意时刻，地球上任意一点都可以同时观测到 4 颗卫星，以保证卫星可以采集到该观测点的经纬度和高度，以便实现导航、定位、授时等功能。

中国的北斗卫星导航系统（BeiDou Navigation Satellite System，BDS）是中国自行研制的全球卫星导航系统，也是继 GPS、GLONASS 之后的第三个成熟的卫星导航系统。北斗卫星导航系统（BDS）和美国 GPS、俄罗斯 GLONASS、欧盟 Galileo，是联合国卫星导航委员会已认定的供应商。2020 年 7 月 31 日，北斗三号全球卫星导航系统正式开通。

北斗卫星导航系统由空间段、地面段和用户段三部分组成，可在全球范围内全天候、全天时地为各类用户提供高精度、高可靠定位、导航、授时服务，并具有短报文通信能力，已经初步具备区域导航、定位和授时能力，定位精度为分米、厘米级别，测速精度为 0.2m/s，授时精度为 10ns。

## 1.2.3　定位基本原理

定位是确定目标在某个地理位置的过程，具体来说，就是确定目标在系统建立的坐标系中的位置的过程。根据定位结果，可以将定位分为模糊定位和精确定位。

### 1. 模糊定位

模糊定位是在测量信息不充分或条件资源有限的情况下获得的目标位置信息，人们往往无法根据该信息直接搜索到目标。

2014 年 3 月 8 日 0 点 41 分，一架从马来西亚首都吉隆坡飞往北京的波音飞机（航班号 MH370）起飞，航班载有 239 人，其中 154 名是中国乘客，原计划定于 6:30 在北京降落。该飞机最后与民用雷达联络的时间是 2:40，见图 1-6 位置 1。随后几天里，越南、中国等在泰国湾海域展开搜索。3 月 11 日，搜索区域扩大至西部海域，包括马六甲海峡，见图 1-6 位置 2。3 月 14 日，根据有关方面的信息透露，MH370 在雷达上消失后又飞行了 4 小时，意味着飞机可能飞了约 4074.4km，那么在地图上的半径扩大到了图 1-6 中 3 所示的位置。3 月 14 日，美国和印度开始在孟加拉湾海域搜索，见图 1-6 位置 4。3 月 16 日，从印度洋上空的一颗卫星得到的信息显示，客机与卫星的最后通信位置在两条空中走廊之一，即图 1-6 中 5 表示的位置。最后，搜寻人员在以与飞机最后联络地点为圆心、半径超过 5149.9km 的区域搜索飞机残骸，即图 1-6 中 6 所示的位置。

本例中，由于缺乏可靠的信息，在半个地球大的范围内搜索一架失去联系的飞机，找到黑匣子的位置，即使是现代高科技手段也显得苍白无力。图 1-6 中 1~6 号标定区域都是根据有限的资源和信息模糊定位的结果。

模糊定位只能探测目标的大概范围。在一些低端应用场合，传感器探测能力有限，如只需探测目标是否存在，不需确定其与观测站之间的距离或角度信息等，那么这时估计的位置一般是以探测基站为圆心、探测能力（最大探测距离）为半径的圆形区域，这种定位方法也称为二进制定位，如图 1-7(a) 所示，如果观测站的最大探测能力（也称为最大探测距离）为 $R$，只要目标出现在探测范围内，能百分百地探测到的绝对范围的半径为 $r$，那么在 $|R-r|$

范围内，目标是以某一种概率的形式被探测到的。当有多个这样的二进制探测能力的观测站对单个目标定位时，那么重叠区域即多个观测站合力定位的结果。如图 1-7(b) 所示，1~3 号区域是两个观测站协作估计的目标区域，0 号区域则是 3 个观测站估计的结果。

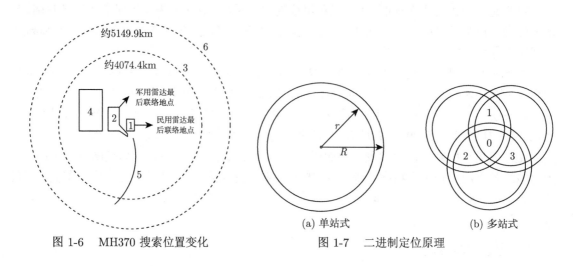

图 1-6　　MH370 搜索位置变化　　　　　　　　　　　图 1-7　　二进制定位原理

由上可知，模糊定位的结果是一个范围，而不是一个具体位置。

**2. 精确定位**

精确定位，就是利用探测信息估计目标具体坐标位置的过程。要实现精确定位，观测站必须探测到目标足够多的信息，且信息可靠，受到噪声干扰的程度非常小，这时估计的位置值才会非常接近目标位置的真实值。

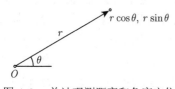

图 1-8　　单站观测距离和角度定位

在二维平面内，静止的、位置已知的单个观测站要实现目标精确定位，必须同时探测到目标与观测站之间的距离和角度，如图 1-8 所示。如果需要求解观测站的坐标，可以在观测站上观测已知点的距离和角度。当无法测量到达已知点的距离时，还可以观测多个已知点的方位角度，再通过空间后方交会进行求解，全站仪就是通过这种方式实现对目标的定位。

在二维平面内，如果双观测站只探测与目标之间的距离，那么定位结果不唯一（定位结果有 2 个坐标位置），如图 1-9(a) 所示；如果双观测站只观测角度，对同一个目标探测，可以实现精确定位，如图 1-9(b) 所示，利用光学经纬仪或摄影测量进行目标定位就是采用这种方法。因为两个观测站之间的距离是已知的，加上它们各自探测到目标的角度，那么根据"角边角能确定一个三角形"的原理，这样就能唯一确定目标的位置。

在二维平面内，基于距离的观测，至少需要 3 个观测站才能唯一确定目标的位置，在三维空间里，则至少需要 4 个观测站。因为很多研究者对单观测站研究比较深入，假如单观测站安装了多个传感器，并且传感器之间有一定的距离，那么单站多传感器数据采集也能实现仅观测距离或角度的目标定位。另外，运动的单站，采集 3 个时刻以上的目标距离信息，也能实现对目标的定位，如利用 GPS 进行目标定位。

本教材主要讨论目标精确定位的问题，关于目标定位算法和具体的推导实现过程，将在后续章节结合具体的定位方法进行详细介绍。

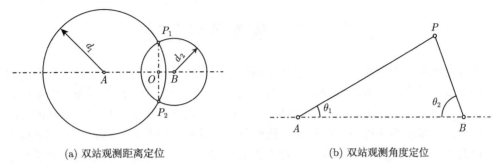

(a) 双站观测距离定位                    (b) 双站观测角度定位

图 1-9    双站定位

## 练习和思考题

1. 天文定位的基本思想是什么？
2. 无线电定位的基本思想是什么？
3. 图像定位的基本思想是什么？
4. 目标定位系统由哪几部分组成？简述每个部分的作用。
5. 简述典型观测站的基本工作原理。
6. 简述单站观测距离和角度定位的基本原理。
7. 简述双站观测距离定位和双站观测角度定位的基本原理。

# 第 2 章 误差理论基础

人们对客观事物或现象的认识总存在不同程度的误差，这种误差在对变量进行观测或测量的过程中反映出来，称为测量误差。在目标定位工作中，由于受到客观条件的影响，定位结果中存在误差是不可避免的。正因为有误差的存在，在观测中会采用多余观测的方法提高精度和可靠性，即观测的次数一般要大于待观测量的数量，因此在目标定位解算过程中就会出现方程数多于未知数的情况，即要求解"超定"方程，而解决这一类问题的数学方法就是最小二乘法。

## 2.1　测量误差概述

### 2.1.1　真值和真误差

用仪器对某量进行测量，称为观测，获得的数据称为观测值。在测量工作中，由于受客观条件的影响，所有的测量成果都不可避免地存在误差。例如，对某段距离进行多次测量，各次测量的结果总不会完全相同；又如，用仪器对一个三角形的三个内角进行测量，三个内角测量值之和一般不会恰好等于 180°，这就说明测量成果中含有测量误差是必然的。

测量中的被观测量，客观上都存在一个真实值，简称真值。对该量进行观测得到观测值，观测值与真值之差称为真误差，即

$$真误差 = 观测值 - 真值 \tag{2.1}$$

真值通常是未知的，真误差也就无法获得。但是在一些情况下，有可能预知由观测值构成的某一函数的理论真值。

例如，三角形三个内角之和的理论真值为 180° 是已知的，所以三角形闭合差就是三角形三内角和的真误差。

又如，当对同一个长度量观测两次，设观测值为 $L_1$ 及 $L_2$，它的真值为 $X$，若以 $d$ 表示两次观测值差值的真误差，由式 (2.1) 得

$$d = (L_1 - L_2) - (X - X) = L_1 - L_2 \tag{2.2}$$

由此可见，两次观测值的差值 $d$ 就是差值的真误差。差值 $d$ 又称较差。

### 2.1.2　测量误差的来源

测量误差产生的原因有很多，主要包括以下三个方面。

**1. 观测者**

因为观测者的视觉、听觉等感官的鉴别能力有一定的局限性，所以在仪器的安置、照准、读数等过程中都会产生误差，如仪器的整平误差、照准误差、读数误差等。同时，观测者的工作态度、技术水平和观测者观测时的身体状况、情绪等也会对观测结果的质量产生影响。

#### 2. 测量仪器

测量是利用仪器进行的,任何仪器的精度都是有限的,因而观测值的精度也是有限的。例如,经纬仪的三轴之间的正确关系是:竖轴铅垂,照准轴与横轴正交,横轴与竖轴正交。但在实践中,仪器往往不能完全满足这些关系,因而测得的角度就可能含有误差。又如,用刻有厘米分划的普通水准标尺进行水准测量,估读的毫米值就不可能完全准确。同时,仪器因搬运等原因存在着自身的误差,如水准仪的照准轴不平行于水准管轴,就会使观测结果产生误差。

#### 3. 外界条件

测量工作是在一定的外界环境条件下进行的,温度、风力、风向、大气折光等诸多因素都会直接对观测结果产生影响,而且温度的高低、风力的强弱及大气折光的大小等因素对观测值的影响也不同。另外,观测目标本身的清晰程度对仪器的照准也会产生影响,从而对观测值产生影响。

通常把提到的因素称为测量条件。受测量条件的影响,观测结果总有误差存在,因此,测量误差的产生是不可避免的。测量工作的任务就是要在一定的观测条件下,采用合理的观测方法和手段,确保观测成果具有较高的质量,将测量误差减小或控制在允许的限度内。

### 2.1.3 观测的分类

#### 1. 同精度观测和不同精度观测

测量条件直接影响观测成果的质量。测量条件好,观测中产生的误差就会小,观测成果的质量就高;测量条件差,产生的观测误差就大,观测成果的质量就低;测量条件相同,观测误差的影响应当相同。通常把在相同的测量条件下的观测称为等精度观测,即用相同精度、相同等级的仪器、设备,用相同的方法,在相同的外界条件下,由具有大致相同技术水平的人所进行的观测,其观测值称为同精度观测值或等精度观测值。反之,把测量条件不同的观测称为非等精度观测,其观测值称为非等精度观测值。例如,在相同的观测条件下,两人用 J6 经纬仪各自测得的 1 测回水平角值属于等精度观测值。若一人用 J2 经纬仪,另一人用 J6 经纬仪,或两人都用 J6 经纬仪,但一人测 2 测回,另一人测 4 测回,各自测得的水平角值则属于非等精度观测值。

#### 2. 直接观测和间接观测

按观测量与未知量之间的关系,可分为直接观测和间接观测。为确定某未知量而直接进行的观测,如果被观测量就是所求未知量本身,称为直接观测,观测值称为直接观测值;通过被观测量与未知量的函数关系来确定未知量的观测称为间接观测,观测值称为间接观测值。例如,测定两点间的距离,用钢尺直接丈量属于直接观测,而视距测量则属于间接观测。

#### 3. 独立观测和非独立观测

按各观测值之间相互独立或依存关系,可分为独立观测和非独立观测。各观测量之间无任何依存关系,是相互独立的观测,称为独立观测,观测值称为独立观测值。如对某一单个未知量进行重复观测,各次观测是独立的,各观测值属于独立观测值。若各观测量之间存在一定的几何或物理条件约束,则称为非独立观测,观测值称为非独立观测值。例如,观测某平面三角形的三个内角,因为三角形内角之和应满足 180° 这个几何条件,所以这个观测就属于非独立观测,三个内角的观测值是非独立观测值。

**4. 多余观测**

多余观测就是观测量多于必需的观测量。例如，一个三角形只要观测两个角就能推算出第三个角，但测量上通常测量三个角，其中两个角称为必要观测，另一个称为多余观测。又如，多次测量一段距离，其中一次测量是必要观测，其他则称为多余观测。多余观测可以揭示测量误差，但同时多余观测又使测量成果产生矛盾。例如，三角形的三个观测角之和不等于 180°。测量平差就是在多余观测的基础上，研究如何依据一定的数学模型和原则消除这个矛盾，并评定精度的过程。

## 2.1.4　测量误差分类

按测量误差对观测结果影响的性质，可将测量误差分为粗差、系统误差和偶然误差三类。

**1. 粗差**

粗差是由于观测者使用仪器不正确或疏忽大意，如测错、读错、记错、算错等造成的错误，或因外界条件发生意外的显著变化而引起的差错。在测量中，一般采取变更仪器或改变操作程序、重复观测等方法检查出粗差并剔除。测量通常要求必须有多余观测进行检核，因此，一般来说，只要严格遵守测量规范，工作中仔细谨慎，并对观测结果做必要的检核，粗差是可以避免的。

**2. 系统误差**

受测量条件中某些特定因素的系统性影响而产生的误差称为系统误差。即在相同的观测条件下进行的一系列观测中，数值大小和正负号固定不变，或按一定规律变化的误差。系统误差具有累积性，它会随着单一观测值观测次数的增多而积累。系统误差的存在必然会给观测成果带来系统的偏差，所以，应尽量消除或减弱系统误差对观测成果的影响。

首先要根据数理统计的原理和方法判断一组观测值中是否含有系统误差，其大小是否在允许的范围内，然后采用以下适当的措施消除或减弱。

（1）测定系统误差的大小，对观测值加以改正。例如，对钢尺进行检定求出尺长改正数，在钢尺观测值中加入尺长改正和温度改正，消除尺长误差和温度变化引起的误差。

（2）改进仪器结构并制定有效的观测方法和操作程序，使系统误差在观测值中以相反的符号出现，加以抵消。例如，水准测量中采用前、后视距大致相等的对称观测，可以消除照准轴不平行于水准管轴所引起的系统误差。又如，经纬仪测角时，用盘左、盘右观测并取中数的方法可以消除照准轴误差等系统误差的影响。

（3）检校仪器。将仪器存在的系统误差降低到最低限度，或限制在允许的范围内，以减弱其对观测结果的影响。例如，经纬仪照准部管水准轴与竖轴不正交会对水平角的测量产生系统误差，可通过认真检校仪器并在观测中精确整平的方法来减弱。

（4）平差计算。系统误差可以通过分析观测成果发现，并在平差计算中消除。但计算消除的程度取决于人们对系统误差的了解程度。测量仪器和测量方法不同，系统误差的存在形式不同，消除系统误差的方法也不同。因此，必须根据具体情况进行检验、定位和分析研究，采取不同的措施，使系统误差减小到可以忽略不计的程度。

**3. 偶然误差**

受测量条件中各种随机因素的偶然性影响而产生的误差称为偶然误差。在相同的观测条件下进行一系列观测，单个误差的出现没有一定的规律性，其数值的大小和符号都没有规律性, 而对于大量误差的总体, 却存在一定的统计规律。偶然误差又称为随机误差。例如, 用经纬仪测角时, 就单一观测值而言, 受照准误差、读数误差、外界条件变化、仪器误差等综合影响, 测角误差的大小和正负号都不能预知, 即具有偶然性, 所以测角误差属于偶然误差。

偶然误差反映了观测结果的精度。精度是指在同一测量条件下, 用同一观测方法进行多次观测时, 各观测值之间相互的离散程度。

在观测过程中, 系统误差和偶然误差往往是同时存在的。当观测值中有显著的系统误差时, 偶然误差就居于次要地位, 观测误差呈现出系统性; 反之, 呈现出偶然性。因此, 对一组剔除了粗差的观测值, 首先应寻找、判断和排除系统误差, 或将其控制在允许的范围内, 然后根据偶然误差的特性对该组观测值进行数学处理, 求出最接近未知量真值的估值, 称为最或然值; 同时, 评定观测结果质量的优劣, 称为评定精度。这项工作在测量上称为测量平差, 简称平差。

本章主要讨论偶然误差及其平差方法。

## 2.1.5　偶然误差的特性

偶然误差是无数偶然因素造成的, 因而每个偶然误差的大小及正负都是随机的, 不具有规律性, 但是, 在相同条件下重复观测某一量时, 所出现的大量的偶然误差却具有一定的统计规律。例如, 在相同的测量条件下, 独立观测了 817 个三角形的全部内角, 由于观测值含有误差, 故每次观测所得的 3 个内角观测值之和一般不等于 180°。按式 (2.3) 计算三角形各次观测的误差:

$$W_i = A_i + B_i + C_i - 180°\tag{2.3}$$

式中, $W_i$ 为三角形闭合差; $A_i$、$B_i$、$C_i$ 为各三角形的 3 个内角的观测值 ($i = 1, 2, \cdots, 817$)。因为测量作业中已尽可能地剔除了粗差和系统误差, 所以这些三角形的闭合差就是偶然误差 $\Delta_i$。它们的数值分布情况如表 2-1 所示, 其中, 取 $\Delta_i$ 的间隔 $\mathrm{d}\Delta = 0.50''$。

表 2-1　偶然误差数值分布

| 误差区间 $\Delta_i/('')$ | 负误差 | | | 正误差 | | | 总数 |
|---|---|---|---|---|---|---|---|
| | 个数 $n_i$ | 频率 $\omega = \dfrac{n_i}{n}$ | $\dfrac{\omega}{\mathrm{d}\Delta}$ | 个数 $n_i$ | 频率 $\omega = \dfrac{n_i}{n}$ | $\dfrac{\omega}{\mathrm{d}\Delta}$ | |
| 0.00~0.50 | 121 | 0.15 | 0.30 | 123 | 0.15 | 0.30 | 244 |
| 0.50~1.00 | 90 | 0.11 | 0.22 | 104 | 0.13 | 0.26 | 194 |
| 1.00~1.50 | 78 | 0.10 | 0.20 | 75 | 0.09 | 0.18 | 153 |
| 1.50~2.00 | 51 | 0.06 | 0.12 | 55 | 0.07 | 0.14 | 106 |
| 2.00~2.50 | 39 | 0.05 | 0.10 | 27 | 0.03 | 0.06 | 66 |
| 2.50~3.00 | 15 | 0.02 | 0.04 | 20 | 0.02 | 0.04 | 35 |
| 3.00~3.50 | 9 | 0.01 | 0.02 | 10 | 0.01 | 0.02 | 19 |
| 3.50~∞ | 0 | 0.00 | 0.00 | 0 | 0.00 | 0.00 | 0 |
| 总和 | 403 | 0.50 | | 414 | 0.50 | | 817 |

归纳表 2-1 可知, 在相同的条件下进行独立观测而产生的一组偶然误差, 具有以下四个统计特性。

（1）在一定测量条件下，偶然误差的绝对值大小不会超过一定界限，也就是说，偶然误差超出一定界限的概率为零。

（2）绝对值小的误差比绝对值大的误差出现的概率大。

（3）绝对值相等的正、负误差出现的概率相同。

（4）在相同条件下，对同一量进行重复观测，偶然误差的算术平均值随着观测次数的无限增加而趋于零，即

$$\lim_{n \to \infty} \frac{\sum\limits_{i=1}^{n} \Delta_i}{n} = 0 \tag{2.4}$$

如果以偶然误差区间 $\mathrm{d}\Delta$ 为横坐标，以偶然误差相应区间的频率与区间间隔的比值（$\omega/\mathrm{d}\Delta$）为纵坐标，可绘出误差统计直方图，如图 2-1 所示（用表 2-1 中数据）。图中每个长方形面积即为误差出现于该区间的频率，长方形面积之和等于 1。长方形的高则表示相应区间的分布密度。设想当误差个数无限增加，并将误差区间 $\mathrm{d}\Delta$ 无限缩小时，图 2-1 直方图中各长方形的上底的极限将形成一条光滑曲线，如图 2-2 所示。这个曲线称为正态分布曲线，或者误差分布曲线。

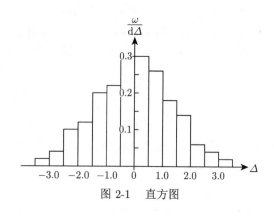

图 2-1    直方图

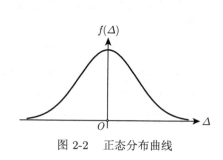

图 2-2    正态分布曲线

根据概率理论，正态分布曲线的数学方程为

$$f(\Delta) = \frac{1}{\sqrt{2\pi}\sigma} \mathrm{e}^{-\frac{\Delta^2}{2\sigma^2}} \tag{2.5}$$

式中，$\pi$ 为圆周率；$\mathrm{e} = 2.7183$ 为自然底数；$\sigma$ 为标准差；$\sigma^2$ 为方差。方差为偶然误差平方和的平均值，即

$$\sigma^2 = \lim_{n \to \infty} \frac{[\Delta\Delta]}{n} \tag{2.6}$$

式中，$n$ 为误差个数，"$[\cdots]$" 为取和，是本章以后常用的符号，含义为

$$[\Delta\Delta] = \Delta_1^2 + \Delta_2^2 + \cdots + \Delta_n^2 \tag{2.7}$$

则标准差为

$$\sigma = \lim_{n \to \infty} \sqrt{\frac{[\Delta\Delta]}{n}} \tag{2.8}$$

# 2.2　精度估计的标准

## 2.2.1　精度

精度即精密度，是指同一个量的各观测值之间密集和离散的程度。如果各观测值分布很集中，说明观测值的精度高，反之，如果各观测值分布很分散，说明观测值的精度低。准确度是指观测值中系统误差的大小。精确度是准确度与精度的总称。

在测量中，通常用精确度评价观测成果的优劣。准确度主要取决于系统误差的大小，精度主要取决于偶然误差的分布。有时观测值精度很高，但可能很不准确，因为其中可能含有系统误差。因此，只有在观测值中排除了系统误差，只剩偶然误差时，讨论观测值的精度才有意义。在本章，讨论的观测值是仅含有偶然误差的观测值。

当观测值仅含偶然误差时，精度与观测质量是一致的，它们都取决于测量条件。在相同的测量条件下，对某量所进行的一组观测，对应着同一种误差分布，这一组中的每一个观测值都具有相同的精度。为了衡量观测值精度的高低，可以将所有可能的误差都统计在内，采用误差分布表或频率直方图来评定，从误差的总体分布中得出反映观测精度的真实数据。但这在实际工作中是不可能做到的。因此，需要建立一个统一的衡量精度的标准，使该标准及其数值大小能反映出误差分布的离散或密集的程度，称为衡量精度的指标。

## 2.2.2　中误差

标准差的平方为方差。方差反映的是随机变量总体的离散程度，又称总体方差或理论方差。在测量中，当观测值仅含偶然误差时，方差的大小就反映了总体观测结果接近真值的程度。方差小，观测精度高；方差大，观测精度低。测量条件一定时，误差有确定的分布，方差为定值。但是，计算方差必须知道随机变量的总体，实际上这是做不到的。在实际应用中，总是依据有限次观测计算方差的估计值，并以其平方根作为均方差的估计值，称为中误差。在相同测量条件下得到一组独立的观测误差 $\Delta_1$, $\Delta_2$, $\cdots$, $\Delta_n$，误差平方中数的平方根即为中误差。用 $m$ 表示，公式为

$$m = \pm\sqrt{\frac{[\Delta\Delta]}{n}} \tag{2.9}$$

式中，$n$ 为误差个数；"$\pm$"号表示按该式计算出中误差数值之后，应在数值前加上"$\pm$"号，这是测量上约定的习惯，如 $\pm0.01\text{mm}$、$\pm0.1''$ 等。习惯上，常将标识一个量精度的中误差附写于此量之后，如 $83°26'34'' \pm 3''$、$458.483\text{m} \pm 0.005\text{m}$ 等，$\pm3''$ 及 $\pm0.005\text{m}$ 分别为其前边数值的中误差。

**例 2.1**　有一组三角形的闭差分别为 $-7''$、$-12''$、$+8''$、$+14''$、$-15''$、$+6''$、$-14''$、$-13''$、$+14''$，试求三角形闭合差的中误差。

解：因为三角形的闭合差就是真误差，故由式 (2.9) 可求得三角形闭合差的中误差为

$$m = \pm11.9''$$

应当指出：中误差 $m$ 是衡量精度高低的一个指标。$m$ 越大，精度越低，反之亦然。但是，

由式 (2.9) 计算的 $m$，只是中误差的估值，在观测次数一定时，这个估值具有一定的随机性，只有当观测次数较多时，由式 (2.9) 计算的中误差 $m$ 才比较可靠。

### 2.2.3  相对误差

在某种情况下，观测值的中误差并不能完全表达观测精度的高低。例如，测量了两段距离，一段为 1000m，另一段为 200m，其中误差均为 ±0.2m，尽管两者的中误差一样，但就单位长度而言，两段距离的测量精度显然是不同的。因此，必须引入另一个衡量精度的标准，即相对误差。

测量上将误差值与其相应观测结果的比值称为相对中误差。在上述例子中，如距离 1000m 的相对中误差为

$$\frac{0.2}{1000} = \frac{1}{5000}$$

而距离 200m 的相对中误差为

$$\frac{0.2}{200} = \frac{1}{1000}$$

显然，前者的相对中误差比后者小，即前者每单位长度的测量精度比后者高。

相对误差一般只用于长度测量，这是个无量纲的数值，通常都将分子化为 1，写成 $\frac{1}{N}$ 的形式。

### 2.2.4  极限误差

由偶然误差的第一个特性可知，在一定的测量条件下，偶然误差的绝对值不会超出一定的限值。因此，人们通常依据一定的测量条件规定一个适当的数值，在这种测量条件下出现的误差，绝大多数都不会超出此数值，而对超出此数值者，则认为是异常，其相应的观测结果应予以剔除。这一限制数值即被称作极限误差。

极限误差应根据测量条件而定。测量条件好，极限误差的限制数值应当小；测量条件差，极限误差的限制数值应当大。在实际测量工作中，通常取中误差的整倍数作为极限误差。

因为当误差个数无限增加，并将误差区间 $\mathrm{d}\Delta$ 无限缩小时，误差曲线服从"正态分布"。根据正态分布曲线，误差出现在微小区间 $\mathrm{d}\Delta$ 的概率为

$$P(\Delta) = f(\Delta) \cdot \mathrm{d}\Delta = \frac{1}{\sqrt{2\pi}\sigma}\mathrm{e}^{-\frac{\Delta^2}{2\sigma^2}}\mathrm{d}\Delta \tag{2.10}$$

对式 (2.10) 求积分，可得到偶然误差在任意区间出现的概率。分别取区间为中误差 $m$、2 倍中误差 $2m$ 和 3 倍中误差 $3m$，求得偶然误差在这些区间出现的概率分别为

$$\left.\begin{aligned}
P(-m < \Delta < m) &= \int_{-m}^{m} f(\Delta) \cdot \mathrm{d}\Delta = 0.683 \\
P(-2m < \Delta < 2m) &= \int_{-2m}^{2m} f(\Delta) \cdot \mathrm{d}\Delta = 0.954 \\
P(-3m < \Delta < 3m) &= \int_{-3m}^{3m} f(\Delta) \cdot \mathrm{d}\Delta = 0.997
\end{aligned}\right\} \tag{2.11}$$

由此可见，偶然误差的绝对值大于 2 倍中误差的概率约为 4.6%，而偶然误差大于 3 倍中误差的概率仅仅只有 0.3%，为小概率事件。在实际测量工作中，由于观测次数有限，根据小概率原理，大于 3 倍中误差的偶然误差出现的概率非常小，一般情况下不会发生。

测量实践中，往往是将极限误差作为偶然误差的容许值，称为容许误差或者限差，即取 3 倍中误差作为容许误差：

$$\Delta_{极限} = 3m \tag{2.12}$$

在精度要求较高时，也可采用 2 倍中误差为容许误差。在我国现行作业规范中，用 2 倍中误差作为极限误差较为普遍，即

$$\Delta_{极限} = 2m \tag{2.13}$$

## 2.3　算术平均值及其中误差

### 2.3.1　算术平均值

在等精度条件下，对某量进行 $n$ 次观测，其观测值分别为 $l_1, l_2, \cdots, l_n$，设其真值为 $X$，真误差为 $\Delta_i$，则

$$\left.\begin{aligned}\Delta_1 &= l_1 - X \\ \Delta_2 &= l_2 - X \\ &\vdots \\ \Delta_n &= l_n - X\end{aligned}\right\} \tag{2.14}$$

将式 (2.14) 相加并求平均值，得

$$\frac{[\Delta]}{n} = \frac{\sum_{i=1}^{n}(l_i - X)}{n} = \frac{[l]}{n} - X \tag{2.15}$$

令

$$\bar{x} = \frac{[l]}{n} \tag{2.16}$$

根据偶然误差的第 4 个特性，当 $n$ 无限大时，$\dfrac{[\Delta]}{n}$ 趋于 0，于是算术平均值等于真值，即 $\bar{x} = X$。也就是说，当观测次数 $n$ 无限多时，算术平均值就趋向于未知量的真值。但是，观测次数是有限的，通常认为有限次观测的算术平均值就是该量的最接近真值的近似值，称为最或然值或最或是值。

### 2.3.2　观测值的改正数

最或然值与观测值之差称为该观测值的改正数。即

$$\left.\begin{aligned} v_1 &= l_1 - \bar{x} \\ v_2 &= l_2 - \bar{x} \\ &\vdots \\ v_n &= l_n - \bar{x} \end{aligned}\right\} \tag{2.17}$$

将式 (2.17) 取和得

$$[v] = [l] - n\bar{x} \tag{2.18}$$

将式 (2.16) 代入，有

$$[v] = [l] - n\bar{x} = [l] - n \cdot \frac{[l]}{n} = 0 \tag{2.19}$$

可见，改正数的总和为零。这个特性可用作定位平差计算中的检核。

### 2.3.3　观测值的中误差

由式 (2.9) 按真误差计算的观测值中误差为

$$m = \pm\sqrt{\frac{[\varDelta\varDelta]}{n}} \tag{2.20}$$

式中，

$$\varDelta_i = l_i - X \quad (i = 1, 2, \cdots, n) \tag{2.21}$$

因为观测值的真值 $X$ 是未知的，真误差 $\varDelta$ 也是未知的，所以不能用式 (2.20) 直接计算观测值的中误差。但观测值的改正数是可以计算的，因此，可以用观测值的改正数来计算观测值的中误差。

观测值与最或然值的差值为最或然误差，即有

$$v_i = l_i - \bar{x} \quad (i = 1, 2, \cdots, n) \tag{2.22}$$

用式 (2.21) 减式 (2.22) 得

$$\varDelta_i - v_i = \bar{x} - X \quad (i = 1, 2, \cdots, n) \tag{2.23}$$

令 $\delta = \bar{x} - X$，则有

$$\varDelta_i = v_i + \delta \quad (i = 1, 2, \cdots, n) \tag{2.24}$$

求平方和，即

$$[\varDelta\varDelta] = [vv] + n\delta^2 + 2\delta[v] \tag{2.25}$$

因为改正数综合 $[v] = 0$，则

$$[\varDelta\varDelta] = [vv] + n\delta^2 \tag{2.26}$$

又因

$$\delta^2 = (\bar{x} - X)^2 = \left( \frac{[l]}{n} - X \right) \left( \frac{[l]}{n} - X \right)$$

$$= \frac{1}{n^2}(\Delta_1 + \Delta_2 + \cdots + \Delta_n)(\Delta_1 + \Delta_2 + \cdots + \Delta_n) \tag{2.27}$$

$$= \frac{1}{n^2}[\Delta\Delta] + \frac{2}{n^2}(\Delta_1\Delta_2 + \Delta_1\Delta_3 + \cdots + \Delta_i\Delta_j + \cdots + \Delta_{n-1}\Delta_n)$$

根据偶然误差特性，当 $n \to \infty$ 时，式 (2.27) 中第二项趋于零，故

$$\delta^2 = \frac{[\Delta\Delta]}{n^2} \tag{2.28}$$

代入式 (2.26)，得

$$\frac{[\Delta\Delta]}{n} = \frac{[vv]}{n} + \frac{[\Delta\Delta]}{n^2} \tag{2.29}$$

即

$$m^2 = \frac{[vv]}{n} + \frac{1}{n}m^2 \tag{2.30}$$

化简可得

$$m = \pm\sqrt{\frac{[vv]}{n-1}} \tag{2.31}$$

式 (2.31) 就是利用观测值改正数计算中误差的公式，称为贝塞尔公式。

## 2.4　误差传播定律

虽然中误差可以作为衡量观测值精度的指标，但在实际测量工作中，某些量往往不能直接观测得到，而是间接观测的，即通过观测其他未知量，并利用一定的函数关系间接计算求得。例如，平面三角形闭合差 $W$ 就是通过三个内角的观测值计算所得，即 $W = L_1 + L_2 + L_3 - 180°$。又如，在三角形 $ABC$ 中，已测得两个角 $A$、$B$ 及一条边 $a$，则依 $b = \dfrac{a\sin B}{\sin A}$ 求边 $b$ 时，也是通过观测值计算 $b$。

上面的 $W$ 和 $b$，都是观测值的函数。显然，由观测值通过函数计算所得值精确与否，主要取决于作为自变量的观测值的质量好坏。通常，自变量的误差必然以一定规律传播给函数值，所以对这样求得的函数值，也存在精度估计的问题。也就是说，由具有一定中误差的自变量计算所得的函数值，也应具有相应的中误差。自变量的中误差与函数中误差之间的关系，称为误差传播定律。

### 2.4.1　误差传播定律的推导

设 $Z$ 为独立变量 $x_1, x_2, \cdots, x_n$ 的函数，即

$$Z = f(x_1, x_2, \cdots, x_n) \tag{2.32}$$

式中，$Z$ 为间接观测的未知量，真误差为 $\Delta_Z$，中误差为 $m_Z$；各独立变量 $x_i(i=1,2,\cdots,n)$ 为可直接观测的未知量，相应的中误差为 $m_i$。如果知道 $m_Z$ 与 $m_i$ 的关系，就可以按照观测值中误差推导函数的中误差。

设 $x_i$ 的观测值为 $l_i$，相应的真误差为 $\Delta_i$，则有

$$x_i = l_i - \Delta_i \tag{2.33}$$

当各观测值带有真误差 $\Delta_i$ 时，相应的函数也带有真误差 $\Delta_Z$：

$$Z + \Delta_Z = f(x_1 + \Delta_1, x_2 + \Delta_2, \cdots, x_n + \Delta_n) \tag{2.34}$$

将式 (2.34) 按级数展开，取至一阶近似值有

$$Z + \Delta_Z = f(x_1, x_2, \cdots, x_n) + \left(\frac{\partial f}{\partial x_1}\Delta_1 + \frac{\partial f}{\partial x_2}\Delta_2 + \cdots + \frac{\partial f}{\partial x_n}\Delta_n\right) \tag{2.35}$$

即

$$\Delta_Z = \frac{\partial f}{\partial x_1}\Delta_1 + \frac{\partial f}{\partial x_2}\Delta_2 + \cdots + \frac{\partial f}{\partial x_n}\Delta_n \tag{2.36}$$

若对各独立变量都观测了 $k$ 次，则其平方和的关系式为

$$\begin{aligned}
[\Delta_Z \Delta_Z] = &\left(\frac{\partial f}{\partial x_1}\right)^2 [\Delta_1 \Delta_1] + \left(\frac{\partial f}{\partial x_2}\right)^2 [\Delta_2 \Delta_2] + \cdots + \left(\frac{\partial f}{\partial x_n}\right)^2 [\Delta_n \Delta_n] \\
&+ 2\left(\frac{\partial f}{\partial x_1}\right)\left(\frac{\partial f}{\partial x_2}\right)\sum_{j=1}^{k} \Delta_{1j}\Delta_{2j} + 2\left(\frac{\partial f}{\partial x_2}\right)\left(\frac{\partial f}{\partial x_3}\right)\sum_{j=1}^{k} \Delta_{2j}\Delta_{3j} + \cdots
\end{aligned} \tag{2.37}$$

由偶然误差的特性可知，当观测次数 $k \to \infty$ 时，式 (2.37) 中各偶然误差交叉项 $\Delta_i\Delta_j(i \neq j)$ 的总和趋于零，又根据

$$\frac{[\Delta_Z \Delta_Z]}{k} = m_Z, \qquad \frac{[\Delta_i \Delta_i]}{k} = m_i$$

得

$$m_Z^2 = \left(\frac{\partial f}{\partial x_1}\right)^2 m_1^2 + \left(\frac{\partial f}{\partial x_2}\right)^2 m_2^2 + \cdots + \left(\frac{\partial f}{\partial x_n}\right)^2 m_n^2 \tag{2.38}$$

或

$$m_Z = \sqrt{\left(\frac{\partial f}{\partial x_1}\right)^2 m_1^2 + \left(\frac{\partial f}{\partial x_2}\right)^2 m_2^2 + \cdots + \left(\frac{\partial f}{\partial x_n}\right)^2 m_n^2} \tag{2.39}$$

这就是一般函数的误差传播公式。由此原理可推导和差函数、倍数函数和线性函数的中误差传播公式，如表 2-2 所示。

**表 2-2 中误差传播公式**

| 函数 | 函数式 | 中误差传播公式 |
|---|---|---|
| 和差函数 | $Z = x_1 \pm x_2 \pm \cdots \pm x_n$ | $m_Z = \pm\sqrt{m_{x_1}^2 + m_{x_2}^2 + \cdots + m_{x_n}^2}$ |
| 倍数函数 | $Z = kx$ | $m_Z = \pm k m_x$ |
| 线性函数 | $Z = k_1 x_1 \pm k_2 x_2 \pm \cdots \pm k_n x_n$ | $m_Z = \pm\sqrt{k_1^2 m_{x_1}^2 + k_2^2 m_{x_2}^2 + \cdots + k_n^2 m_{x_n}^2}$ |

误差传播定律在实际测量中应用较广。利用误差传播定律不仅可以求得观测值函数的中误差，还可以利用它研究确定容许误差的大小、分析观测可能达到的精度等。

## 2.4.2 误差传播定律的应用

**例 2.2** 设对某一个三角形观测了其中的 $\alpha$、$\beta$ 两个角，测角中误差分别为 $m_\alpha = \pm 3.5''$，$m_\beta = \pm 6.2''$，试求第三个角 $\gamma$ 的中误差 $m_\gamma$。

解：因 $\gamma = 180° - \alpha - \beta$，由误差传播定律得

$$m_\gamma = \pm\sqrt{m_\alpha^2 + m_\beta^2} = \pm 7.1''$$

**例 2.3** 已知测量某个圆的半径的中误差为 $m_R = \pm 0.04\text{m}$，试求圆周长的中误差。

解：因周长 $C = 2\pi R$，故

$$m_C = 2\pi m_R = \pm 0.25\text{m}$$

**例 2.4** 已知坐标增量的计算公式为

$$\left.\begin{aligned} \Delta X &= S \cdot \cos\alpha \\ \Delta Y &= S \cdot \sin\alpha \end{aligned}\right\} \tag{2.40}$$

式中，$S$ 为利用测距仪测得的距离，$\alpha$ 为方位角。已知 $S$ 和 $\alpha$ 的中误差分别为 $m_S$ 和 $m_\alpha$，求 $\Delta X$ 和 $\Delta Y$ 的中误差 $m_{\Delta X}$ 和 $m_{\Delta Y}$。

解：首先对坐标增量的计算公式全微分，有

$$\left.\begin{aligned} \text{d}(\Delta X) &= \cos\alpha \cdot \text{d}S - S \cdot \sin\alpha \cdot \text{d}\alpha \\ \text{d}(\Delta Y) &= \sin\alpha \cdot \text{d}S + S \cdot \cos\alpha \cdot \text{d}\alpha \end{aligned}\right\} \tag{2.41}$$

则坐标增量的中误差公式为

$$\left.\begin{aligned} m_{\Delta X} &= \pm\sqrt{\cos^2\alpha \cdot m_S^2 + (S \cdot \sin\alpha)^2 \cdot m_\alpha^2} \\ m_{\Delta Y} &= \pm\sqrt{\sin^2\alpha \cdot m_S^2 + (S \cdot \cos\alpha)^2 \cdot m_\alpha^2} \end{aligned}\right\} \tag{2.42}$$

**例 2.5** 三角形闭合差的中误差公式为

$$m_\omega = \pm\sqrt{\frac{[\omega\omega]}{n}} \tag{2.43}$$

求三角形三内角的测角中误差。

解：因 $\omega = (\alpha + \beta + \gamma) - 180°$，若测角中误差为 $m$，则根据误差传播定律，有

$$m_\omega = \pm\sqrt{3}m \tag{2.44}$$

将式 (2.43) 代入式 (2.44) 中，则有

$$m = \pm\sqrt{\frac{[\omega\omega]}{3n}} \tag{2.45}$$

这就是按三角形闭合差计算测角中误差的公式，也称为菲列罗公式。

# 2.5 最小二乘法

假定在研究一个问题时，从某种理论或假定出发，得到了一个模型。根据这个模型，我们感兴趣的某个量有其理论值 $V_T$，同时我们可以对这个量进行实际观测，而得出其观测值 $V_O$。由于种种原因（如模型不完全正确以及观测有误差）等，理论值 $V_T$ 与观测值 $V_O$ 会有差距，这个差距的平方和

$$H(\theta) = \sum(V_T - V_O)^2 \tag{2.46}$$

可以作为理论与实测符合程度的度量，其中，$\theta$ 为待求解的未知参数（或参数向量）。式 (2.46) 中的求和是针对若干次不同的观测所得到的值，也是未知参数（或参数向量）$\theta$ 的函数值。最小二乘法（least squares method，LSM）要求选择这样的 $\theta$ 值 $\hat{\theta}$, 使 $H$ 达到最小。因此，LSM 的直接意义是一种估计未知参数的计算方法，最小二乘法也被称为最小二乘估计（least squares estimation，LSE）。

## 2.5.1 基本概念

LSM 源于天文学和测地学上的应用需要。假定在某个问题中，有一些不能或不易观测的量 $\theta_1, \cdots, \theta_k$，另有一些容易观测的量 $x_0, \cdots, x_k$，按严格理论，它们应有严格的线性关系

$$x_0 + x_1\theta_1 + \cdots + x_k\theta_k = 0 \tag{2.47}$$

此时，问题转化为：要根据容易观测到的数据组 $(x_0, \cdots, x_k)$ [式 (2.48) 中的 $n$ 表示有 $n$ 次重复观测]

$$(x_{0i}, \cdots, x_{ki}) \quad (i = 1, \cdots, n) \tag{2.48}$$

去估计不能或不易观测的量 $\theta_1, \cdots, \theta_k$，也称为模型中的参数。按照式 (2.47)，由式 (2.48) 中的观测值 $(x_{0i}, \cdots, x_{ki})$ 将得到

$$x_{0i} + x_{1i}\theta_1 + \cdots + x_{ki}\theta_k = 0 \quad (i = 1, \cdots, n) \tag{2.49}$$

共有 $n$ 个方程。但是，由于观测有误差或者模型并非完美，代替式 (2.49) 的实际方程组为

$$x_{0i} + x_{1i}\theta_1 + \cdots + x_{ki}\theta_k = \varepsilon_i \quad (i = 1, \cdots, n) \tag{2.50}$$

式中，$\varepsilon_1, \cdots, \varepsilon_n$ 为随机误差，这里要求 $n \geqslant k$，即观测次数 $n$ 不能小于位置参数 $k$，否则无法估计。

如果误差不存在，即式 (2.49) 确切成立，那么只需从式 (2.49) 中的 $n$ 个方程挑出 $k$ 个，组成联立线性方程组，解算即得到 $\theta_1, \cdots, \theta_k$ 的确切值。但因误差存在，实际情况是式 (2.50)。在这种情况下，如果仍沿用误差为 0 时的做法，即挑出 $k$ 个方程去求解，则将得出一个低效率的解，因为没有把 $n$ 个观测结果都利用上。假如对一未知值 $\theta$ 作了 $n$ 次测量得 $x_1, \cdots, x_n$，如果毫无误差，将得到 $n$ 个方程

$$x_1 - \theta = 0, x_2 - \theta = 0, \cdots, x_n - \theta = 0 \tag{2.51}$$

实际情况为 $x_1 - \theta = \varepsilon_1, x_2 - \theta = \varepsilon_2, \cdots, x_n - \theta = \varepsilon_n$。如果只挑出一个方程，如 $x_1 - \theta = 0$ 去求解，将得到 $\theta = x_1$，即只用第一个观测值 $x_1$ 去估计 $\theta$，其余皆弃之不用，这显然是很大的浪费。LSM 的做法相当于把式 (2.51) 中 $n$ 个方程相加，得 $\sum\limits_{i=1}^{n}(x_i - n\theta) = 0$，解出 $\theta = \bar{x}$。因此，问题在于怎样充分利用全部的观测值 [即式(2.48)]，以期得到一个效率更高的估计。

这个问题曾困扰了 18 世纪的一些学者，包括像欧拉和拉普拉斯这样伟大的数学家。例如，梅耶（Mayer）在 1750 年由确定地球上一点的纬度问题，引出形如式 (2.49) [其实是式 (2.50)] 的一组方程，其中，$n = 27$ 而 $k = 3$。梅耶把这 27 个方程分成 3 组，每组 9 个，将各组方程相加得出一个方程，这样共得到 3 个方程，可以解出 $\theta_1, \theta_2, \theta_3$。这个方法在 18 世纪下半叶曾很流行，但由于分组的方法无定规可循，不同的分组方法可得出差异很大的解，在应用上并不方便。

### 2.5.2　解算方法

大量目标定位解算问题最后都会以最小二乘的形式出现，例如，要观测海上一艘舰船的平面坐标 $(X, Y)$，在陆地上从 3 个已知点测量得到这艘船相对已知点的距离 $S_i (i = 1, 2, 3)$ 和方位角 $\alpha_i (i = 1, 2, 3)$，那么根据这 6 个条件要确定 2 个未知数，解决这个问题的方法就是最小二乘法。

对于 $n$ 个待求的未知数 $x_i (i = 1, 2, \cdots, n)$，通过各种测量可以列出 $m$ 个方程，即对于无其他约束的情况，最小二乘问题的基本形式为

$$\min_{\boldsymbol{x} \in \mathbb{R}^n} H(\boldsymbol{x}) = \frac{1}{2} F(\boldsymbol{x})^{\mathrm{T}} F(\boldsymbol{x}) = \frac{1}{2} \sum_{i=1}^{m} [F_i(\boldsymbol{x})]^2, \quad m \geqslant n \tag{2.52}$$

式中，$F_i(\boldsymbol{x})(i = 1, 2, \cdots, m)$ 为残量函数，$\frac{1}{2}$ 是为表达和运算方便加进去的，有无 $\frac{1}{2}$ 对问题的求解没有影响。当 $F_i(\boldsymbol{x})$ 是 $\boldsymbol{x}$ 的线性函数时，式 (2.52) 称为线性最小二乘问题，这时 $F_i(\boldsymbol{x})$ 可表示成

$$F_i(\boldsymbol{x}) = \boldsymbol{a}_i^{\mathrm{T}} \boldsymbol{x} - b_i \tag{2.53}$$

式中，$\boldsymbol{a}_i = (a_{i1}\ a_{i2}\ \cdots\ a_{in})^{\mathrm{T}}$ 为 $n$ 维向量；$b_i \in \mathbb{R}^1$ 为标量。对线性最小二乘问题

$$\min \frac{1}{2} \sum_{i=1}^{m} [\boldsymbol{a}_i^{\mathrm{T}} \boldsymbol{x} - b_i]^2 \tag{2.54}$$

通常用如式 (2.55) 的矩阵向量表示:

$$\min \frac{1}{2} \| \boldsymbol{A} \boldsymbol{x} - \boldsymbol{b} \|^2 \tag{2.55}$$

其中,

$$\boldsymbol{A} = \begin{bmatrix} a_{11} & a_{12} & \cdots & a_{1n} \\ a_{21} & a_{22} & \cdots & a_{2n} \\ \vdots & \vdots & & \vdots \\ a_{m1} & a_{m2} & \cdots & a_{mn} \end{bmatrix}, \boldsymbol{b} = \begin{bmatrix} b_1 \\ b_2 \\ \vdots \\ b_m \end{bmatrix}$$

在目标定位实践中, $F_i(\boldsymbol{x})$ 是 $\boldsymbol{x}$ 的线性函数的情况很少出现, 一般情况下 $F_i(\boldsymbol{x})$ 都是 $\boldsymbol{x}$ 的非线性函数时, 此时, 式 (2.52) 称为非线性最小二乘问题。

最小二乘问题在科学实验、科学计算、预测预报、数据拟合等多个领域有广泛的应用, 最小二乘的一个典型例子是数据拟合。设已知 $m$ 组观测值:

$$
\begin{array}{ccccc}
a_{11} & a_{12} & \cdots & a_{1n} & b_1 \\
a_{21} & a_{22} & \cdots & a_{2n} & b_2 \\
\vdots & \vdots & & \vdots & \vdots \\
a_{m1} & a_{m2} & \cdots & a_{mn} & b_m
\end{array}
$$

且已确定 $b_i(i=1,2,\cdots,m)$ 与 $\boldsymbol{a}_i(i=1,2,\cdots,m)$ 之间的关系估计式为

$$b_i \approx G(\boldsymbol{x}, \boldsymbol{a}_i) \quad (i = 1, 2, \cdots, m) \tag{2.56}$$

式中, $\boldsymbol{x} \in \mathbb{R}^n$; $\boldsymbol{a}_i = (a_{i1} \ a_{i2} \ \cdots \ a_{in})^{\mathrm{T}}$。问题为确定 $n$ 维向量 $\boldsymbol{x}$ 的一个值使得 $G(\boldsymbol{x}, \boldsymbol{a}_i)$ 与 $b_i$ 差值的平方和最小, 即要求变量 $\boldsymbol{x} \in \mathbb{R}^n$ 的值应该是下述问题

$$\min \sum_{i=1}^m [G(\boldsymbol{x}, \boldsymbol{a}_i) - b_i]^2 = \sum_{i=1}^m [F_i(\boldsymbol{x})]^2 \tag{2.57}$$

的解。和式 (2.52) 相比, 式 (2.57) 少了系数 $\frac{1}{2}$, 式 (2.52) 就是标准最小二乘问题的求解形式。当关系估计式 $G(\boldsymbol{x}, \boldsymbol{a}_i)$ 为线性函数 $F(\boldsymbol{x}, \boldsymbol{a}_i) = \boldsymbol{a}_i^{\mathrm{T}} \boldsymbol{x}$ 时, 即为线性最小二乘问题。

最小二乘法的另一个具体应用是方程组的求解:

$$\boldsymbol{F}(\boldsymbol{x}) = \begin{bmatrix} F_1(\boldsymbol{x}) \\ F_2(\boldsymbol{x}) \\ \vdots \\ F_m(\boldsymbol{x}) \end{bmatrix} = 0 \tag{2.58}$$

当所有 $F_i(\boldsymbol{x})(i=1,2,\cdots,m)$ 都是 $\boldsymbol{x}$ 的线性函数时, 式 (2.58) 可写成矩阵形式:

$$\underset{m \times n}{\boldsymbol{A}} \cdot \underset{n \times 1}{\boldsymbol{x}} = \underset{m \times 1}{\boldsymbol{b}} \tag{2.59}$$

当 $m > n$，即已知条件大于未知量个数时，称上述方程组为超定方程组；当 $m = n$ 时，称为适定方程组；当 $m < n$ 时，称为亚定方程组。在目标定位中，经常会遇到超定非线性方程组的求解问题，采用的主要解算方法就是最小二乘法。

对线性最小二乘问题 [式 (2.55) 和式 (2.59)]，按照最小二乘原理，其未知向量 $\boldsymbol{x}$ 的最优解为

$$\boldsymbol{A}^{\mathrm{T}}\boldsymbol{A}\boldsymbol{x} = \boldsymbol{A}^{\mathrm{T}}b$$

$$\boldsymbol{x} = (\boldsymbol{A}^{\mathrm{T}}\boldsymbol{A})^{-1}\boldsymbol{A}^{\mathrm{T}}b = \boldsymbol{A}^{+}b \tag{2.60}$$

式中，$\boldsymbol{A}^{+}$ 为矩阵 $\boldsymbol{A}$ 的广义逆。

对于非线性最小二乘问题，一般采用 Gauss-Newton 法来进行求解。先考虑只有一个未知数的情况，即 $x$ 退化为变量时，求解非线性方程 $F(x) = 0$。将 $F(x)$ 按泰勒级数在给定的初始值 $x^{(0)}$ 处展开：

$$F(x) = F(x^{(0)}) + F'(x^{(0)})(x - x^{(0)}) + \cdots = 0 \tag{2.61}$$

只保留泰勒级数展开式的一次项，即可以得到 $x$ 的 1 个估计值 $x^{(1)}$：

$$x^{(1)} = x^{(0)} - \frac{F(x^{(0)})}{F'(x^{(0)})} \tag{2.62}$$

由于式 (2.62) 只保留了泰勒级数的一次项，因此 $x^{(1)}$ 不一定是 $F(x) = 0$ 的精确解，需要按照上述过程继续迭代处理，迭代公式为

$$x^{(k+1)} = x^{(k)} - \frac{F(x^{(k)})}{F'(x^{(k)})} \tag{2.63}$$

重复上述过程，直到 $x^{(k+1)}$ 和 $x^{(k)}$ 的差距很小（可以认为相等）时，迭代终止。这个过程就是非线性方程的 Gauss-Newton 解法，记 $\delta^{(k)} = x^{(k+1)} - x^{(k)}$，则式 (2.63) 为

$$F'(x^{(k)})\delta^{(k)} = -F(x^{(k)}) \tag{2.64}$$

下面将这个过程扩展到未知数个数为 $n$ 的情况，式 (2.64) 可扩展为

$$\underset{1 \times n}{F'(x^{(k)})} \cdot \underset{n \times 1}{\delta^{(k)}} = -\underset{1 \times 1}{F(x^{(k)})} \tag{2.65}$$

即

$$\left[ \frac{\partial F(x^{(k)})}{\partial x_1} \ \frac{\partial F(x^{(k)})}{\partial x_2} \ \cdots \ \frac{\partial F(x^{(k)})}{\partial x_n} \right] \cdot \delta^{(k)} = -F(x^{(k)}) \tag{2.66}$$

如果有 $m$ 个非线性方程，则可以列出：

$$
\begin{bmatrix}
\dfrac{\partial F_1(x^{(k)})}{\partial x_1} & \dfrac{\partial F_1(x^{(k)})}{\partial x_2} & \cdots & \dfrac{\partial F_1(x^{(k)})}{\partial x_n} \\
\dfrac{\partial F_2(x^{(k)})}{\partial x_1} & \dfrac{\partial F_2(x^{(k)})}{\partial x_2} & \cdots & \dfrac{\partial F_2(x^{(k)})}{\partial x_n} \\
\vdots & \vdots & & \vdots \\
\dfrac{\partial F_m(x^{(k)})}{\partial x_1} & \dfrac{\partial F_m(x^{(k)})}{\partial x_2} & \cdots & \dfrac{\partial F_m(x^{(k)})}{\partial x_n}
\end{bmatrix}
\cdot \delta^{(k)} = -
\begin{bmatrix}
F_1(x^{(k)}) \\
F_2(x^{(k)}) \\
\vdots \\
F_m(x^{(k)})
\end{bmatrix}
\tag{2.67}
$$

将式 (2.67) 写成矩阵形式：

$$
\boldsymbol{A}\delta^{(k)} = -\boldsymbol{F} \tag{2.68}
$$

式中，$\boldsymbol{A}$ 为向量函数 $\boldsymbol{F}$ 的 $m \times n$ 阶雅可比矩阵。利用式 (2.60) 可以计算出未知向量 $\boldsymbol{x}$ 的迭代增量 $\boldsymbol{\delta}^{(k)}$ 为

$$
\boldsymbol{\delta}^{(k)} = -(\boldsymbol{A}^{\mathrm{T}}\boldsymbol{A})^{-1}(\boldsymbol{A}^{\mathrm{T}}\boldsymbol{F}) \tag{2.69}
$$

以下为非线性二乘问题的 Gauss-Newton 解法。

步骤 1：给定式 (2.58) 解的迭代初始值 $\boldsymbol{x}^{(1)}$，置计数器 $k = 1$。

步骤 2：计算向量函数 $\boldsymbol{F}(\boldsymbol{x})$ 的值 $\boldsymbol{F}|_{\boldsymbol{x}=\boldsymbol{x}^{(k)}}$ 和雅可比矩阵 $\boldsymbol{A}|_{\boldsymbol{x}=\boldsymbol{x}^{(k)}}$。

步骤 3：按照式 (2.69) 计算未知向量 $\boldsymbol{x}$ 的增量 $\boldsymbol{\delta}^{(k)}$ 和迭代解算值 $\boldsymbol{x}^{(k+1)} = \boldsymbol{x}^{(k)} + \boldsymbol{\delta}^{(k)}$。

步骤 4：如果迭代增量 $\boldsymbol{\delta}^{(k)}$ 满足精度要求（如所有分量都小于 $1 \times 10^{-6}$），则输出计算结果，停止迭代。否则，令计数器 $k = k + 1$，执行步骤 2。

从另一个角度分析式 (2.61)，这其实就是将关于 $x$ 的非线性函数 $f(x)$，转换为关于 $\delta = x - x^{(0)}$ 的线性函数，因此在目标定位中，也将上述方法称为线性化方法。

需要注意的是，上述针对非线性最小二乘问题的迭代解法需要初始值，对于非全局收敛的最小二乘问题，"不好"的初始值会导致迭代不收敛，需要在计算过程中加以考虑。

### 练习和思考题

1. 偶然误差和系统误差有什么不同？偶然误差具有哪些特性？
2. 简述观测值的真误差 $\Delta_i$、中误差 $m$ 和算术平均值中误差 $m_x$ 有什么区别和联系。
3. 何谓中误差、容许误差、相对误差？绝对误差和相对误差分别在什么情况下使用？
4. 以相同精度观测某个水平角 4 测回，观测值分别为 $35°48'47''$、$35°48'40''$、$35°48'42''$、$35°48'46''$，请计算该水平角测量的算术平均值和中误差。
5. 某直线测量 6 次，其观测结果分别为 136.52m、136.48m、136.56m、136.46m、136.40m、136.58m，计算算术平均值、中误差和相对中误差。
6. 在图上量得一圆的半径 $R = 35.6$mm，已知测量中误差为 $\pm 0.3$mm，求圆的面积及其中误差。
7. 若测角中误差为 $\pm 25''$，问 $n$ 边形内角和的中误差是多少？
8. 在一个三角形中观测了 $\alpha$、$\beta$ 两个内角，已知两个角度的测量中误差都是 $\pm 20''$，若三角形的第三个角 $\gamma = 180° - (\alpha + \beta)$，计算 $\gamma$ 角的中误差。
9. 简述最小二乘法的基本原理和解算方法。

# 第 3 章　大地坐标系

确定目标位置（即定位）是目标保障工作的一项基本任务。因为目标在空间的位置和运动是相对一定的参考坐标系而言的，所以为了获得目标的位置信息，首先需要建立科学合理的坐标系，然后才能利用数值分析或解析几何的方法确定待求目标点和已知条件之间的数学关系。本章主要介绍目标定位所必需的大地坐标系的基本概念、定义方式及其相互转换的数学原理。

## 3.1　引　　言

大地坐标系是一种典型的地理坐标系，它是建立在一定的大地基准上的，用于表达地球表面空间位置及其相对关系的数学参照系。地面点的位置用大地经度、大地纬度和大地高度表示。大地坐标系的确立包括选择一个椭球、对椭球进行定位和确定大地起算数据。一个形状、大小和定位、定向都已确定的地球椭球称为参考椭球，参考椭球一旦确定，则标志着大地坐标系已经建立。

按坐标原点相对地球质心的位置，大地坐标系分为参心坐标系和地心坐标系。参心坐标系的原点偏离地心可能达到几十到几百米，而地心坐标系的原点理论上与地心重合，实际上与地心难免有些偏离。大地坐标系的定义包括坐标系的原点、三个坐标轴的指向、尺度以及地球参考椭球基本常数的定义。参考椭球面既是地球表面的数学参考面，又是地球正常重力场的参考面。在惯性导航不同坐标系的变换、无线电导航距离的解算以及远程武器的精确打击中，为提高计算精度，需要选择参考椭球作为地球的数学模型，以提供更加精确的点位信息。

因为大地坐标系和所选择的地球模型密切相关，所以并不存在一个"永恒不变"的坐标系，事实上还常常有以下几个认识误区。

**误区 1. 地面上的每一点都有唯一的经纬度**

由于科学进步和历史发展等多方面原因，从来就没有一个统一的"经纬度"坐标系。在不同的国家或地区，有许多不同的零经度子午线（本初子午线）和零纬度圆（赤道），尽管前者通常都经过格林尼治附近的某个地方，后者总是在赤道附近的某个地方，但是，不同的经纬度坐标系统之间也有细微的差别。出现这种情况的结果是，在目前常用的不同经纬度系统里，同一个地面点的坐标差异可能会超过 200m。任何这样大的错误都极有可能造成严重的后果，因此了解使用的是哪一个系统以及它是如何定义的非常重要。

**误区 2. 水平面就是一个水平的"平面"**

从字面上看，水平面就是一个水平的"平面"，但这其实是不可能的，因为地球表面是圆的，所以任何水平面（如你杯中酒的表面，或者随时间人为平均的海面）都必须随着地球的弯曲而弯曲，所以它不可能是"绝对"平的，也就是说，它不能是一个几何平面。但更重要的是，水平面也有一个复杂的形状，它并不是一个简单的像球体一样的曲面。当我们说"水平面"时，指的是一个与重力方向处处正交的表面。重力的方向通常是朝向地球的中心，但它的方向和大小在不同的地方也有着复杂的变化，甚至在非常局部的尺度上也是如此。但是这些变化太小了，如果没有专业测量设备，我们无法直接感受和观测到。这是地表（丘陵和山谷）质量的不规则分布和地球密度的变化等多种原因造成的结果。因此，所有的水平面实际上都是凹凸不平的复杂曲面。

**误区 3. 一个地面点的真实坐标始终保持不变**

因为地球的持续变形运动，地面点的坐标也会持续发生变化。相对于地球的质量中心，由于受到日月潮汐等因素的影响，地面点每天可以上下移动 1m 之多。两个大陆的相对运动也可能达到每年 10cm，这对于测绘定位来说意义重大，因为它年复一年地保持这种状态不变，那 50 年后，地球上的一个区域可能相对于邻近的大陆移动了 5m，从而影响到地面点的精确位置。

**误区 4. 坐标系的转换有精确的数学公式**

精确公式只适用于完美的几何领域，而不适用于现实世界中地面坐标点的描述。在某个坐标系中一个点的"已知坐标"是通过大量的观测数据获得的，这些观测数据是在一系列的限制条件下获得的，并通过平差计算才能获得坐标值。由于观测结果和限制条件都不可能绝对精确，而且观测数据还存在误差。事实上，目前两个坐标系之间的转换关系也必须在地面上进行观测确定，而这种观测也不可避免地包含各类误差。因此，只有相对近似的模型（或者说满足一定精度的模型）才能将坐标从一个坐标系转换到另一个坐标系。一般来说，如果精度要求很低（如 5~10m），那么将一组坐标从一个坐标系转换到另一个坐标系就很简单。如果精度要求更高（如 1cm~0.5m），那就需要一个更复杂的转换过程。

# 3.2  地 球 形 状

确定目标的位置信息，通常指的是确定其在地球表面的位置信息。进行目标定位的工作也是在地球表面上进行的。因此，首先要对地球的形状、大小等自然形态做必要的了解，然后才能为确定地面点的空间位置而选定参考面和参考线，作为描述地面点空间位置的基准。

地球的自然表面是不规则的，有高山、丘陵和平原，有江河、湖泊和海洋。地球表面海洋面积约占 71%，陆地面积约占 29%。地球表面最高点是海拔 8848.86m 的珠穆朗玛峰，最低点是深度 11034m 的马里亚纳海沟，因此地球是一个非常不规则和复杂的形状。但这样的高低起伏相对于地球庞大的体积来说仍然是微不足道的，就其总体形状而言，地球是一个接近两极扁平、沿赤道略微隆起的"椭球体"。如果你想要精确确定地面目标点的位置，需要一个更简单的地球基本形状模型，并将它作为坐标系的基础，然后通过确定它们相对于简化形状的坐标来添加细节，从而构建完整的地球描述。

大地测量学是所有测绘制图和导航定位的基础，其目的首先是确定简化后的地球形状和大小，确定了这一点后，我们可以把它作为参考表面，以此来测量地形。

对于这个问题，测量定位学家有两个非常有用的答案：椭球面和大地水准面。要真正理解大地坐标系，首先需要理解这两个基本概念。

## 3.2.1  椭球面

地球的形状非常接近球形，但是它的赤道部分有一个小小的隆起，使得赤道半径比两极半径大 0.3% 左右。因此，最接近地球形状的简单几何形状是一个双轴椭球，它是由绕较短轴旋转的一个椭圆而产生的三维形状，旋转椭球的短轴与地球的旋转轴近似重合。

因为任何一个椭球面都不可能和地球表面保持一致，所以在实际应用中就有很多不同的椭球，其中一些椭球是为了拟合整个地球，而另一些则是为了拟合某些地区。例如，目前我国 2000 国家大地坐标系所使用的椭球是 GRS80，这个椭球在设计之初就是为了实现全球最佳拟合。而我国早期用于测绘定位的椭球，是从苏联引进的克拉索夫斯基椭球，这种椭球和苏联地区的拟合程度很高，在我国西北地区的定位精度较高，但是在东南地区，定位误差就比较大。因此，不同地区使用的椭球在大小和形状上都有所不同，相对于地球的方向和位置也不同。现在的发展趋势是在全球任何地方都使用 GRS80 这样的全球最佳拟合椭球，因为它具有更好的全局兼容性。尽管局部最佳拟合椭球体是一个相当过时的想法，但是它仍然重要，因为很多国家在这样的椭球体上建立了自己的测量定位坐标系，并且还在继续使用。

图 3-1 是椭球体横截面示意图，图中显示了一个全球最佳拟合椭球面和一个区域最佳拟合椭球面的横截面。区域最佳拟合椭球只适用于最适合的区域，而不适用于地球的其他区域。请注意，两个椭球体的中心位置和方向以及大小和形状都不同。需要注意的是，图上区域最佳拟合椭球是一种夸张的表示，真实情况下不会有如此大的差异。

经过几个世纪的实践，人们认识到，虽然大地水准面是略有起伏的不规则曲面，但从整体上看，大地体却十分接近于一个规则的旋转椭球体，即一个椭圆绕它的短轴旋转而成的旋转椭球体，人们把这个代表地球形状和大小的旋转椭球体称为地球椭球体，如图 3-2 所示。

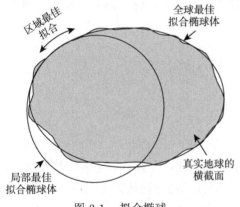

图 3-1　拟合椭球

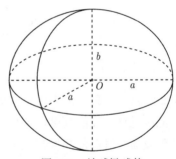

图 3-2　地球椭球体

地球椭球体的大小由长半轴 $a$、短半轴 $b$ 和扁率 $f$ 确定，$a, b, f$ 称为地球椭球体元素。

$$f = \frac{a - b}{a} \tag{3.1}$$

地球椭球体的形状和大小确定之后，还应进一步确定地球椭球体与大地体的相关位置，才能作为测量计算的基准面，这个过程称为椭球定位。人们把形状、大小和定位都已确定了的地球椭球体称为参考椭球体，参考椭球体的表面称为参考椭球面。参考椭球定位的原则是在一个国家或地区范围内使参考椭球面与大地水准面最为吻合，其方法是首先使参考椭球体的中心与大地体的中心重合，并在一个国家或地区范围内适当选定一个地面点，使得该点处参考椭球面与大地水准面重合。这个用于参考椭球定位的点，称为大地原点。参考椭球面是测量计算的基准面，其法线是测量计算的基准线。

参考椭球体元素的数值是通过大量的测量成果推算出来的。17 世纪以来，许多测量工作者根据不同地区、不同年代的测量资料，按不同的处理方法推算出不同的参考椭球体元素。表3-1 摘录了几种参考椭球体元素的数值。

表 3-1　参考椭球体元素值

| 序号 | 参考椭球名称 | 年份 | 长半轴 $a$/m | 扁率 $f$ |
|------|-------------|------|-------------|----------|
| 1 | 贝塞尔 | 1841 | 6377397 | 1/299.15 |
| 2 | 克拉克 | 1866 | 6377206 | 1/295.0 |
| 3 | 克拉克 | 1880 | 6378249 | 1/293.46 |
| 4 | 海福德 | 1910 | 6378388 | 1/297.0 |
| 5 | 克拉索夫斯基 | 1940 | 6378245 | 1/298.3 |
| 6 | 凡氏 | 1965 | 6378169 | 1/298.25 |
| 7 | IUGG 十六届大会推荐值 | 1975 | 6378140 | 1/298.257 |
| 8 | IUGG 十七届大会推荐值 | 1979 | 6378137 | 1/298.257 |
| 9 | WGS84 | 1984 | 6378137 | 1/298.257223563 |
| 10 | 2000 国家大地坐标 | 1984 | 6378137 | 1/298.257222101 |

注：IUGG, International Union of Geodesy and Geophysics, 国际大地测量与地球物理联合会。

因为参考椭球体的扁率较小，所以在测量计算中，在满足精度要求的前提下，为了计算方便，通常把地球近似地当作圆球看待，其半径为

$$R = \frac{1}{3}(a + a + b) = 6371(\text{km}) \tag{3.2}$$

## 3.2.2　大地水准面

如果想测量某目标点的高度，首先需要在目标点周边有一个假想的"零高度"参考面，只有这样才能测量这个点的高度，即任一点的高度就是该点到这个假想参考面的垂直距离。

在地球表面，升高的高度被认为是"上坡"，而降低的高度被认为是"下坡"，这意味着"零高度"参考面必须是一个水平面。也就是说，所有地方的参考面都与重力方向垂直。很明显，如果想要讨论世界各地的高度，参考面必须是类似于椭球面的封闭形状。虽然地球上各地的重力方向一般都指向地球中心，但不同地方的重力方向都存在着复杂变化，这意味着高度参考面并不是像椭球一样的简单几何图形，而是崎岖不平的复杂多变图形。事实上，可以通过精确测量来确定各地的水平面，这就是重力测量所要解决的问题。

理论上，可以选择任意一个平面为"零高度"参考面，因此就可以选择任意数量的封闭水平面作为测量高度的全局参考面。可以把这些平面想象成环绕地球表面内外的"洋葱层"，每一层都对应着地球重力场的某一势能面，形状不规则，但都具有相同的高度。但真正在具体实践中，由于我们人类喜欢把海平面的高度想象为零，因此并不会任意地选择"零高度"参考面，而是选择最接近地球上所有海洋平均表面的水平面作为"零高度"参考面，并称这种不规则的三维表面为大地水准面。尽管大地水准面是想象出来的，而且难以实地测量，但它是唯一的整个地球上海洋平均表面的最佳拟合水平面。

　　既然地球表面绝大部分是海洋，人们很自然地把
地球总体形状看作被海水包围的球体，即把地球看作
处于静止状态的海水面向陆地内部延伸形成的封闭曲
面。地球表面上任一质点都同时受到两个作用力：一
是地球自转产生的惯性离心力，二是整个地球质量产
生的引力。这两种力的合力称为重力。引力方向指向
地球质心，如果地球自转角速度是常数，惯性离心力
的方向垂直于地球自转轴向外，重力方向则是两者合
力的方向，如图 3-3 所示。

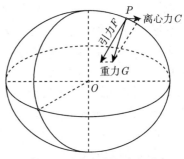

图 3-3　引力、离心力和重力

　　当液体表面处于静止状态时，液体表面必然与重力方向正交，即液体表面与铅垂线方向
垂直。由于大地水准面也是一个水准面，因而大地水准面同样具有处处与铅垂线垂直的性质。
我们知道，铅垂线的方向取决于地球内部的引力，而地球引力的大小与地球内部物质有关。由
于地球内部物质分布是不均匀的，因而地面上各点的铅垂线方向也是不规则的。因此，处处
与铅垂线方向正交的大地水准面是一个略有起伏的不规则曲面，如图 3-4 所示。

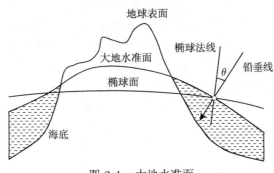

图 3-4　大地水准面

　　水准面和铅垂线是客观存在的，可以作为野外测量的基准面和基准线。实际上，野外测
量的仪器就是以水准面和铅垂线为基准进行整置的。因为大地水准面是具有微小起伏的不规则
曲面，不能用数学公式表示，所以，在这个曲面上进行测量数据的处理将是十分困难的。

## 3.3　坐标系的建立

　　以上介绍了一个不规则的、动态的地球，以及用来描述其基本形状的椭球面和大地水准
面的概念，现在需要用简单的数字形式确定目标在地球上的位置。因此，现在面临的挑战是
定义一个坐标系统，然后用一组明确的数字，唯一地、准确地陈述任何目标的位置。在目标
保障领域，"位置"是指一个明确定义的坐标系中的一组坐标，以及这些坐标可能存在的误差
说明。

### 3.3.1　球面大地坐标系

　　最常见的表示地球位置的方法是用两个角度，即大地纬度和大地经度，它们定义了地球
上的一个点。更准确地说，它们定义了一个椭球面上近似适合地球的点。因此，要确定地使

用大地经纬度，就必须知道处理的是哪个椭球体。

椭球体与大地纬度、大地经度的关系很简单（图 3-5）。经线是地球表面连接南、北两极，并且垂直于赤道的弧线，又称为子午线。纬线是与地轴垂直并且环绕地球一周的圆圈，且与经线垂直相交。可以选择椭球的一个子午线作为本初子午线，并指定经度为零。椭球面上某一点的经度是经过该点的子午线与本初子午线之间的夹角。通常，经度分为东半球和西半球（实际上是半椭球面），范围为 0°W～180°W 和 0°E～180°E。纬度范围为 0°N～90°N 和 0°S～90°S，其中，90°N 或 90°S 是一个点，即椭球的极点。

大地经纬度描述了椭球表面的位置，由于地面上的实点实际上是在椭球表面之上（也可能在椭球面下），我们需要第三个坐标，即大地高，是指某点沿椭球面法线到椭球面的直线距离。术语"大地高"实际上是一个容易被误解的名词，尽管这是一个近似的垂直测量，但它并没有给出真正的高度，因为它与水平表面无关。但是它确实可以用简单的几何方法明确地识别椭球表面上方或下方的空间点，这就是它存在的意义。

利用纬度 $L$、经度 $B$ 和大地高 $H$ 的三维坐标值，可以在一个指定的椭球上明确地定位一个点。为了把这个点转换成在地面上的具体位置，需要准确地知道椭球相对于感兴趣区域的位置。要想做到这一点，需要具体定义这个椭球的形状、大小和方位。

大地坐标系如图 3-6 所示，空间某点 $P$ 的大地坐标是由大地纬度 $B$、大地经度 $L$ 和大地高 $H$ 来表示的。大地纬度 $B$ 是 $P$ 点处参考椭球的法线 $PO'$ 与赤道面的夹角，向北称为北纬（0°N ～ 90°N）；向南称为南纬（0°S ～ 90°S）。大地经度 $L$ 是 $P$ 点与参考椭球的自转轴所在的面 $NPS$ 与参考椭球起始子午面 $NGS$ 的夹角，由起始子午面起算，向东为正称为东经（0°E ～ 180°E），向西为负称为西经（0°W ～ 180°W）。大地高 $H$ 是 $P$ 点沿该点法线到椭球面的距离，向上为正，向下为负。

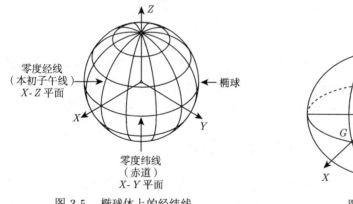

图 3-5　椭球体上的经纬线

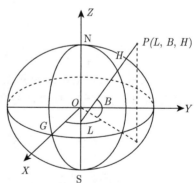

图 3-6　大地坐标系

## 3.3.2　空间直角坐标系

空间直角坐标系作为直角笛卡儿坐标系，是描述三维位置的一个非常简单的坐标系统，包括三个垂直的轴 $X$、$Y$ 和 $Z$。三个坐标值可以明确地定位这个系统中的任何一点，可以使用它作为纬度、经度和椭球高度的等价表达形式，两者能表示完全相同的坐标位置信息。

空间直角坐标系如图 3-7 所示。空间直角坐标系原点 $O$ 位于椭球的中心，$Z$ 轴指向椭球的北极 N，$X$ 轴指向起始子午面与赤道的交点 $G$，$Y$ 轴位于赤道面上，且按右手法则与 $X$ 轴呈 90° 夹角。根据空间直角坐标系原点的不同，空间直角坐标系又有参心空间直角坐标系与地心空间直角坐标系之分。在空间直角坐标系中，空间中某点坐标可用该点在此坐标系的各个坐标轴的投影来表示。

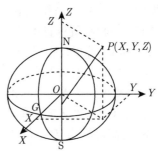

图 3-7 空间直角坐标系

### 3.3.3 高程系统

高程是指点到基准面的垂直距离。根据所选择基准面的不同，高程有所不同。如果选择参考椭球面为基准面，高程指的就是大地高。如果选择大地水准面为基准面，高程指的就是正常高或海拔，简称高程，用 $H$ 表示。

为了建立全国统一的高程系统，必须确定一个高程基准面。通常采用大地水准面作为高程基准面，大地水准面是通过验潮站长期验潮来确定的。

**1. 验潮站**

验潮站是为了掌握当地海水潮汐变化规律而设置的。为确定平均海水面和建立统一的高程基准，需要在验潮站上长期观测潮位的升降，根据验潮记录求出该验潮站海水面的平均位置。

验潮站的标准设施包括验潮室、验潮井、验潮仪、验潮杆和一系列水准点，如图 3-8 所示。验潮室通常建在验潮井的上方，以便将系浮筒的钢丝直接引到验潮仪上，验潮仪自动记录海水面的涨落。

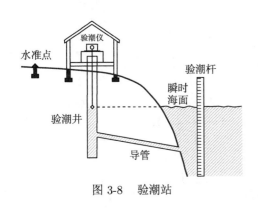

图 3-8 验潮站

根据验潮站所在地的条件，验潮井可以直接通到海底，也可以设置在海岸上。图 3-8 所示的验潮井设置在海岸上，用导管通到开阔海域。导管保持一定的倾斜角度，高端通验潮井，低端在最低潮位之下一定深度处。在海水进口处装上金属网，采取这些措施，可以防止泥沙和污物进入验潮井，同时也抑制了波浪的影响。

验潮站上安置的验潮杆，是作为验潮仪记录的参考尺。验潮杆被垂直地安置在码头的柱基上或其他适当的支撑体上，所在位置需要便于精确读数，也要便于它与水准点之间的联测。每日定时进行读数，并立即将此读数连同读取的日期和时间记在验潮仪纸带上。平均海水面的高度就是利用验潮站长期观测的海水高度求得的平均值。

**2. 高程基准面**

我国的验潮站设在青岛。青岛地处黄海，因此，我国的高程基准面以黄海平均海水面为准。为了将基准面可靠地标定在地面上和便于联测，在青岛的观象山设立了永久性水准点，用精密水准测量方法联测求出该点至平均海水面的高程。全国的高程都是从该点推算的，故该点又称为"水准原点"。

我国常用的高程系统主要有 1956 黄海高程系和 1985 国家高程基准。以青岛验潮站 1950~1956 年验潮资料算得的平均海水面作为全国的高程起算面，并测得"水准原点"的高程为 72.289m。凡以此值推求的高程，统称为 1956 黄海高程系。随着我国验潮资料的积累，为提高大地水准面的精确度，国家又根据 1952~1979 年的青岛验潮观测值，推求得到黄海海水面的平均高度，并求得"水准原点"的高程为 72.260m。由于该高程系是国家在 1985 年确定的，故把以此值推求的高程称为 1985 国家高程基准。

1956 黄海高程系 $H_{56}$ 与 1985 国家高程基准 $H_{85}$ 高差为 0.029m，故二者之间的转换关系为

$$H_{85} = H_{56} - 0.029\text{m} \tag{3.3}$$

除以上两种高程系统外，在我国的不同历史时期和不同地区曾采用过多个高程系统，如大沽高程基准、吴淞高程基准、珠江高程基准等。不同高程系统间的差值因地区而异，而这些高程系统在我国的某些行业早期曾经使用过，例如，吴淞高程基准一直为长江的水位观测、防汛调度以及水利建设所采用；黄河水利部门曾经使用大沽高程系等。因为各种高程系统之间存在差异，所以，我国从 1988 年起，规定统一使用 1985 国家高程基准。

地面点至大地水准面的铅垂距离称为绝对高程，如图 3-9 所示，$H_A$、$H_B$ 为 $A$、$B$ 点的绝对高程。地面上两点间的高程之差 $h$ 称为高差，高差又称为相对高程或比高。$A$ 点对 $B$ 点的高差记作 $H_{BA}$；$B$ 点对 $A$ 点的高差记作 $H_{AB}$，分别为

$$\left. \begin{array}{l} h_{AB} = H_B - H_A \\ h_{BA} = H_A - H_B \end{array} \right\} \tag{3.4}$$

很显然，$H_{AB}$ 和 $H_{BA}$ 的绝对值相等，符号相反。

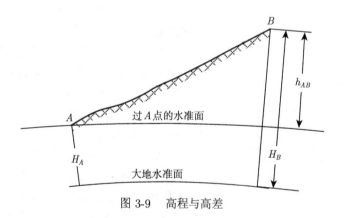

图 3-9  高程与高差

## 3.4  坐标系的形式

我们把形状和大小与大地体相近且两者之间的相对位置确定的旋转椭球称为参考椭球。参考椭球面是测量计算的基准面，世界各国都根据本国的地面测量成果选择一种适合本国需求的参考椭球，因而参考椭球有许多个。国家大地网建立时采用的大地基准包括参考椭球的长半轴和扁率，大地原点在大地坐标系中的大地经度、大地纬度、大地高程及大地原点至一相邻点的方向上的方位角，这些数据是推算国家大地网中各点大地坐标的依据。

### 3.4.1　天球参考系

人们在研究宇宙天体运动之初,将恒星作为参考点。随着观测精度的提高,目前协议的准惯性参考系除了可用恒星来实现外,还可利用太阳系天体和河外射电源来实现。具有点源特征的类星体与其他河外致密射电源是定义惯性参考系的理想天体,射电天体测量学的发展为天球参考系的建立提供了新的手段。

天球参考系是基于地球在空间运动的动力学模式,即采用动力学方法定义其春分点和赤道面;而国际天球参考系 (international celestial reference system, ICRS) 是通过一套河外射电源的位置实现的,它基于运动学的概念。

天文参考框架是理论上定义的参考系的实现,通常用光学星表或河外射电源表来表示。从公元前 150 年至 20 世纪 90 年代,天文参考框架都采用光学波段表达。欧洲空间局 (European Space Agency, ESA) 在 1989 年 8 月 8 日成功地发射了依巴谷天体测量卫星,依巴谷星表和第谷星表是依巴谷卫星的主要观测结果。依巴谷星表测定了约 12 万颗恒星,构成了均匀的天球参考系,极限星等达到 13 星等,其位置、自行与视差的精度分别为 ±0.002″、±0.002″与 ±0.002″。1991 年,国际天文联合会 (International Astronomical Union, IAU) 决定使用河外射电源精确坐标来定义天球参考框架。1997 年,在日本京都召开的 IAU 第 23 届大会给出了由 212 颗河外致密射电源构成的国际天球参考系 (ICRS),决定由依巴谷星表取代已沿用 10 多年的 FK5 星表,成为 ICRS 在光学波段的实现,并将改进后的依巴谷框架称为依巴谷天球参考框架 (Hipparcos celestial reference frame, HCRF)。1998 年 1 月,国际地球自转服务 (International Earth Rotation Service, IERS) 组织综合全球 VLBI 数据分析中心各射电源表,得到了国际天球参考框架 (international celestial reference frame, ICRF),并取代了 FK5 作为新的国际天文参考框架。

IAU 每次采用新的天文参考框架,都需要把以往的观测资料换算至新的天文参考框架,目前射电源的数目已由 1988 年的 23 个增加到目前的 608 个。

### 3.4.2　参心坐标系

参心坐标系是以参考椭球的几何中心为基准的大地坐标系,通常分为参心空间直角坐标系 (以 $X$、$Y$、$Z$ 为其坐标元素) 和参心大地坐标系 (以 $L$、$B$、$H$ 为其坐标元素)。参心空间直角坐标系是在参考椭球内建立的 $O\text{-}XYZ$ 坐标系,原点 $O$ 为参考椭球的几何中心;$X$ 轴与赤道面和首子午面的交线重合,向东为正;$Z$ 轴与旋转椭球的短轴重合,向北为正;$Y$ 轴与 $Z$、$X$ 轴构成右手系。

“参心”意指参考椭球的中心。在测量中,为了处理观测成果和传算地面控制网的坐标,通常需选取一参考椭球面作为基本参考面,选一参考点作为大地测量的起算点 (大地原点),利用大地原点的天文观测量来确定参考椭球在地球内部的位置和方向。参心大地坐标的应用十分广泛,它是经典大地测量的一种通用坐标系。根据地图投影理论,参心大地坐标系可以通过高斯投影计算转换为平面直角坐标系,为地形测量和工程测量提供控制基础。由于不同时期采用的地球椭球不同,其定位与定向不同。

我国于 20 世纪 50 年代和 80 年代分别建立了 1954 年北京坐标系和 1980 西安坐标系。1954 年北京坐标系采用了克拉索夫斯基椭球,该椭球在我国范围的定位精度较差,不能满足导航定位、地球科学、空间科学和军事应用的发展需要。我国自 20 世纪 80 年代,经过 20

多年的努力，完成了全国一、二等天文大地网的布测。经过整体平差，采用 1975 年国际大地测量与地球物理联合会（IUGG）第十六届大会推荐的椭球参数，建立了 1980 西安坐标系。1954 年北京坐标系和 1980 西安坐标系在我国经济建设、国防建设和科学研究中发挥了巨大作用。

### 3.4.3　地心坐标系

地心坐标系是以地球质心为原点建立的空间直角坐标系，或以与地球质心重合的地球椭球面为基准面所建立的大地坐标系。以地球质心（总椭球的几何中心）为原点的大地坐标系通常分为地心直角坐标系（以 $X$、$Y$、$Z$ 为其坐标元素）和地心大地坐标系（以 $L$、$B$、$H$ 为其坐标元素）。

地心坐标系是在大地体内建立的 $O\text{-}XYZ$ 坐标系，向东为正。$Z$ 轴与地球旋转轴重合，向北为正，$Y$ 轴与 $Z$、$X$ 轴构成右手系。地心大地坐标系的原点位于总地球椭球中心（地球质心），椭球旋转轴指向协议地极，起始大地子午面与零子午面重合，即 $X$ 和 $Z$ 轴的定向由某一历元的地球定向参数（earth orientation parameter，EOP）确定，$Y$ 轴与 $X$ 轴和 $Z$ 轴构成空间右手直角坐标系，如图 3-10 所示。

目前地心大地坐标系应用越来越广泛，世界各国都积极采用地心坐标系。以 WGS84（world geodetics system 1984）为代表的世界大地坐标系就是地心坐标系。近年来，我国在建立地心坐标系方面取得了一些重要成果，建立并启用国家地心坐标系统（2000 国家大地坐标系），其定义原则上与国际地球参考系（international terrestrial reference system，ITRS）保持一致。

#### 1. WGS84 坐标系

WGS84 坐标系是一个协议地球参考系（conventional terrestial reference system，CTRS）。该坐标系的原点是地球的质心，因此它是一个地心坐标系，地心定义为包括海洋和大气的整个地球的质量中心。$Z$ 轴指向国际地球自转服务（IERS）参考极的方向，这个方向与国际时间局（Bureau International de I'Heure，BIH）协议地面极的指向（在历元 1984.0）相差 $\pm0.005''$。$X$ 轴为 IERS 参考子午面与通过原点且与 $Z$ 轴正交的赤道面的交线，这个方向与 BIH 协议零子午线（在历元 1984.0）相差 $\pm0.005''$。$Y$ 轴与其他两轴构成右手地心地固（earth centered earth fixed，ECEF）直角坐标系。WGS84 坐标系如图 3-11 所示。

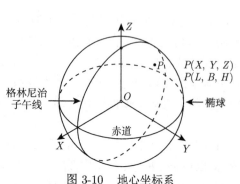

图 3-10　地心坐标系　　　　　　　　　图 3-11　WGS84 坐标系定义

WGS84 坐标系的参考椭球为一旋转椭球，其几何中心与坐标系原点重合，其旋转轴与坐标系的 $Z$ 轴一致。参考椭球面在几何上代表地球表面的数学形状，在物理上代表一个等位椭球，其椭球面是地球正常重力位的等位面。

WGS84 坐标系采用的 4 个基本椭球常数为：$a = 6378137\mathrm{m}$；$f = 1/298.257223563$；$GM = 3.986004418 \times 10^{14}\mathrm{m}^3/\mathrm{s}^2$；$\omega = 7.292115 \times 10^{-5}\mathrm{rad/s}$。除 4 个基本常数外，导航和大地测量还需要 WGS84 椭球的其他许多常数，这些常数可由 4 个基本常数导出。

**2. 2000 国家大地坐标系**

2000 国家大地坐标系的 $X$ 轴由原点指向格林尼治参考子午线与地球赤道面的交点，$Z$ 轴由原点指向历元 2000.0 的地球参考极的方向，该历元的指向由国际时间局给定的历元为 1984.0 的初始指向推算，$Y$ 轴与 $Z$ 轴、$X$ 轴构成右手直角坐标系。2000 国家大地坐标系的英文名称为 China Geodetic Coordinate System 2000，简写为 CGCS2000。2000 国家大地坐标系采用的椭球为 CGCS2000 椭球，其 4 个基本参数为 $a = 6378137\mathrm{m}$；$f = 1/298.257222101$；$GM = 3.986004418 \times 10^{14}\mathrm{m}^3/\mathrm{s}^2$；$\omega = 7.292115 \times 10^{-5}\mathrm{rad/s}$。

CGCS2000 椭球所定义的 4 个基本常数与国际上广泛使用的椭球，如 1980 大地参考系（geodetic reference system 1980，GRS80）和 WGS84 等，略有不同，由此引起椭球的其他参数的不同，如表 3-2 所示。

表 3-2　CGCS2000 椭球与 GRS80 和 WGS84 椭球基本参数比较

| 参数 | GRS80 | CGSC2000 | WGS84 |
| --- | --- | --- | --- |
| 长半轴 $a$/m | 6378137 | 6378137 | 6378137 |
| 地球引力常数 $GM$/（$\times 10^{14}\mathrm{m}^3/\mathrm{s}^2$） | 3.986005 | 3.986004418 | 3.986004418 |
| 动力形状因子 $J_2$/（$\times 10^{-3}$） | 1.08263 | | |
| 地球自转角速度 $\omega$/（$\times 10^{-5}\mathrm{rad/s}$） | 7.292115 | 7.292115 | 7.292115 |
| 扁率 $f$ | | 1/298.257222101 | 1/298.257223563 |

由表 3-2 可以看出，这 3 个椭球所定义的长半轴及地球的自转角速度均相同；CGCS2000 椭球与 WGS84 椭球所采用的地心引力常数 GM 数值相同，均为 IERS 推荐的数值，而 GRS80 椭球所定义的 GM 数值与其他两个略有不同；另外，CGCS2000 椭球与 WGS84 椭球定义的椭球扁率略有不同，GRS80 没有定义扁率，而是定义了动力形状因子 $J_2$，根据动力形状因子与第一、第二偏心率以及地心引力常数之间的联系，可推算椭球的扁率。

鉴于 GPS 使用 WGS84 坐标系，在 WGS84 和 CGCS2000 之间是否需要进行坐标转换一直是受到关注的话题。在定义上，CGCS2000 与 WGS84 是一致的，即关于坐标系原点、尺度、定向及定向演变的定义都是相同的。两个坐标系使用的参考椭球也非常相近，具体地说，在 4 个椭球常数 $a$、$f$、$GM$、$\omega$ 中，唯有扁率 $f$ 有微小差异。WGS84 实现之初也是采用 GRS80 椭球，后来几经改进才导致 WGS84 椭球的扁率相对于 GRS80 椭球的扁率产生微小的差异。

因此，在当前的测量精度水平（坐标测量精度为 1mm，重力测量精度为 $1 \times 10^{-8}\mathrm{m/s}^2$），理论上，同一时间由两个坐标系的参考椭球的扁率差异引起同一点在 WGS84 和 CGCS2000 内的坐标变化和重力变化是可以忽略的。在实际应用时，即使在同一时间，由于框架实现时有误差，测站的坐标与理论值也会有差异。2000 国家大地坐标框架是通过 2000 国家 GPS 大地控制网在 ITRF97、2000.0 历元下的坐标（和速度）实现的，实现精度为 3cm。而 WGS84（G873）是通过 12 个跟踪站 [5 个空军站和美国 7 个原国家影像制图局（National Imagery and Mapping Agency，NIMA）站] 的 ITRF94 坐标（和速度）实现的，实现精度为 5cm。如果忽略 ITRF97 和 ITRF94 之间的微小差异及历元差异，CGCS2000 和 WGS84（G873）的差异应该在 ±6cm 以内。

# 3.5　坐标系的转换

因为采用的椭球定位定向参数不同，在实际工作中会应用到不同的大地坐标系，某一类大地坐标系又对应特定的空间直角坐标系。所以，同一目标点在不同坐标系中的坐标是不同的。在目标定位计算中，不同坐标的转换是经常遇到的一个基本问题。

## 3.5.1　坐标旋转变换的数学原理

### 1. 坐标转换矩阵

设矢量 $\boldsymbol{v}$ 分别在 $S_a$ 和 $S_b$ 中分解

$$\boldsymbol{v} = (\boldsymbol{i}_a\ \boldsymbol{j}_a\ \boldsymbol{k}_a)(v_{xa}\ v_{ya}\ v_{za})^{\mathrm{T}} = (\boldsymbol{i}_b\ \boldsymbol{j}_b\ \boldsymbol{k}_b)(v_{xb}\ v_{yb}\ v_{zb})^{\mathrm{T}} \tag{3.5}$$

将式 (3.5) 后两个部分的两边同时乘以矢量 $(\boldsymbol{i}_b\ \boldsymbol{j}_b\ \boldsymbol{k}_b)^{\mathrm{T}}$，可得

$$\begin{bmatrix} v_{xb} \\ v_{yb} \\ v_{zb} \end{bmatrix} = \begin{bmatrix} \boldsymbol{i}_b\cdot\boldsymbol{i}_a & \boldsymbol{i}_b\cdot\boldsymbol{j}_a & \boldsymbol{i}_b\cdot\boldsymbol{k}_a \\ \boldsymbol{j}_b\cdot\boldsymbol{i}_a & \boldsymbol{j}_b\cdot\boldsymbol{j}_a & \boldsymbol{j}_b\cdot\boldsymbol{k}_a \\ \boldsymbol{k}_b\cdot\boldsymbol{i}_a & \boldsymbol{k}_b\cdot\boldsymbol{j}_a & \boldsymbol{k}_b\cdot\boldsymbol{k}_a \end{bmatrix} \begin{bmatrix} v_{xa} \\ v_{ya} \\ v_{za} \end{bmatrix} \tag{3.6}$$

右边 $3\times 3$ 方阵的 9 个元素就是相应坐标轴之间的方向余弦，可将其简写为

$$(\boldsymbol{v})_b = \boldsymbol{M}_{ba}(\boldsymbol{v})_a \tag{3.7}$$

$\boldsymbol{M}_{ba}$ 称为由 $S_a$ 到 $S_b$ 的坐标转换矩阵。坐标转换矩阵 $\boldsymbol{M}_{ba}$ 是正交矩阵，具有如下性质：

$$\boldsymbol{M}_{ba} = (\boldsymbol{M}_{ab})^{-1} = (\boldsymbol{M}_{ab})^{\mathrm{T}} \tag{3.8}$$

因此它的元素满足如下关系：

$$\sum_{k=1}^{3} l_{ik}l_{jk} = \delta_{ij}, \quad \sum_{k=1}^{3} l_{ki}l_{kj} = \delta_{ij}, \quad \delta_{ij} = \begin{cases} 1 & j=j \\ 0 & i\neq j \end{cases} \tag{3.9}$$

这是 6 个约束条件。因此坐标转换矩阵虽然有 9 个元素，却只有 3 个独立变元。

### 2. 基元转换矩阵

若 $S_a$ 绕 $x$ 轴转过角 $\alpha$，成为 $S_b$（图 3-12），则从 $S_a$ 到 $S_b$ 的基元转换矩阵 $\boldsymbol{M}_x(\alpha)$ 可以表示为

$$\boldsymbol{M}_x(\alpha) = \begin{bmatrix} 1 & 0 & 0 \\ 0 & \cos\alpha & \sin\alpha \\ 0 & -\sin\alpha & \cos\alpha \end{bmatrix} \tag{3.10}$$

同样，绕 $y$ 轴旋转 $\beta$ 角的基元转换矩阵为

$$\boldsymbol{M}_y(\beta) = \begin{bmatrix} \cos\beta & 0 & -\sin\beta \\ 0 & 1 & 0 \\ \sin\beta & 0 & \cos\beta \end{bmatrix} \tag{3.11}$$

同理，绕 $z$ 轴旋转 $\gamma$ 角的基元转换矩阵为

$$\boldsymbol{M}_z(\gamma) = \begin{bmatrix} \cos\gamma & \sin\gamma & 0 \\ -\sin\gamma & \cos\gamma & 0 \\ 0 & 0 & 1 \end{bmatrix} \tag{3.12}$$

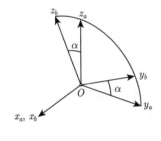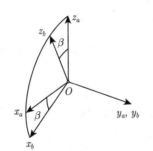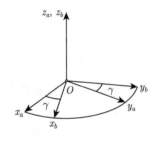

图 3-12　坐标系的基元转换

### 3. 坐标转换的一般情况

任意两个空间坐标系之间的关系可以用一组（三个）欧拉角表示。

设想：由坐标系 $S_a$ 到 $S_b$ 的过渡是通过连续的三次转动来实现的（图 3-13）。

首先，坐标系 $Ox_ay_az_a$ 绕 $z_a$ 轴转过角 $\gamma$，成为 $Ox'y'z_a$；然后绕 $y'$ 轴转过角 $\beta$，成为 $Ox_by'z''$；最后绕 $x_b$ 轴转过角 $\alpha$，成为 $Ox_by_bz_b$。角 $\alpha, \beta, \gamma$ 是一组欧拉角，它们完全决定了 $S_b$ 与 $S_a$ 之间的相对姿态。

上述转动过程用符号法表示为

$$S_a \xrightarrow{\boldsymbol{M}_z(\gamma)} \circ \xrightarrow{\boldsymbol{M}_y(\beta)} \circ \xrightarrow{\boldsymbol{M}_x(\alpha)} S_b \tag{3.13}$$

这个符号表示法很方便、很有用。经过三次转换，得到

$$\begin{bmatrix} x_b \\ y_b \\ z_b \end{bmatrix} = \boldsymbol{M}_x(\alpha)\boldsymbol{M}_y(\beta)\boldsymbol{M}_z(\gamma) \begin{bmatrix} x_a \\ y_a \\ z_a \end{bmatrix} \tag{3.14}$$

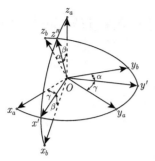

图 3-13    从 $S_a$ 到 $S_b$ 的连续三次转动

所以，由 $S_a$ 到 $S_b$ 的坐标转换矩阵为

$$M_{ba} = M_x(\alpha)M_y(\beta)M_z(\gamma) \tag{3.15}$$

一般规则是：由 $S_a$ 到 $S_b$ 的转换矩阵由三个基元转换矩阵的乘积表示，基元转换矩阵的公式为式 (3.10)~式 (3.12)，相乘的顺序与由 $S_a$ 到 $S_b$ 的转动顺序相反。当欧拉角的定义与上述顺序不同时，仍可按上述原则处理。

在目标定位的解算中，一般会把式 (3.15) 改写为矩阵形式：

$$M = M_{ba} = M_x(\alpha)M_y(\beta)M_z(\gamma) = \begin{bmatrix} a_1 & a_2 & a_3 \\ b_1 & b_2 & b_3 \\ c_1 & c_2 & c_3 \end{bmatrix} \tag{3.16}$$

将式 (3.10)~ 式 (3.12) 代入式 (3.16) 中，即可得到旋转矩阵 $M$ 中各个元素的具体表达式：

$$M = \begin{bmatrix} \cos\beta\cos\gamma & \cos\beta\sin\gamma & -\sin\beta \\ \sin\alpha\sin\beta\cos\gamma - \cos\alpha\sin\gamma & \sin\alpha\sin\beta\sin\gamma + \cos\alpha\cos\gamma & \sin\alpha\cos\beta \\ \cos\alpha\sin\beta\cos\gamma + \sin\alpha\sin\gamma & \cos\alpha\sin\beta\sin\gamma - \sin\alpha\cos\gamma & \cos\alpha\cos\beta \end{bmatrix} \tag{3.17}$$

由式 (3.8) 可知，矩阵 $M$ 是一个正交矩阵，即 $M^{\mathrm{T}}M = MM^{\mathrm{T}} = E$，$E$ 为 3 阶单位矩阵。

在具体的目标定位解决方案中，还会存在不同的角度定义模式，因此式 (3.17) 的具体形式也会不同。如经典摄影测量定位中一般采用 $y$–$x$–$z$ 旋转角度系统（后面还会详细论述），而一些天基遥感定位传感器采用的是 $z$–$x$–$z$ 角度定义模式，这就需要根据特定的角度定义和旋转序列，按照上述旋转矩阵计算原理进行旋转矩阵的计算。

#### 4. 坐标转换的传递

设有三个坐标系 $S_a$、$S_b$ 和 $S_c$，且已经有了转换矩阵 $M_{ba}$、$M_{cb}$。由 $(\boldsymbol{v})_c = M_{cb}(\boldsymbol{v})_b$ 和 $(\boldsymbol{v})_b = M_{ba}(\boldsymbol{v})_a$ 得

$$(\boldsymbol{v})_c = M_{cb}M_{ba}(\boldsymbol{v})_a \tag{3.18}$$

所以得到坐标转换的传递公式：

$$M_{ca} = M_{cb}M_{ba}, \quad M_{ac} = M_{ab}M_{bc} \tag{3.19}$$

#### 5. 反向矩阵

对于左手系和右手系之间的转换，可以使用反向矩阵实现。设 $P_x, P_y, P_z$ 分别表示 $x, y, z$ 轴的反向矩阵，则有

$$P_x = \begin{bmatrix} -1 & 0 & 0 \\ 0 & 1 & 0 \\ 0 & 0 & 1 \end{bmatrix}, P_y = \begin{bmatrix} 1 & 0 & 0 \\ 0 & -1 & 0 \\ 0 & 0 & 1 \end{bmatrix}, P_z = \begin{bmatrix} 1 & 0 & 0 \\ 0 & 1 & 0 \\ 0 & 0 & -1 \end{bmatrix} \tag{3.20}$$

利用上述 3 个矩阵，即可以实现左手坐标系和右手坐标系的相互转换。

### 3.5.2　球面坐标系与空间直角坐标系的转换

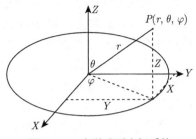

图 3-14　赤道球面坐标系统

球面坐标系是一种三维正交坐标系,如图 3-14 所示,用球面坐标表示一个点 $P$ 在三维空间的位置。$r$ 是原点到 $P$ 点间的距离,称为向径;$\theta$ 为远点到点 $P$ 的连线与 $Z$ 轴正方向间的夹角,称为天顶角;$\varphi$ 为原点到点 $P$ 的连线在 $XOY$ 平面的投影线与 $X$ 轴正方向的夹角,称为方位角。

将球面坐标转换为直角坐标的公式为

$$\left.\begin{array}{l} X = r \sin \theta \cos \varphi \\ Y = r \sin \theta \sin \varphi \\ Z = r \cos \theta \end{array}\right\} \tag{3.21}$$

将直角坐标转换为球面坐标的公式为

$$\left.\begin{array}{l} r = \sqrt{X^2 + Y^2 + Z^2} \\ \theta = \arctan\left(\dfrac{\sqrt{X^2 + Y^2}}{X}\right) \\ \varphi = \arctan\left(\dfrac{Y}{X}\right) \end{array}\right\} \tag{3.22}$$

### 3.5.3　大地坐标系与空间直角坐标系的转换

略去推导,由大地坐标 $(L, B, H)$ 转换为空间直角坐标 $(X, Y, Z)$ 的数学关系式为

$$\left.\begin{array}{l} X = (N + H) \cos B \cos L \\ Y = (N + H) \cos B \sin L \\ Z = [N(1 - e^2) + H] \sin B \end{array}\right\} \tag{3.23}$$

式中,$N = a/\sqrt{1 - e^2 \sin^2 B}$ 为卯酉圈曲率半径;$a$ 为椭球长半轴;$e$ 为椭球第一偏心率。

如果已知某目标点的大地坐标 $(L, B, H)$,依据式 (3.23) 即可计算出该点的空间直角坐标 $(X, Y, Z)$。例如,已知数据:$L = 77°11'22.333''$, $B = 33°44'55.666''$, $H = 5555.66\text{m}$,则计算结果为:$X = 1178143.532\text{m}$, $Y = 5181238.388\text{m}$, $Z = 3526461.537\text{m}$。

由空间直角坐标转换为大地坐标的经典方法是逐次趋近迭代解算,主要包含数值迭代方法和向量迭代方法两类。常用的迭代计算公式为

$$\left.\begin{array}{l} L = \arctan \dfrac{Y}{X} \\ \tan B = \dfrac{1}{\sqrt{X^2 + Y^2}} \left[ Z + \dfrac{a e^2 \tan B}{\sqrt{1 + (1 - e^2) \tan^2 B}} \right] \\ H = \dfrac{\sqrt{X^2 + Y^2}}{\cos B} - N \end{array}\right\} \tag{3.24}$$

该迭代法的优点是纬度 $B$ 的正切可直接引用，但要想达到精密定位、测量所要求的 $10^{-4}{}''$ 或更高的精度，通常需要做 3~4 次迭代。此外，大地高 $H$ 的计算公式分母中含有 $\cos B$，计算稳定性将受到一定的影响；当 $B$ 趋近于 90° 时，式 (3.24) 不能使用。

如果已知某目标点的空间直角坐标 $(X, Y, Z)$，依据式 (3.24) 即可计算出该点的大地坐标 $(L, B, H)$。例如，已知数据：$X = 1178143.532\text{m}$，$Y = 5181238.388\text{m}$，$Z = 3526461.537\text{m}$，则计算结果为 $L = 77°11'22.333''$，$B = 33°44'55.666''$，$H = 5555.66\text{m}$。

为了在提高计算精度的同时，尽可能加快解算速度，国内外相继推出了多种直接解法，依据其研究思路大体上可以分为三类：第一类是根据一定的几何关系组成并解算一元三次方程或一元四次方程；第二类是利用地心纬度与大地纬度的关系来解算大地纬度，如文献；第三类是通过构造辅助椭球来求解大地纬度。这些直接解法给出的封闭公式，在理论上是严密的或近似严密的，但从使用角度来看，真正具有实用性的方法并不多见。首先是大部分算法，特别是第一类解法，涉及一元三次方程或一元四次方程的求解，计算公式复杂程度惊人，计算过程过于烦琐；其次是一部分算法缺乏良好的计算稳定性，受计算数据的舍入误差影响较大，有效位数字损失较多，因此导致解算结果精度显著降低；最后是一部分算法是在一定假设的条件下推导出来的，使用范围有相应的限制，在大地高较低时计算精度很高，但在大地高较高时无法满足高精度的应用需求。

在直接解法中，比较著名的是 Bowring 于 1976 年推导出的计算公式：

$$\left.\begin{aligned} u &= \arctan \frac{aZ}{b\sqrt{X^2+Y^2}} \\ B &= \arctan \frac{Z + e'^2 b \sin^3 u}{\sqrt{X^2+Y^2} - e^2 a \cos^3 u} \\ L &= \arctan \frac{Y}{X} \\ H &= \frac{\sqrt{X^2+Y^2}}{\cos B} - N \end{aligned}\right\} \tag{3.25}$$

该式在 $H < 1000\text{km}$ 时，可提供优于厘米级的精度，但在大地高较高时，大地纬度的计算精度低于 $10^{-4}{}''$，难以满足高精度的应用需求，并且大地高的计算稳定性受大地纬度误差的影响。为此，Bowring 于 1985 年给出了改进公式：

$$\left.\begin{aligned} u &= \arctan \left[ \frac{aZ}{b\sqrt{X^2+Y^2}} \left( 1 + \frac{be'^2}{\sqrt{X^2+Y^2+Z^2}} \right) \right] \\ B &= \arctan \frac{Z + e'^2 b \sin^3 u}{\sqrt{X^2+Y^2} - e^2 a \cos^3 u} \\ L &= \arctan \frac{Y}{X} \\ H &= \sqrt{X^2+Y^2}\cos B + Z\sin B - a\sqrt{1 - e^2\sin^2 B} \end{aligned}\right\} \tag{3.26}$$

计算分析表明，在 $H > 10000\text{km}$ 的高空，Bowring 给出的式 (3.25) 中大地纬度 $B$ 的计算误差最大为 $0.0018''$，大地纬度误差 $\Delta B$ 对大地高 $H$ 计算的影响随大地纬度误差 $\Delta B$ 的增大而线性增大，当 $B > 75°$ 或 $B < 15°$ 时，即使 $\Delta B$ 取很小的 $10^{-4''}$，按式 (3.25) 计算大地高也将有 1cm 以上的误差；而对于任何位置上的点，按式 (3.26) 计算大地纬度，计算精度都高于 $10^{-7''}$，能够满足各个部门的使用要求，即使 $\Delta B$ 取较大的 $10^{-2''}$，按式 (3.26) 计算大地高的误差最大也不会超过 $10^{-6}$cm，在应用中完全可以忽略不计。如果顾及计算精度和公式繁简程度，根据 Bowring 研究思路推导出的转换公式 (3.26) 是最佳的。

### 3.5.4 不同空间直角坐标的转换

进行两个不同空间直角坐标系之间的坐标转换，需要求出坐标系统之间的转换参数。转换参数一般是利用重合点的两套坐标通过一定的数学模型进行计算，常用的有三参数和七参数转换模型。

**1. 三参数转换模型**

三参数转换模型如图 3-15 所示，如果坐标系各轴都是相互平行的，相对应的轴与轴之间的旋转角度为 0，两个坐标系仅仅是坐标原点不一致。于是两个坐标系通过平移就可以完成转换，即

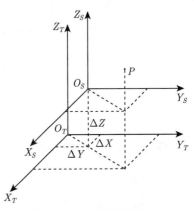

$$\begin{bmatrix} X_T \\ Y_T \\ Z_T \end{bmatrix} = \begin{bmatrix} \Delta X \\ \Delta Y \\ \Delta Z \end{bmatrix} + \begin{bmatrix} X_S \\ Y_S \\ Z_S \end{bmatrix} \quad (3.27)$$

式中，$(X_S, Y_S, Z_S)$ 为转换前点 $P$ 的空间直角坐标；$(X_T, Y_T, Z_T)$ 为转换后点 $P$ 的空间直角坐标；$(\Delta X, \Delta Y, \Delta Z)$ 为转换前空间直角坐标系原点相对于转换后空间直角坐标系原点在坐标轴上的三个分量，通常被称为三个平移参数。

图 3-15　三参数转换模型

**2. 七参数转换模型**

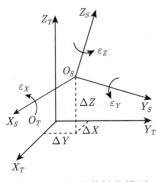

图 3-16　七参数转换模型

三参数转换模型是基于三个坐标轴方向一致的情况。由于两种坐标系定位的不同，即坐标系原点的不同，产生三个平移参数；但实际上，由于两种坐标系定向的不同，还将产生三个旋转参数；两种坐标系尺度的不同，又将产生一个尺度变化参数。因此，对于不同空间直角坐标转换来说，一般采用七个转换参数，如图 3-16 所示。

常用的转换模型有布尔莎模型、莫洛金斯基模型等。布尔莎模型是布尔莎 ( Bursa) 和沃夫 (Wolf) 分别在 1962 年和 1963 年提出的，所以又称为 Bursa-Wolf 模型，该模型公式简单，参数意义明确，在实践中广泛应用。布尔莎模型为

$$\begin{bmatrix} X_T \\ Y_T \\ Z_T \end{bmatrix} = \begin{bmatrix} \Delta X \\ \Delta Y \\ \Delta Z \end{bmatrix} + \begin{bmatrix} 0 & \varepsilon_Z & -\varepsilon_Y \\ -\varepsilon_Z & 0 & \varepsilon_X \\ \varepsilon_Y & -\varepsilon_X & 0 \end{bmatrix} \begin{bmatrix} X_S \\ Y_S \\ Z_S \end{bmatrix} + (1+m) \begin{bmatrix} X_S \\ Y_S \\ Z_S \end{bmatrix} \quad (3.28)$$

式中，$(\Delta X, \Delta Y, \Delta Z)$ 为三个平移参数；$(\varepsilon_X, \varepsilon_Y, \varepsilon_Z)$ 为三个欧拉角，即旋转参数；$m$ 为尺度变化参数，且 $m = \dfrac{S_T - S_S}{S_S}$，其中 $S_T, S_S$ 为空间同一距离在转换前、转换后坐标系的度量，并设为均匀。

通过上述模型，利用重合点的两套坐标值 $(X_{Si}, Y_{Si}, Z_{Si})$ 和 $(X_{Ti}, Y_{Ti}, Z_{Ti})$，采用最小二乘法可以求解出七个转换参数，然后就可以完成其他未知点的坐标转换。

### 3.5.5　不同大地坐标的转换

3.5.4 节已经指出，不同空间直角坐标系换算公式一般涉及七个参数，即三个平移参数、三个旋转参数和一个尺度变化参数。对于不同大地坐标系的换算，还应在此模型中增加由于两个大地坐标系所采用的地球椭球元素不同而产生的两个转换参数：地球椭球的长半轴 $a$ 和扁率 $f$ 的变化值 $\mathrm{d}a$ 和 $\mathrm{d}f$。

由式 (3.23) 可知，$X, Y, Z$ 都各自是 $L, B, H, a, f(e^2)$ 的函数，对式 (3.23) 进行全微分可得

$$\begin{bmatrix} \mathrm{d}X \\ \mathrm{d}Y \\ \mathrm{d}Z \end{bmatrix} = \boldsymbol{J} \begin{bmatrix} \mathrm{d}L \\ \mathrm{d}B \\ \mathrm{d}H \end{bmatrix} + \boldsymbol{A} \begin{bmatrix} \mathrm{d}a \\ \mathrm{d}f \end{bmatrix} \tag{3.29}$$

该式表示由于大地基准元素的变化所引起的空间直角坐标的变化，式中，有

$$\boldsymbol{J} = \begin{bmatrix} \dfrac{\partial X}{\partial L} & \dfrac{\partial X}{\partial B} & \dfrac{\partial X}{\partial H} \\ \dfrac{\partial Y}{\partial L} & \dfrac{\partial Y}{\partial B} & \dfrac{\partial Y}{\partial H} \\ \dfrac{\partial Z}{\partial L} & \dfrac{\partial Z}{\partial B} & \dfrac{\partial Z}{\partial H} \end{bmatrix} = \begin{bmatrix} -(N+H)\cos B \sin L & -(M+H)\sin B \cos L & \cos B \cos L \\ (N+H)\cos B \cos L & -(M+H)\sin B \sin L & \cos B \sin L \\ 0 & (M+H)\cos B & \sin B \end{bmatrix}$$
$$\tag{3.30}$$

$$\boldsymbol{A} = \begin{bmatrix} \dfrac{\partial X}{\partial a} & \dfrac{\partial X}{\partial f} \\ \dfrac{\partial Y}{\partial a} & \dfrac{\partial Y}{\partial f} \\ \dfrac{\partial Z}{\partial a} & \dfrac{\partial Z}{\partial f} \end{bmatrix} = \begin{bmatrix} \dfrac{N}{a}\cos B \cos L & \dfrac{M}{1-f}\sin B \cos B \cos L \\ \dfrac{N}{a}\cos B \sin L & \dfrac{M}{1-f}\sin B \cos B \sin L \\ \dfrac{N}{a}(1-e^2)\sin B & -\dfrac{M}{1-f}\sin B(1+\cos^2 B - e^2\sin^2 B) \end{bmatrix} \tag{3.31}$$

式中，$M = \dfrac{a(1-e^2)}{(1-e^2\sin^2 B)^{3/2}}$ 为子午圈曲率半径。由式 (3.29) 可得

$$\begin{bmatrix} \mathrm{d}L \\ \mathrm{d}B \\ \mathrm{d}H \end{bmatrix} = \boldsymbol{J}^{-1} \begin{bmatrix} \mathrm{d}X \\ \mathrm{d}Y \\ \mathrm{d}Z \end{bmatrix} - \boldsymbol{J}^{-1}\boldsymbol{A} \begin{bmatrix} \mathrm{d}a \\ \mathrm{d}f \end{bmatrix} \tag{3.32}$$

其中，有

$$\begin{bmatrix} \mathrm{d}X \\ \mathrm{d}Y \\ \mathrm{d}Z \end{bmatrix} = \begin{bmatrix} X_T \\ Y_T \\ Z_T \end{bmatrix} - \begin{bmatrix} X_S \\ Y_S \\ Z_S \end{bmatrix} \tag{3.33}$$

$$\begin{bmatrix} \mathrm{d}L \\ \mathrm{d}B \\ \mathrm{d}H \end{bmatrix} = \begin{bmatrix} L_T \\ B_T \\ H_T \end{bmatrix} - \begin{bmatrix} L_S \\ B_S \\ H_S \end{bmatrix} \tag{3.34}$$

式中，$(X_S, Y_S, Z_S)$、$(L_S, B_S, H_S)$ 为转换前点的空间直角坐标和大地坐标；$(X_T, Y_T, Z_T)$、$(L_T, B_T, H_T)$ 为转换后点的空间直角坐标和大地坐标。

根据式 (3.28)，式 (3.33) 可以表示为

$$\begin{bmatrix} \mathrm{d}X \\ \mathrm{d}Y \\ \mathrm{d}Z \end{bmatrix} = \begin{bmatrix} \Delta X \\ \Delta Y \\ \Delta Z \end{bmatrix} + \begin{bmatrix} 0 & \varepsilon_Z & -\varepsilon_Y \\ -\varepsilon_Z & 0 & \varepsilon_X \\ \varepsilon_Y & -\varepsilon_X & 0 \end{bmatrix} \begin{bmatrix} X_S \\ Y_S \\ Z_S \end{bmatrix} + m \begin{bmatrix} X_S \\ Y_S \\ Z_S \end{bmatrix} \tag{3.35}$$

将式 (3.35) 代入式 (3.32)，整理后可得

$$\begin{bmatrix} \mathrm{d}L \\ \mathrm{d}B \\ \mathrm{d}H \end{bmatrix} = \boldsymbol{J}^{-1} \begin{bmatrix} \Delta X \\ \Delta Y \\ \Delta Z \end{bmatrix} + \boldsymbol{J}^{-1} \begin{bmatrix} 0 & -Z_S & Y_S \\ Z_S & 0 & -X_S \\ -Y_S & X_S & 0 \end{bmatrix} \begin{bmatrix} \varepsilon_X \\ \varepsilon_Y \\ \varepsilon_Z \end{bmatrix} + \boldsymbol{J}^{-1} m \begin{bmatrix} X_S \\ Y_S \\ Z_S \end{bmatrix} - \boldsymbol{J}^{-1} \boldsymbol{A} \begin{bmatrix} \mathrm{d}a \\ \mathrm{d}f \end{bmatrix} \tag{3.36}$$

为求 $\boldsymbol{J}^{-1}$，将 $\boldsymbol{J}$ 分解为两个矩阵的乘积：

$$\boldsymbol{J} = \boldsymbol{S} \cdot \boldsymbol{D} \tag{3.37}$$

式中，有

$$\boldsymbol{S} = \begin{bmatrix} -\sin L & -\sin B \cos L & \cos B \cos L \\ \cos L & -\sin B \sin L & \cos B \sin L \\ 0 & \cos B & \sin B \end{bmatrix} \tag{3.38}$$

$$\boldsymbol{D} = \begin{bmatrix} (N+H)\cos B & 0 & 0 \\ 0 & M+H & 0 \\ 0 & 0 & 1 \end{bmatrix} \tag{3.39}$$

按矩阵求逆法则得

$$\boldsymbol{J}^{-1} = \boldsymbol{D}^{-1} \cdot \boldsymbol{S}^{-1} \tag{3.40}$$

$\boldsymbol{S}$ 为正交矩阵，其逆矩阵为

$$\boldsymbol{S}^{-1} = \begin{bmatrix} -\sin L & \cos L & 0 \\ -\sin B \cos L & -\sin B \sin L & \cos B \\ \cos B \cos L & \cos B \sin L & \sin B \end{bmatrix} \tag{3.41}$$

$D$ 为对角矩阵，其逆矩阵为

$$D^{-1} = \begin{bmatrix} \dfrac{1}{(N+H)\cos B} & 0 & 0 \\ 0 & \dfrac{1}{M+H} & 0 \\ 0 & 0 & 1 \end{bmatrix} \tag{3.42}$$

将式 (3.23)、式 (3.41) 和 (3.42) 代入式 (3.40)，可得

$$J^{-1} = \begin{bmatrix} -\dfrac{\sin L}{(N+H)\cos B} & \dfrac{\cos L}{(N+H)\cos B} & 0 \\ -\dfrac{\sin B\cos L}{M+H} & -\dfrac{\sin B\sin L}{M+H} & \dfrac{\cos B}{M+H} \\ \cos B\cos L & \cos B\sin L & \sin B \end{bmatrix} \tag{3.43}$$

将式 (3.31) 和式 (3.43) 代入式 (3.36)，整理后可得

$$\begin{bmatrix} \mathrm{d}L \\ \mathrm{d}B \\ \mathrm{d}H \end{bmatrix} = \begin{bmatrix} -\dfrac{\sin L}{(N+H)\cos B} & \dfrac{\cos L}{(N+H)\cos B} & 0 \\ -\dfrac{\sin B\cos L}{M+H} & -\dfrac{\sin B\sin L}{M+H} & \dfrac{\cos B}{M+H} \\ \cos B\cos L & \cos B\sin L & \sin B \end{bmatrix} \begin{bmatrix} \Delta X \\ \Delta Y \\ \Delta Z \end{bmatrix}$$

$$+ \begin{bmatrix} \dfrac{N(1-e^2)+H}{N+H}\tan B\cos L & \dfrac{N(1-e^2)+H}{N+H}\tan B\sin L & -1 \\ -\dfrac{N(1-e^2\sin^2 B)+H}{M+H}\sin L & \dfrac{N(1-e^2\sin^2 B)+H}{M+H}\cos L & 0 \\ -Ne^2\sin B\cos B\cos L & Ne^2\sin B\cos B\cos L & 0 \end{bmatrix} \begin{bmatrix} \varepsilon_X \\ \varepsilon_Y \\ \varepsilon_Z \end{bmatrix}$$

$$+ \begin{bmatrix} 0 \\ -\dfrac{N}{M+H}e^2\sin B\cos B \\ N(1-e^2\sin^2 b)+H \end{bmatrix} m$$

$$+ \begin{bmatrix} 0 & 0 \\ \dfrac{Ne^2\sin B\cos B}{(M+H)a} & \dfrac{M(2-e^2\sin^2 B)}{(M+H)(1-f)}\sin B\cos B \\ -\dfrac{N}{a}(1-e^2\sin^2 B) & \dfrac{M}{1-f}(1-e^2\sin^2 B)\sin^2 B \end{bmatrix} \begin{bmatrix} \mathrm{d}a \\ \mathrm{d}f \end{bmatrix} \tag{3.44}$$

因此，转换后点的大地坐标为

$$\begin{bmatrix} L_T \\ B_T \\ H_T \end{bmatrix} = \begin{bmatrix} L_S \\ B_S \\ H_S \end{bmatrix} + \begin{bmatrix} \mathrm{d}L \\ \mathrm{d}B \\ \mathrm{d}H \end{bmatrix} \tag{3.45}$$

式 (3.44) 和式 (3.45) 即为不同大地坐标的转换模型。

## 练习和思考题

1. 简述大地水准面的定义及其特性。
2. 简述参考椭球面的定义及其特性。
3. 简述高程和高差的定义。
4. 简述参心坐标系和地心坐标系的定义，并分析两者的差异。
5. 简述野外测量和测量计算的基准面和基准线。
6. 推导绕 $y$ 轴逆时针旋转 $\varepsilon_y$ 角的旋转矩阵。
7. 点 $P$ 在坐标系 $O\text{-}XYZ$ 中的坐标是 $(1, 2, 3)$，将该坐标系依次绕 $Z$、$Y$、$X$ 轴逆时针旋转 30°、45°、60°，得到一个新坐标系 $O\text{-}X'Y'Z'$，计算 $P$ 点在新坐标系中的坐标。
8. 编程实现大地坐标系与空间直角坐标系的相互转换。
9. 阐述布尔莎七参数模型的基本概念及其解算方法。

# 第 4 章　投影与地图

对于在目视范围内的目标定位，可以在一个小范围的平面直角坐标系内完成。因为椭球面上的大地坐标不能直接控制平面测量定位，并且椭球面上的计算问题有时显得非常复杂。所以，若能把椭球面元素通过一定方法归算到平面上，则既能满足目标定位的要求，又能使计算问题变得简单。投影就是将椭球面上的元素归算到平面上的理论和技术，在投影基础上绘制的地图可以直观地量算出目标点的位置。本章将重点介绍投影和地图的基本理论和知识。

## 4.1　投　影　概　述

### 4.1.1　投影的意义

参考椭球面是大地测量计算的基准面，以椭球面为基准的大地坐标系是大地测量的基本坐标系，在大地问题解算、研究地球形状和大小、编制地图等方面都有广泛的应用。为了控制地形测图和简化测量定位计算，有必要将椭球面上的元素归算到平面上，这种归算是通过投影的方法来实现的。

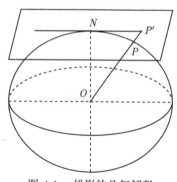

图 4-1　投影的几何解释

投影在数学上的含义是建立两曲面间点的一一对应关系，即第一个曲面上的每一个确定的点，在第二个曲面上必有且仅有一个点与之对应。而地图投影则是建立椭球面与平面之间点与点的一一对应关系。在投影中，最形象的方法是透视法。

如图 4-1 所示，取一平面，使其与椭球的某点相切，该平面就称为投影面。在椭球中心放置一灯光，光线透过椭球面上的点 $P$，投影到平面上得到点 $P'$，$P'$ 就称为 $P$ 的投影点。这就是投影的初始概念。这种投影称为透视投影，虽然直观简单，便于几何作图，但它并不实用。实际上大量的投影是通过数学解析方法实现的，即通过建立投影方程来确定具体的投影关系。

### 4.1.2　投影方程

在大地测量定位中，投影是指将椭球面上的元素按照一定的数学规则归算到平面上。椭球面元素包括点的大地坐标、大地线的方向和长度以及大地方位角等。其中，确定点与点之间的投影关系是关键，因为点的位置确定后，两点间大地线的方位和长度自然就确定了。椭球面上点的大地坐标 $(L, B)$ 与投影平面上点的直角坐标 $(x, y)$ 间的对应关系可用数学表达式表示为

$$\left.\begin{aligned} x &= F_1(L, B) \\ y &= F_2(L, B) \end{aligned}\right\}$$

$$(4.1)$$

这就是投影方程，也是投影的一般公式。式中，$(L, B)$ 为地面点的大地坐标；$(x, y)$ 为该点投影后的平面直角坐标。$F_1$ 和 $F_2$ 称为投影函数，它们是由上面所说的"一定的数学规则"决定的。如果 $F_1$ 和 $F_2$ 的形式已经确定，即可由大地坐标求得平面直角坐标，反之亦然，即大地坐标和平面直角坐标是一一对应的。

椭球面和球面都是不可展曲面，不能直接展成平面。如果取一可展曲面（如平面、圆锥面、圆柱面），使其与椭球面相切或相割，然后按一定的数学规则，将椭球面上的元素转换到可展曲面上，并将可展曲面展平，就变成平面上的元素了。这样就将本来是不可展的椭球面，人为地转变成平面，由此得到的平面元素必然要产生投影变形。投影变形包括长度变形、角度变形和面积变形等。在选取投影函数时，可以对它们适当控制：可使某种变形为零，其他变形保留；或使某种变形小些，其他变形大些；也可使各种变形并存，而均在适当限度以内。但是，无论选取何种投影函数，都不能使各种变形同时消失。换句话说，无论怎样投影，变形总是不可避免的。

## 4.1.3　投影变形

### 1. 长度比

为了研究投影的长度变形，首先要建立投影长度比的概念。如图 4-2 所示，设椭球面上一微小线段 $PP_1$，它在投影平面上的相应线段为 $P'P_1'$，当 $PP_1$ 趋近于零时，比值 $P'P_1'/PP_1$ 的极限称为投影长度比，简称长度比，用 $m$ 表示，用公式表达为

$$m = \lim_{PP_1 \to 0} \left( \frac{P'P_1'}{PP_1} \right) \tag{4.2}$$

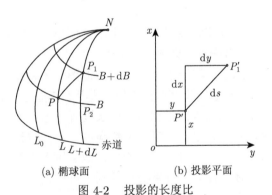

(a) 椭球面　　　　　　　　(b) 投影平面

图 4-2　投影的长度比

若用 $\mathrm{d}S$ 表示椭球面上的一段无限小的微分弧素，$\mathrm{d}s$ 表示它投影到平面上的相应微分弧素，则长度比 $m$ 还可表示为

$$m = \frac{\mathrm{d}s}{\mathrm{d}S} \tag{4.3}$$

### 2. 投影变形的分类

投影变形包括长度变形、角度变形及面积变形。

1）长度变形

长度比 $m$ 与 1 之差，称为长度变形，用 $r$ 表示，公式为

$$r = m - 1 \qquad\qquad (4.4)$$

$m$ 的值可能大于、小于、等于 1，因此 $r$ 的值可能为正、为负或为零。

2）角度变形

关于投影前后图形是否相似，则需要考察投影前后角度是否发生变形。设椭球面上一个角度 $u$，投影到平面上为 $u'$，则 $u - u'$ 称为角度变形。

3）面积变形

在有些情况下，需要研究投影前后图形的面积的变形情况，可以依据面积比来衡量。面积比是指椭球面上一无限小的图形，投影到平面上的面积与原椭球面图形面积之比的极限。椭球面上一微分圆投影到平面上为一微分椭圆。椭球面上单位圆的面积为 $\pi$，微分椭圆的面积为 $\pi ab$，所以投影的面积比为

$$p = \frac{\pi ab}{\pi} = ab \qquad\qquad (4.5)$$

与长度变形的定义方式相同，面积比与 1 的差值 $p - 1$ 称为面积变形。

**3. 投影的分类**

投影的分类方法有很多，按投影面来分，有平面投影、圆锥面投影、圆柱面投影和椭圆柱面投影等；按投影面的轴向来分，有正轴投影、横轴投影、斜轴投影等；按变形性质来分，有等角投影、等面积投影、等距离投影、任意投影等。等角投影是指投影前后角度不发生变形；等面积投影是指投影前后保持图形面积不发生变形；任意投影是指各种变形都存在，但都很小。

从以上分类来看，无论采取哪种投影总要产生部分变形。等面积投影，虽然保持面积不变，但角度变形较大，长度也有变形，这种投影多用于行政区划图、经济图等。任意投影，各种变形都有，但均较小，适用于一般要求不太严格的地图。等距离投影在某方向上长度不变形，但面积、角度以及其他方向上的长度都有变形，适用于普通地图和交通图。等角投影，保持角度不变形，即也保持了小范围内图形相似，但长度有变形，面积变形也较大。等角投影便于地形图的测制和应用，对于军事上、工程上的定位和定向也很有实用价值，因此多用于国家基本地形图以及航海图、航空图等。综上所述，地图投影必然产生投影变形。对于各种投影变形，人们可以根据具体的需要进行掌握和控制。可以使某一种变形为零，也可以使全部变形都存在，但是试图使全部变形同时消失是不可能的。

# 4.2　圆柱投影

设想一个与地轴方向一致的圆柱切于或割于地球，按等角条件将经纬网投影到圆柱面上，将圆柱面展为平面后，得到平面经纬线网（图 4-3）。投影后经线是一组竖直的等距离平行直线，纬线是垂直于经线的一组平行直线。各相邻纬线间隔由赤道向两极增大。一点上任何方向的长度比均相等，即没有角度变形，而面积变形显著，离基准纬线越远，面积变形越大。该投影具有等角航线被表示成直线的特性，故广泛应用于航海图和航空图的编制。

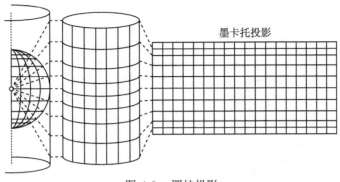

图 4-3　圆柱投影

## 4.2.1　圆柱投影及一般公式

从几何意义上看，圆柱投影是以圆柱面作为投影面，按某种投影条件，将地球椭球面上的经纬线投影于圆柱面上，并沿着圆柱面的母线切开展成平面的一种投影，如图 4-4 所示。

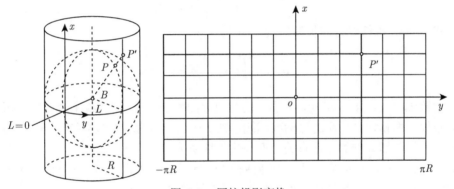

图 4-4　圆柱投影变换

按圆柱面与地球面的几何位置关系，圆柱投影有正轴投影、横轴投影和斜轴投影之分，从性质上划分有等角投影、等面积投影和任意投影。圆柱投影是这样定义的：当正投影时，纬线投影为一组平行直线，经线投影为与纬线正交的另一组平行直线，两条经线的间隔与相应的经差成正比；当横投影、斜投影时，等高圈投影为一组平行直线，垂直圈投影为与等高圈正交的另一组平行直线，两垂直圈间的间隔与相应的方位角差成正比。在制图实践中，正圆柱投影应用更广泛。

在正圆柱投影中，以投影区域中央经线（其经度为 $L_0$）的投影作为 $X$ 轴，赤道或投影区域最低纬线的投影为 $Y$ 轴，如图 4-5 所示。

由上述定义，可得正圆柱投影坐标的一般公式为

$$\left.\begin{array}{l} x = f(B) \\ y = cl \end{array}\right\} \tag{4.6}$$

式中，$c$ 为常数；$l$ 为经差，$l = L - L_0$。

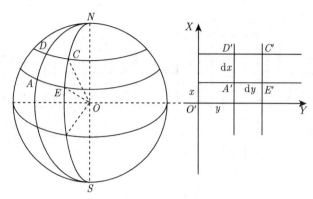

图 4-5　正圆柱投影中椭球面与投影面的关系

根据微积分相关知识，在椭球面上，假设经线微分弧 $AD = M\mathrm{d}B$、纬线微分弧 $AE = r\mathrm{d}l$，在投影面上对应的微分弧段 $A'D' = \mathrm{d}x$、$A'E' = \mathrm{d}y$。则沿经线方向长度比为

$$m = \frac{A'D'}{AD} = \frac{\mathrm{d}x}{M\mathrm{d}B} \tag{4.7}$$

顾及式 (4.6)，沿纬线方向长度比为

$$n = \frac{A'E'}{AE} = \frac{\mathrm{d}y}{r\mathrm{d}l} = \frac{c}{r} \tag{4.8}$$

对于常数 $c$，由式 (4.8) 可知，当圆柱面与地球面相割在 $\pm B_0$ 纬线上时，$B_0$ 为标准纬线；当圆柱面与地球面相切时，赤道为标准纬线，则 $c = a$($a$ 为地球赤道半径)。常数 $c$ 是标准纬线的半径，它只与切或割的位置有关，而与投影性质无关。

由式 (4.6) 可知，确定某一具体的圆柱投影，实质就是确定 $x = f(B)$ 的具体函数形式，这一函数形式只取决于投影性质，而与投影切、割的位置无关。

分析式 (4.7) 和式 (4.8) 中的变形计算式可知，正圆柱投影的各种变形均只是纬度 $B$ 的函数，与经差 $L$ 无关，是平行于标准纬线的直线。纬线长度比只与标准纬线的位置有关，而与投影性质无关。随着纬度升高，纬线长度比迅速增大，在两极趋于无穷大。因此，正圆柱投影适合制作赤道附近沿纬线方向延伸地区的地图。

## 4.2.2　等角正圆柱投影

等角正圆柱投影就是墨卡托投影，由于该投影的经纬线正交，故等角投影条件为 $m = n$，由式 (4.7) 和式 (4.8) 有

$$\frac{\mathrm{d}x}{M\mathrm{d}B} = \frac{c}{r} \tag{4.9}$$

即

$$\mathrm{d}x = c\frac{M}{r}\mathrm{d}B \tag{4.10}$$

积分可得

$$x = c\int \frac{M}{r}\mathrm{d}B + C_k = c\ln U + C_k \tag{4.11}$$

式中，$U = \tan\left(\dfrac{\pi}{4} + \dfrac{B}{2}\right)\left(\dfrac{1 - e\sin B}{1 + e\sin B}\right)^{\frac{e}{2}}$；$C_k$ 为积分常数。

因为赤道投影为 $Y$ 轴，所以当 $B = 0$ 时，$x = 0$，则 $C_k = 0$，故 $x = c\ln U$，代入式 (4.6)，得到等角正圆柱投影公式为

$$\left.\begin{array}{l} x = c\ln U \\ y = cl \end{array}\right\} \tag{4.12}$$

在等角正切圆柱投影中，赤道上没有变形，随着纬度升高，变形迅速增大；在等角正割圆柱投影中，两条标准纬线上无变形，两条标准纬线之间是负向变形，即投影后长度缩短了，两条标准纬线以外是正向变形，即投影后长度变长了，且离标准纬线越远变形越大；无论是切投影还是割投影，赤道上的长度比最小，两极的长度比均为无穷大。面积比是长度比的平方，所以面积变形很大，高纬度地区有明显的目视失真。

## 4.3 高斯投影

高斯投影是高斯-克吕格投影的简称，也称为等角横轴切椭圆柱投影，是地球椭球面到平面上正形投影的一种。德国数学家、物理学家、大地测量学家高斯在 1820~1830 年对德国汉诺威地区的三角测量成果进行处理时采用的就是这种投影。现在世界上许多国家都采用高斯投影，如奥地利、德国、希腊、英国、美国等，我国于 1952 年正式采用高斯投影。

### 4.3.1 基本概念

首先用几何的方法来描述高斯投影的基本概念：如图 4-6 所示，设想用一个椭圆柱横套在地球椭球体的外面，并与椭球面上某一子午线相切，椭圆柱的中心轴线通过椭球中心。与椭圆柱面相切的子午线称为投影带的中央子午线，将中央子午线两侧一定经差范围内的椭球面元素，按正形投影的方法投影到椭圆柱面上，然后将椭圆柱面沿着通过椭球南极和北极的母线展开，即得到投影后的平面元素。这就是高斯投影的几何描述，该平面称为高斯投影平面。在此平面上，除了中央子午线和赤道的投影是直线外，其他子午线和纬线的投影都是曲线。

如何用数学解析的方法来确定高斯投影的关系呢？最关键的是要确定椭球面上的点与其投影点间的一一对应关系。要建立椭球面大地坐标与平面坐标间的对应关系，即要按一定的数学规则确定投影方程。因此投影问题变成了如何确定投影函数的具体形式。不同的投影方法确定了不同的投影函数形式，而具体的投影方法是由投影条件所决定的。下面就根据高斯投影的概念来分析其投影条件。

在高斯投影中，中央子午线与椭圆柱面相切，很显然，椭圆柱面沿母线展开成平面（图 4-7）后，中央子午线变成一条直线，并且长度保持不变。前面已经分析过，如果能保证投影前后图形保持相似，这对研究大地测量中的投影问题将是非常有利的。因此要求高斯投影是正形投影。归纳起来，高斯投影应具备如下三个条件：① 正形条件，即椭球面上的任一角度，投影前后保持相等；② 中央子午线的投影为直线；③ 中央子午线投影后长度不变。

以上三个条件中，第一个是正形投影的一般条件；后两个是高斯投影本身的特定条件。这里所说的正形条件，即主方向的长度比为 1，从数学的解析方法来说就是满足柯西-黎曼微分方程。

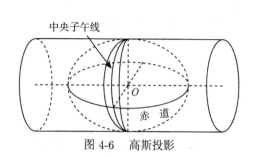

图 4-6  高斯投影

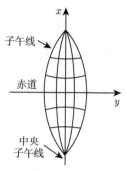

图 4-7  高斯平面

## 4.3.2  投影分带

### 1. 分带的原因及原则

高斯投影中，除了中央子午线外，其他任何线段，投影后都会产生长度变形，而且离中央子午线越远，变形越大。为此要对其加以限制，以减小其影响。限制长度变形的最有效办法就是"分带"投影。具体地说，就是将整个椭球面沿子午线划分成若干个经差相等的狭窄的地带，各带分别进行投影，于是可得到若干不同的投影带。位于各带中央的子午线称为中央子午线，用以分割投影带的子午线（投影带边缘的子午线）称为分带子午线。

因为分带把投影区域限定在中央子午线两旁狭窄范围之内，所以有效地限制了长度变形。显然，在一定的范围内，带数越多，各带越窄，长度变形也就越小。从限制长度变形这个角度来考虑，分带越多越好。

分带投影后，各投影带有各自不同的坐标轴和原点，从而形成彼此相互独立的高斯平面坐标系。这样，位于分带子午线两侧的点就分属于两个不同的坐标。在生产作业中，作业区域往往分跨于不同的投影带内，需要将其归化为同一坐标系，因而必须进行不同投影带之间的坐标换算（称为邻带换算）。从这个角度来考虑，为了减少换带计算及在换带计算中引起的计算误差，则又要求分带不宜过多。

实际分带时，应当兼顾上述两方面的要求。我国投影分带主要有 6° 带（每隔经差 6° 分一带）和 3° 带（每隔经差 3° 分一带）两种分带方法。6° 带可用于中小比例尺测图，3° 带可用于大比例尺测图。国家标准中规定：所有国家大地点均按高斯投影计算其在 6° 带内的平面直角坐标，在 1∶1 万和更大比例尺测图的地区，还应加算其在 3° 带内的平面直角坐标。

### 2. 分带方法

如图 4-8 所示，高斯投影 6° 带，自 0° 子午线起向东划分，每隔经差 6° 为一带，带号依次编为第 1，2，3，…，60 带。各带中央子午线的经度依次为 3°，9°，…，357°。设带号为 $n$，中央子午线经度为 $L_0$，则有

$$L_0 = n \times 6° - 3° \tag{4.13}$$

已知某点大地经度 $L$ 时，可按式 (4.14) 计算该点所在的 6° 带投影带带号：

$$n = \left[\frac{L}{6}\right] + 1 \tag{4.14}$$

3° 带是在 6° 带的基础上划分的, 其奇数带的中央子午线与 6° 带中央子午线重合; 偶数带的中央子午线与 6° 带的分带子午线重合。具体的分带是自东经 1.5° 子午线起, 向东划分, 每隔经差 3° 为一带。带号依次编为 3° 带的第 1, 2, 3, $\cdots$, 120 带, 如图 4-9 所示。设带号为 $n'$, 则各带中央子午线的经度为

$$L_0 = n' \times 3° \tag{4.15}$$

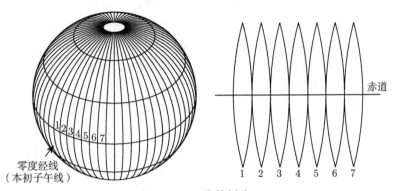

图 4-8　6° 带的划分

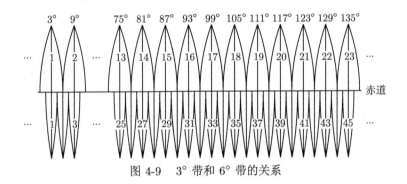

图 4-9　3° 带和 6° 带的关系

已知某点大地经度 $L$ 时, 可按式 (4.16) 计算该点所在的 3° 带投影带带号:

$$n' = \left[\frac{L - 1.5°}{3°}\right] + 1 \tag{4.16}$$

### 4.3.3　高斯平面直角坐标系

#### 1. 高斯平面直角坐标系的建立

因为高斯投影是分带进行投影的, 每个投影带都有各自不同的中央子午线, 投影带间互不相干, 所以, 在每个投影带中均可以建立各自不同的平面直角坐标系。由高斯投影知, 中央子午线与赤道投影后均为直线且正交。如果以中央子午线的投影为纵坐标轴, 即 $x$ 轴, 赤道的投影为横坐标轴, 即 $y$ 轴, 中央子午线与赤道的交点投影为原点 $o$, 那么, 就构成了高斯平面直角坐标系 $o$-$xy$。习惯上, $x$ 轴指向北, $y$ 轴指向东, 如图 4-10 所示。

高斯平面坐标系的建立，严格地说，高斯投影中的第二个投影条件应改为"中央子午线投影为纵坐标轴"，因此，中央子午线又称为轴子午线。它是计算经差的零子午线，也是计算等量经度 $l$ 的"假定零子午线"。

**2. 自然坐标与通用坐标**

根据我国的地理位置，分带投影后，高斯坐标的 $x$ 值均为正值，而 $y$ 值则有正有负。为了避免 $y$ 值出现负号，规定将 $y$ 值加上 500km，相当于将 $x$ 轴西移了 500km，这样一来 $y$ 坐标也都是正的了。另外，由于我国东西横跨十几个 6° 带，各带分别投影，各自形成相互独立的平面直角坐标系，同一对坐标值 $(x, y)$ 在每个投影带都有一点与其对应，很容易引起点位的混淆与错乱。为了说明某点位于哪一带，又规定在加了 500km 的 $y$ 值前面冠以带号。按上述规定形成的坐标，称为通用坐标（又称国家统一坐标），用符号 $y_{通用}$ 或 $Y$ 表示。在点的成果表中均写为通用坐标的形式。实际应用时，需要去掉带号，减去 500km，恢复原来的数值，称为该点的自然坐标。自然坐标与通用坐标的关系如图 4-11 所示。

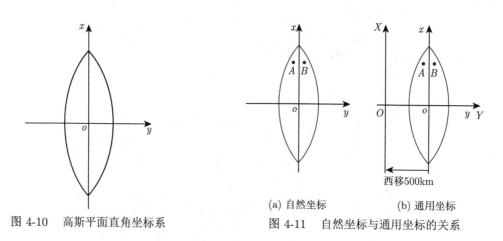

图 4-10　高斯平面直角坐标系

(a) 自然坐标　(b) 通用坐标

图 4-11　自然坐标与通用坐标的关系

例如，在 6° 带第 19 带中，$A$、$B$ 两点的自然坐标分别为

$$A: \begin{cases} x = 4485076.81\text{m} \\ y = -2578.86\text{m} \end{cases} \qquad B: \begin{cases} x = 4485076.81\text{m} \\ y = 2578.86\text{m} \end{cases}$$

则它们的通用坐标分别为

$$A: \begin{cases} X = 4485076.81\text{m} \\ Y = 19497421.14\text{m} \end{cases} \qquad B: \begin{cases} X = 4485076.81\text{m} \\ Y = 19502578.86\text{m} \end{cases}$$

### 4.3.4　高斯投影正反算

（1）高斯投影正算，指从椭球面元素到平面元素的投影计算，即已知椭球大地坐标 $(L, B)$ 计算高斯平面直角坐标 $(x, y)$，也就是确定高斯投影方程的过程。计算公式为

$$\left.\begin{aligned}
x &= X + \frac{1}{2}N \cdot t \cdot \cos^2 B \cdot l^2 + \frac{1}{24}N \cdot t \cdot (5 - t^2 + 9\eta^2 + 4\eta^4)\cos^4 B \cdot l^4 \\
&\quad + \frac{1}{720}N \cdot t \cdot (61 - 58t^2 + t^4)\cos^6 B \cdot l^6 \\
y &= N \cdot \cos B \cdot l + \frac{1}{6}N \cdot (1 - t^2 + \eta^2)\cos^3 B \cdot l^3 \\
&\quad + \frac{1}{120}N \cdot (5 - 18t^2 + t^4 + 14\eta^2 - 58\eta^2 t^2)\cos^5 B \cdot l^5
\end{aligned}\right\} \tag{4.17}$$

式中，$B$ 为投影点的纬度；$l = L - L_0$，$l$ 为所求点相对中央子午线的经差，以弧度为单位；$t = \tan B$；$\eta^2 = e'\cos^2 B$，$e' = \sqrt{\dfrac{a^2 - b^2}{b^2}}$ 为椭球的第二偏心率；$N$ 为卯酉圈曲率半径，$N = \dfrac{a}{W}$，$W = \sqrt{1 - e^2\sin^2 B}$，$e = \sqrt{\dfrac{a^2 - b^2}{a^2}}$ 为椭球的第一偏心率，$a$ 和 $b$ 分别为参考椭球的长半轴和短半轴；$X$ 为中央子午线上大地纬度等于 $B$ 的点至赤道的子午线弧长，它与所采用的椭球元素有关，计算公式为

$$X = a(1 - e^2)(A_0 B + A_2 \sin 2B + A_4 \sin 4B + A_6 \sin 6B + A_8 \sin 8B) \tag{4.18}$$

式中，

$$A_0 = 1 + \frac{3}{4}e^2 + \frac{45}{64}e^4 + \frac{350}{512}e^6 + \frac{11025}{16384}e^8$$

$$A_2 = -\frac{1}{2}\left(\frac{3}{4}e^2 + \frac{60}{64}e^4 + \frac{525}{512}e^6 + \frac{17640}{16384}e^8\right)$$

$$A_4 = \frac{1}{4}\left(\qquad\quad \frac{14}{64}e^4 + \frac{210}{512}e^6 + \frac{8820}{16384}e^8\right)$$

$$A_6 = -\frac{1}{6}\left(\qquad\qquad\qquad \frac{35}{512}e^6 + \frac{2520}{16384}e^8\right)$$

$$A_8 = \frac{1}{8}\left(\qquad\qquad\qquad\qquad\quad \frac{315}{16384}e^8\right)$$

（2）高斯投影反算，指从平面元素到椭球面元素的计算，即根据高斯平面直角坐标 $(x, y)$ 计算大地坐标 $(L, B)$。计算公式为

$$\left.\begin{aligned}
B &= B_f - \frac{t_f}{2M_f N_f}y^2 + \frac{t_f}{24M_f N_f^3}(5 + 3t_f^2 + \eta_f^2 - 9t_f^2\eta_f^2)y^4 \\
&\quad - \frac{t_f}{720M_f N_f^5}(61 + 90t_f^2 + 45t_f^4)y^6 \\
l &= \frac{1}{N_f \cos B_f}y - \frac{1}{6N_f^3 \cos B_f}(1 + 2t_f^2 + \eta_f^2)y^3 \\
&\quad + \frac{1}{120N_f^5 \cos B_f}(5 + 28t_f^2 + 24t_f^4 + 6\eta_f^2 + 8\eta_f^2 t_f^2)y^6
\end{aligned}\right\} \tag{4.19}$$

以上计算得到的 $l$ 以弧度为单位，$l = L - L_0$，$L_0$ 为投影带中央子午线经度；$B_f$ 为底点纬度，下标"$f$"表示与 $B_f$ 有关的量：

$$t_f = \tan B_f, N_f = \frac{a}{W_f}, M_f = \frac{a(1-e^2)}{W_f^3}, W_f = \sqrt{1 - e^2 \sin^2 B_f} \tag{4.20}$$

底点纬度 $B_f$ 为是高斯投影反算公式的重要参考参数，其数学模型一般形式为

$$B_f = B_0 + \sin(2B_0)\{K_0 + \sin^2 B_0[K_2 + \sin^2 B_0(K_4 + K_6 \sin^2 B_0)]\} \tag{4.21}$$

式中，

$$B_0 = \frac{X}{a(1-e^2)A_0}$$

$$K_0 = \frac{1}{2}\left(\frac{3}{4}e^2 + \frac{45}{64}e^4 + \frac{350}{512}e^6 + \frac{11025}{16384}e^8\right)$$

$$K_2 = -\frac{1}{3}\left(\frac{63}{64}e^4 + \frac{1108}{512}e^6 + \frac{58239}{16384}e^8\right)$$

$$K_4 = \frac{1}{3}\left(\frac{604}{512}e^6 + \frac{68484}{16384}e^8\right)$$

$$K_6 = -\frac{1}{3}\left(\frac{68484}{16384}e^8\right)$$

## 4.4  地 理 格 网

地理格网是一种科学、简明的定位参照系统，是对现有测量参照系、行政区划参照系和其他专用定位系统的补充。地理格网的应用不但可以提高与空间分布信息集成的效率，还可以减少数据精度损失和资源消耗。

用离散的多边形近似表达地球曲面的模型称为广义地理格网模型，而以正方形为基本格网单元的地理格网模型称为狭义地理格网模型。地理格网是由一系列离散而规则的单元、按一定规则组合而形成的对地理实体的表达体系，是地理格网模型的具体应用实例。组成格网系统的面状单元称为格元，格元的边称为格边，格元的角点称为格点。另外，每一个格网系统有一个预定的坐标系，以规定格元的相互关系和空间位置；有一组数值描述格网系统的规模、格元空间分辨率等地理格网系统参数。

### 4.4.1  美军军事网格参考系统

军事网格参考系统（military grid reference system，MGRS）是美军和北大西洋公约组织（简称北约）其他成员国部队用于在地球上定位点的地理参考标准，该系统在 WGS84 世界大地坐标系上基于通用横轴墨卡托（universal transverse Mereator，UTM）投影面和通用极球面（universal polar stereographic，UPS）投影面，在标准军用地图上附加两组分别平行于投影坐标轴且垂直相交的方格，形成 MGRS 基准网格，覆盖全球并统一标识，提供了良好

的全球一体化位置服务。在后续的军转民过程中形成了美国国家网格（united states national grid，USNG），在街道管理、邮政传递、旅游交通等方面发挥作用。

MGRS 坐标编码（或网格参考编码）由三部分组成，如 4QFJ12346789，其中：① 4Q 为网格区域描述码；② FJ 为 100km 网格 ID 号；③ 12346789 为数值位，是不同精度的位置描述：横向东移值为 1234，纵向北移值为 6789，这两个偏移值的位数必须相同。

MGRS 是一个点位参考系统，当使用"网格"这个术语时，它可以指边长为 10km、1km、100m、10m 或 1m 的正方形，这取决于所需要的坐标精度。数字位置中的位数必须是偶数，即 0、2、4、6、8 或 10，这取决于所需的点位精度，如 4QFJ12346789 的位数是 8。MGRS 的精度如下。

（1）4Q：全球网格区域编码，点位精度为 6°×8°。

（2）4QFJ：100km 边长网格编码，点位精度为 100km。

（3）4QFJ16：点位精度为 10km。

（4）4QFJ1267：点位精度为 1km。

（5）4QFJ123678：点位精度为 100m。

（6）4QFJ12346789：点位精度为 10m。

（7）4QFJ1234567890：点位精度为 1m。

**1. 网格区域描述码**

如图 4-12 所示，在 MGRS 参考系统中，将 80°S～84°N 的区域，按照经度分为若干"带区"并用 1～60 编号，其中大部分"带区"经度差为 6°，但有一些特殊情况，例如，56°N～64°N，为了适应西南方向挪威全景，经度差扩大到了 9°；按照纬度分为 20 个区域，用字母 C～X 编号（不含字母 I 和 O），其中大部分纬度差为 8°，但 72°N～84°N 纬度差扩大为 12°；将按经度划分的数字编号和按纬度划分的字母编号组合，就形成了唯一的网格区域描述码。对 80°S 以南和 84°N 以北的两极地区，则在 UPS 投影面上使用 ABYZ 四个字母标识。在这个参考系统下，海南岛的网格区域描述码为 49Q。

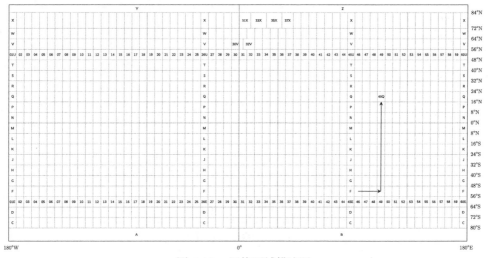

图 4-12 网格区域描述码

## 2. 100km 网格 ID 号

MGRS 坐标的第二部分是 100km 的网格 ID 号,每个 UTM 区域被划分为若干个 100km× 100km 的正方形,因此它们的左下角的坐标是 100km 的倍数,如图 4-13 所示。100km 网格 ID 号由一个列字母（A~Z，省略 I 和 O）后跟一个行字母（A~V，省略 I 和 O）组成。

如图 4-14 所示，A 点位于网格区 4Q，其 100km 网格 ID 号为 FJ。因此 A 点的 MGRS 格网坐标为 4QFJ（100km 精度）。

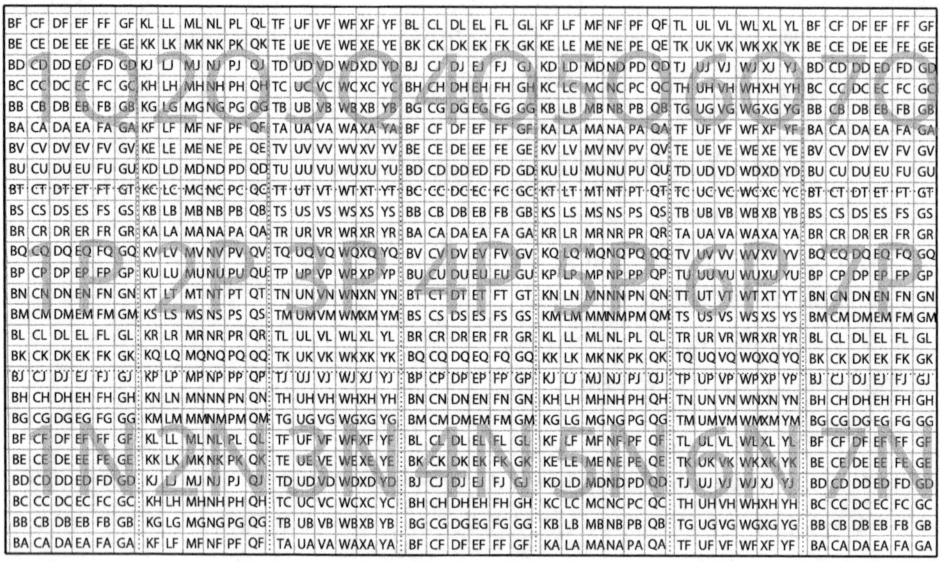

图 4-13　100km 网格

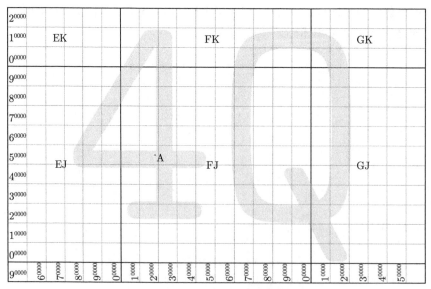

图 4-14　100km 网格 ID 号

### 3. 数值位

MGRS 坐标的第三部分是 $100\text{m} \times 100\text{m}$ 范围内的数字位置，以 $n+n$ 数字给出，其中，$n$ 是 1、2、3、4 或 5。如果使用 5+5 位数字，前 5 位数字以米为单位向东量算，从正方形网格的左边缘测量；后 5 位数字以米为单位向北量算，从正方形网格的底部边缘测量。因此，分辨率为 1m，MGRS 坐标代表的是一个 $1\text{m}^2$ 的小区域，其中，向东和向北测量其到 100km 网格西南角的距离。如果精度（分辨率）为 10m，则可以丢弃向东和向北的最终数字，因此仅使用 4+4 位数字来表示 $10\text{m}^2$ 的网格。如果 100m 的分辨率足够用，保留 3+3 位数字即可。如果 1km 的分辨率足够用，保留 2+2 位数即可。如果 10km 的分辨率足够用，保留 1+1 位数即可。10m 分辨率（4+4 位数字）足以满足许多军事目的，也是北约指定坐标的标准。

仔细观察图 4-14，可以看到包含 A 点的小网格，如果使用 10km 的分辨率，其坐标将写为 4QFJ15。

如上所述，将 UTM 坐标转换为 MGRS 坐标时，或在将 MGRS 坐标精度降低时，应截断后面的坐标数值，而不是四舍五入。例如，某地面点 1m 精度的 MGRS 坐标为 4Q1357924680，将其降低为 10m 的精度，坐标值应该为 4Q13572468，而不是 4Q13582468。

对 80°S 以南和 84°N 以北的两极地区，则在 UPS 投影面上使用 ABYZ 四个字母标识，每个区域标识内，使用两个字母表示百千米网格，如图 4-15 所示。

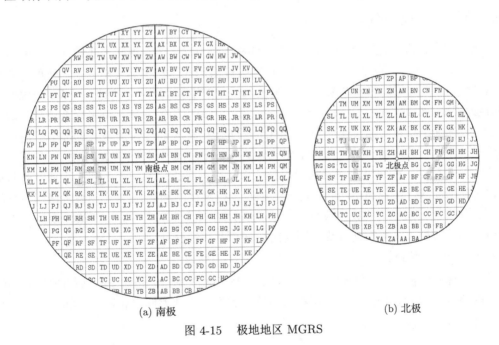

(a) 南极　　　　　　　　　　　　　　　　　　(b) 北极

图 4-15　极地地区 MGRS

在具体应用中，在不跨区域的一般情况下，只需报两位百千米尺度字母编号加后续提高精度的数字位。例如，ME72413526 可以表示某一个百千米大网格中某一个百米网格，点位精度为 10m，如图 4-16 所示。

ME72413526 的精度是 10m，还可以按照这个流程，继续细化网格，得到米级精度的 MGRS 坐标。

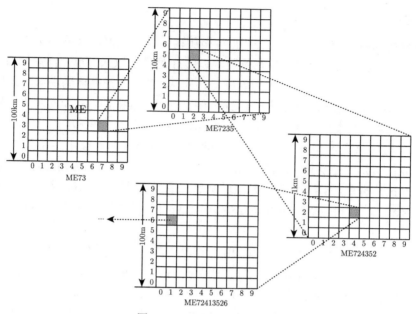

图 4-16    MGRS 坐标示例

## 4.4.2    我国的地理格网

我国的国家标准《地理格网》（GB/T 12409—2009）中对地理格网的设计原则做出了如下规定：① 科学性，地理格网分别建立在经纬坐标格网和直角坐标格网之上，两种格网具有较严密的数学关系，可以相互转换。② 系统性，地理格网分级呈一定的递归关系，形成完整的格网分级系列。③ 继承性，经纬坐标格网采用国际上通用的经纬度定位坐标系统和我国大于或等于 1∶500000 系列比例尺地形图采用的高斯投影系统。④ 可扩展性，标准中给出分级和编码的扩展规则，应用需求分为面向全球或全国（小比例尺）、省区（中比例尺）和城乡（大比例尺）三种尺度。经纬坐标格网和直角坐标格网均可在给定的分级系列的基础上向两端延伸，也可根据需求，在各级格网间按照一定的规则扩展格网间隔。⑤ 实用性，格网系统的坐标系统、分级与编码规则的设定应尽可能简化，并辅以软件工具，既可严格、快速、方便地实现格网间的转换，又可实现各级格网间的数据合并和细分处理。

### 1. 经纬度坐标格网

经纬坐标格网按经、纬差分级，以 1° 经、纬差格网作为分级和赋予格网代码的基本单元。各层级的格网间隔为整倍数关系，同级格网单元的经差、纬差间隔相同。经纬坐标格网基本分为 5 级，见表 4-1。

表 4-1    经纬坐标格网分级

| 格网间隔 | 1° | 10′ | 1′ | 10″ | 1″ |
|---|---|---|---|---|---|
| 格网名称 | 一度 | 十分 | 一分 | 十秒 | 一秒 |

经纬坐标格网代码由 5 类元素组成，分别为象限代码、格网间隔代码、间隔单位代码、经纬度代码和格网代码，后 2 类元素根据经度、纬度数值计算生成。象限代码由南北、东西代

码组成，分别用 1 位字母码表示；格网间隔代码用 2 位数字码表示；间隔单位代码用 1 位字母码表示；经纬度代码由纬度代码和经度代码组成，分别取经度、纬度的整度数值计算生成，用 2 位数字码表示纬度、3 位数字码表示经度；格网代码取经度、纬度的非整度数值计算生成，由于采用的格网间隔不同，格网代码长度为 0 位、4 位或 8 位。

### 2. 平面直角坐标格网

直角坐标格网采用高斯投影直角坐标系统，以百千米作为基本单元，逐级扩展。分级规则是各级格网的间隔为整数倍数关系，同级格网单元在 $X$、$Y$ 方向间距相等。直角坐标格网采用高斯投影，采用 6° 或 3° 分带，如图 4-9 所示。直角坐标格网系统根据格网单元间隔分为 6 级，以百千米格网单元为基础，按 10 倍的关系细分，如表 4-2 所示。

表 4-2　直角坐标格网分级

| 格网间隔/m | 100000 | 10000 | 1000 | 100 | 10 | 1 |
|---|---|---|---|---|---|---|
| 格网名称 | 百千米 | 十千米 | 千米 | 百米 | 十米 | 米 |

直角坐标格网代码由 4 类元素组成，分别为南北半球代码、投影带号代码、百千米格网代码和坐标格网代码。

南北半球代码，采用 1 位字母码。南半球用"S"表示，北半球用"N"表示。

投影带号代码，采用 3 位数字码表示。6° 分带，全球共分 60 带，在投影带号前用 0 补足 3 位，投影带号代码分别为 001 至 060；3° 分带，全球共分 120 带，投影带号加 100，投影代号代码分别为 101 至 220。

百千米格网代码，采用 1 位字符与 2 位数字混合编码。采用 6° 分带时，自西向东，每百千米用 1 位字符（A~H）表示；采用 3° 分带时，自西向东，每百千米用 1 位字符（C~F）表示，由南向北，每百千米用 2 位数字（00~90）表示。

坐标格网代码，根据选用的层级格网，字位长度为 2~10 位不等，横坐标在前，纵坐标在后，结构如下：十千米格网代码为 2 位，由横坐标值和纵坐标的十千米字位数值取整构成；千米格网代码为 4 位，由横坐标值和纵坐标的千米字位数值取整构成；百米格网代码为 6 位，由横坐标值和纵坐标的百米字位数值取整构成；十米格网代码为 8 位，由横坐标值和纵坐标的十米字位数值取整构成；米格网代码为 10 位，由横坐标值和纵坐标的米字位数值取整构成。

## 4.5　地图、地形图和比例尺

在目标保障及其目标定位工作中，经常会用到各种各样的地图，各种类型的目标都会在地图上有所表示，而地图是具有严格空间位置的载体，可以在地图上通过量算得到目标的具体坐标。

### 4.5.1　地图

#### 1. 地图的概念

按照一定的法则，有选择地在平面上表示地球上的若干现象，称为地图。

地图是对地球上若干现象的真实写照，为了保证地图上各类要素的量算具有一定的精度，地图必须按照一定的数学法则进行制作。地面上地物的种类繁多，形状、大小不一，为能够按图识别各种地物，便于制作，地图必须有专门的地图符号、文字注记和颜色。此外，地球表面的地物多种多样，不可能也没有必要毫无选择地全部表示。因此，必须依据不同的用途，对地物按照一定的法则综合或取舍。例如，军事用图应当着重表示具有军事意义的地物，综合表示数量多、分布密集、军事意义不大的地物，而舍去那些无军事意义的地物。所以，地图具有严格的数学基础、符号系统、文字注记，采用制图综合原则科学地反映自然和社会经济现象的分布特征及相互关系。地图在经济建设、国防建设和日常生活中具有重要作用。

**2. 地图的分类**

地图种类繁多，通常按照某些特征进行归类。

**1）按地图内容分类**

可分为普通地图和专题地图两大类。

普通地图是综合反映地表自然和社会现象一般特征的地图，它以相对均衡的详细程度表示自然要素和社会经济要素。

专题地图是着重表示某一专题内容的地图，如地貌图、交通图、地籍图、土地利用现状图等。

**2）按地图比例尺分类**

可分为大比例尺地图、中比例尺地图和小比例尺地图。通常情况下，把比例尺大于 1:1 万的地图称为大比例尺地图；比例尺小于 1:10 万的地形图称为小比例尺地图；其他则称为中比例尺地图。

**3）按成图方法分类**

可分为线划图、影像图、数字图等。

线划图是将地面点的位置用符号与线划表示的地图，如地形图、地籍图等。

影像图是把线划图和航空航天遥感影像相结合的一种地图。将航空摄影或航天摄影的像片经过处理后得到正射影像，并将正射影像和线划符号综合地表现在一张图面上，称为正射影像图。影像图具有成图快，信息丰富，能反映微小景观，并且有立体感，便于读图和分析等特点，是近代发展起来的新型地形图。在信息化时代的今天，这种形式的影像图已经越来越受欢迎。

数字图是用数字形式记录和存储的地图。数字图是以数据和数据结构为信息传递语言，主要在计算机环境中使用的一种地图产品。数字地图具有可快速存取和传输的特点，用户可以利用计算机技术，有选择地显示或输出地图的不同要素，将地图立体化、动态化显示。

## 4.5.2  地形图

地形图是按照一定比例尺，表示地物地貌平面位置和高程的正射投影图。它是普通地图中最主要的一种。在地形图上，地物按图式符号加注记表示；地貌一般用等高线和地貌符号表示。等高线能反映地面的实际高度、起伏特征，并有一定的立体感，因此，地形图多采用等高线表示地貌。

**1. 地形图的图外信息**

地形图图外信息的主要内容包括图名、图号、领属注记、邻接图幅接合表、保密登记、图例、编图和出版单位、测图方式和时间、比例尺、坡度尺、等高距、三北方向图等。图名一般取图幅中较著名的地理名称，注记在地形图的上方中央。图号即图幅编号，注记在图名下方。

邻接图幅接合表又称接图表，以表格形式注记该图幅的相邻 8 幅图的图名。坡度尺表示的是相邻两条等高线的坡度。三北方向图是指地形图中央一点的三北方向图。

图廓线是地形图的范围线，图廓的 4 个角点称为图廓点。地形图的图廓线由一组线条组成，分为内图廓、分度线和外图廓。内图廓是图幅的实际范围线、分度线是图廓经纬线的加密划分，绘制在内图廓上，形式不一。外图廓则仅起到装饰作用。

**2. 地形图的图幅元素**

地形图的图幅元素是决定地形图位置和大小的一组数据。因为地形图是按照一定的经差、纬差划分的，所以地形图的图幅元素也是确定的。如图 4-17 所示，地形图图幅元素包括以下内容。

（1）图廓点的经度、纬度，如 $(L_1, B_1)$、$(L_2, B_2)$、$(L_3, B_3)$、$(L_4, B_4)$。

（2）图廓点的高斯平面坐标，如 $(x_1, y_1)$、$(x_2, y_2)$、$(x_3, y_3)$、$(x_4, y_4)$。

（3）图廓线长，如 $a_1$、$a_2$、$c_1$、$c_2$。

（4）图廓对角线长，如 $d$。

（5）图幅四个图廓点的平均子午线收敛角，如 $\gamma$。

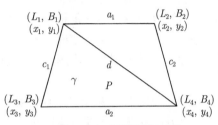

图 4-17　地形图的图幅元素

（6）图幅的实地面积，如 $P$。它的大小取决于地形图的位置，凡纬度相同的同比例尺图幅，其实地面积相等。

## 4.5.3　比例尺

**1. 比例尺的概念**

将地球表面的形状和地面上的物体测绘在图纸上，不可能也无必要按其真实大小来描绘，通常要按一定的比例进行缩小。这种缩小的比例，即图上距离与实地相应水平距离的比值，称为地图比例尺。为了使用方便，通常把比例尺化为分子为 1 的分数，可用式 (4.22) 来表示，即

$$比例尺 = \frac{图上距离}{实地相应水平距离} = \frac{1}{M} \tag{4.22}$$

式中，$M$ 称为比例尺分母。若已知地形图的比例尺，则可根据图上距离求得相应的实地水平距离；反之，也可以根据实地水平距离求得相应的图上距离。

**2. 比例尺的最大精度**

一般来说，正常人的眼睛只能清晰地分辨出图上大于 0.1mm 的两点间的距离，这种相当于图上 0.1mm 的实地水平距离称为比例尺的最大精度。比例尺最大精度 $\delta$ 可用式 (4.23) 表示，即

$$\delta = 0.1\text{mm} \times M \tag{4.23}$$

式中，$M$ 为地图比例尺分母。

比例尺的最大精度决定了比例尺相应的测图精度，例如，1∶1 万比例尺的最大精度为 1m，则在 1∶1 万地形图上测值时，只需准确到整米即可，更高的精度是没有意义的。

# 4.6  地形图的分幅与编号

为了便于地形图的测制、管理和使用，通常需要将地球表面分成小块分别进行测绘，这种在地球表面进行的分块称为地形图的分幅。对每幅地形图给一个代号，称为地形图的编号。

地形图的分幅可分为两大类：一是按经纬度进行分幅，称为梯形分幅法，一般用于国家基本比例尺系列的地形图；二是按平面直角坐标进行分幅，称为矩形分幅法，一般用于大比例尺地形图。

## 4.6.1  基本比例尺地形图的分幅与编号

### 1. 分幅与编号的基本原则

（1）分带投影后，每带为一个坐标系，因此地形图的分幅必须以投影带为基础、按经纬度划分，并且尽量用"整度、整分"的经差和纬差来划分。

（2）为便于测图和用图，地形图的幅面大小要适宜，且不同比例尺的地形图幅面大小要基本一致。

（3）为便于地图编绘，小比例尺的地形图应包含整幅的较大比例尺图幅。

（4）图幅编号要求应能反映不同比例尺之间的联系，以便进行图幅编号与地理坐标之间的换算。

### 2. 分幅与编号的方法

我国基本比例尺地形图包括 1:100 万、1:50 万、1:25 万、1:10 万、1:5 万、1:2.5 万、1:1 万、1:5000、1:2000、1:1000 和 1:500 等 11 种。梯形分幅统一按经纬度划分，图幅编号方法有两种，一是传统的编号方法，二是有利于计算机管理的新编号方法。

#### 1）传统的编号方法

基本比例尺地形图的分幅，都是以 1:100 万地形图的分幅为基础来划分的。

（1）1:100 万地形图的分幅与编号，采用"国际分幅编号"：将整个地球从经度 180° 起，自西向东按 6° 经差分成 60 个纵列，自西向东依次用数字 1、2、…、60 编列数；从赤道起分别向北、向南，在纬度 0° ～ 88° 按 4° 纬差分成 22 个横行，依次用大写字母 A、B、C、…、V 表示，如图 4-18 所示。

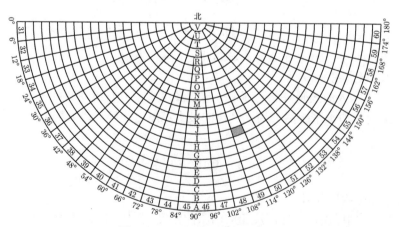

图 4-18    1:100 万分幅与编号

1:100 万地形图的编号以"横行-纵列"的形式来表示。例如，某地所在国际百万分之一地形图的编号为 I-49，位置如图 4-18 阴影所示。

纵列号与 6° 带带号之间关系式为：纵列号 = 带号 ±30。当图幅在东半球时取"+"号，在西半球时取"–"号。由于我国位于东半球，故纵列号与带号的关系式为：纵列号 = 带号 +30。

（2）1:50 万、1:25 万、1:10 万地形图的分幅与编号。如图 4-19 所示，1:50 万、1:25 万、1:10 万地形图的分幅和编号都是在 1:100 万地形图的分幅编号的基础上进行的。

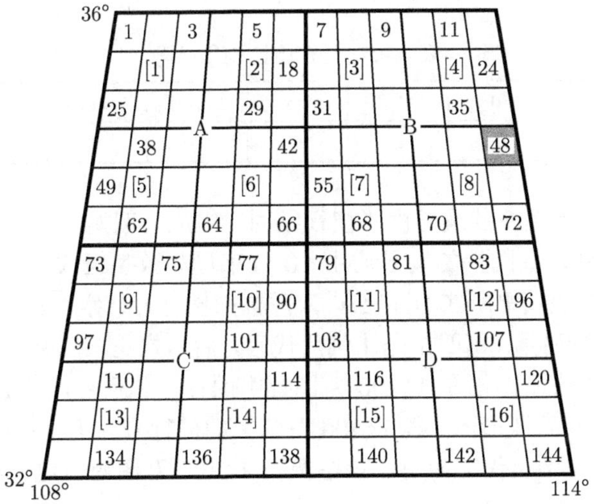

图 4-19　1:50 万、1:25 万、1:10 万地形图分幅与编号

将一幅 1:100 万地形图按经差 3°、纬差 2° 等分成 4 幅（2×2），每幅为 1:50 万地形图，从左向右从上向下分别以 A、B、C、D 表示。

将一幅 1:100 万地形图按经差 1.5°、纬差 1° 等分为 16 幅（4×4），每幅为 1:25 万地形图，从左向右从上向下分别以 [1]、[2]、[3]、···、[16] 表示。

将一幅 1:100 万地形图按经差 30′、纬差 20′ 等分为 144 幅（12×12），每幅为 1:10 万地形图，从左到右从上向下分别以 1、2、3、···、144 表示。

1:50 万、1:25 万、1:10 万地形图的分幅编号是在 1:100 万地形图的编号上加上本幅代号构成。如某地（阴影区域）所在的 1:50 万地形图、1:25 万地形图和 1:10 万地形图的编号分别为 I–49–B、I–49– [8] 和 I–49–48（图 4-19）。

（3）1:5 万、1:2.5 万地形图的分幅与编号。将一幅 1:10 万地形图，按经差 15′、纬差 10′ 等分成 4 幅（2×2），每幅为 1:5 万的地形图，分别以代号 A、B、C、D 表示。

将一幅 1:5 万地形图，按经差 7′30″、纬差 5′ 等分成 4 幅（2×2），每幅为 1:2.5 万的地形图，分别以代号 1、2、3、4 表示。

1:5 万、1:2.5 万地形图的编号是在前一级图幅编号上加上本幅代号，如某地 1:5 万、1:2.5 万地形图的编号分别为 I–49–48–C、I–49–48–C–4。

（4）1:1 万、1:5000 地形图的分幅与编号。将一幅 1:10 万地形图，按经差 3′45″、纬差 2′30″ 等分成 64 幅（8×8），每幅为 1:1 万地形图，分别以代号（1）、（2）、（3）、···、（64）

表示。1:1 万地形图的编号是在 1:10 万地形图的编号上加上本幅代号，如 I–49–48–（64）。

将一幅 1:1 万地形图，按经差 1′52.5″、纬差 1′15″ 等分成 4 幅（2×2），每幅为 1:5000 地形图，分别以代号 a、b、c、d 表示。1:5000 地形图的编号是在 1:1 万地形图的编号上加上本幅代号，如 I–49–48–（64）–d。

2）新的编号方法

新的图幅分幅方法仍以 1:100 万图幅为基础划分，各种比例尺图幅的经差和纬差也不变。

新的编号方法仍以 1:100 万图幅为基础，以下接比例尺代码和该图幅在 1:100 万地形图上的行、列代码。地形图比例尺代码如表 4-3 所示。

表 4-3　地形图比例尺代码

| 比例尺 | 1:50 万 | 1:25 万 | 1:10 万 | 1:5 万 | 1:2.5 万 | 1:1 万 | 1:5000 | 1:2000 | 1:1000 | 1:500 |
|---|---|---|---|---|---|---|---|---|---|---|
| 代码 | B | C | D | E | F | G | H | I | J | K |

1:100 万比例尺地形图新的编号由"横行纵列"组成。例如，原图号 I-49 图幅的新图号为 I49。除 1:100 万外，各图幅的编号均由 10 位字母和数字组成的代码构成，如表 4-4 所示。新编号中第一位是该图幅所在的 1:100 万图幅的横行号代字，第二、第三位是该图幅所在的 1:100 万图幅的纵列号，第四位是比例尺代码，后六位是该图幅在 1:100 万图幅中的位置代字，其中各用三位表示图幅在 1:100 万图幅中的行号和列号，不够三位时前面补 0。例如，如某地所在的 1:50 万地形图，其 1:100 万图幅的横行号为 I、纵列号为 49，由表 4-4 可知，1:50 万地形图的比例尺代字为 B，该图幅在 1:100 万图幅中位于第 1 行、第 2 列，故该图幅的新编号为 I49B001002。

表 4-4　新的图幅编号写法

| 行号 | 列号 | | 比例尺代码 | 横行号 | | | 纵列号 | | |
|---|---|---|---|---|---|---|---|---|---|
| I | 4 | 9 | B | 0 | 0 | 1 | 0 | 0 | 2 |

若要根据某点的经纬度来求取所在 1:100 万图幅中的行号和列号，可根据经差和纬差用公式计算求得。设图幅在 1:100 万图幅中的位置行为 $C$、列为 $D$，则计算公式为

$$\left.\begin{array}{l} C = \dfrac{4°}{\Delta B} - \text{int}\left[\dfrac{\text{mod}\left(\dfrac{B}{4°}\right)}{\Delta B}\right] \\[4mm] D = \text{int}\left[\dfrac{\text{mod}\left(\dfrac{L}{6°}\right)}{\Delta L}\right] + 1 \end{array}\right\} \tag{4.24}$$

式中，$L$、$B$ 分别为某点的经纬度；$\Delta L$、$\Delta B$ 为相应比例尺图幅的经差、纬差；int 为取整数运算；mod 为取余数运算。

3）主要比例尺地形图新旧图幅编号对照

主要比例尺地形图的经差、纬差，以及新旧图幅编号示例如表 4-5 所示。

表 4-5　主要比例尺地形图的经差、纬差大小及新旧图幅编号

| 比例尺 | 经差 | 纬差 | 原图幅编号 | 新图幅编号 |
|---|---|---|---|---|
| 1:100万 | 6° | 4° | I–49 | I49 |
| 1:50万 | 3° | 2° | I–49–B | I49B001002 |
| 1:25万 | 1.5° | 1° | I–49–[8] | I49C002004 |
| 1:10万 | 30′ | 20′ | I–49–48 | I49D004012 |
| 1:5万 | 15′ | 10′ | I–49–48–C | I49E008023 |
| 1:2.5万 | 7′30″ | 5′ | I–49–48–C–4 | I49F016046 |
| 1:1万 | 3′45″ | 2′30″ | I–49–48–(64) | I49G032096 |
| 1:5000 | 1′52.5″ | 1′45″ | I–49–48–(64)–d | I49H064192 |

4）接图表

接图表用于表示某图幅与其相邻图幅的邻接关系，与图幅 I–49–1–A 相邻的图幅表示如图 4-20 所示。

| J-48-144-D | J-49-133-C | J-49-133-D |
|---|---|---|
| J-48-12-B | J-49-1-A | J-49-1-B |
| J-48-12-D | J-49-1-C | I-49-1-D |

图 4-20　相邻图幅接图表

## 4.6.2　大比例尺地形图的分幅与编号

大比例尺地形图的图幅通常采用矩形分幅。图幅的图廓线为平行于坐标轴的直角坐标格网线，通常以整千米（或百米）坐标进行分幅，图幅大小如表 4-6 所示。

矩形分幅图的编号有以下几种方式。

（1）按图廓西南角坐标编号。采用图廓西南角坐标千米数编号，$x$ 坐标在前，$y$ 坐标在后，中间用短线连接。1:5000 取至 km 数，1:2000、1:1000 取至 0.1km 数，1:500 取至 0.01km 数。例如，某幅 1:1000 比例尺地形图西南角图廓点的坐标为 $x=83500$m，$y=15500$m，则该图幅编号为 83.5-15.5。

（2）按流水号编号。按测区统一划分的各图幅的顺序号码，从左至右、从上到下，用阿拉伯数字编号。如图 4-21(a) 所示，晕线所示图号为 15。

（3）按行列号编号。将测区内图幅按行和列分别单独排出序号，再以图幅所在的行和列序号作为该图幅图号。如图 4-21(b) 所示，晕线所示图号为 A-4。

表 4-6　几种大比例尺地形图的图幅大小

| 比例尺 | 图幅大小/cm² | 实地面积/km² | 1:5000 图幅内的分幅数 |
|---|---|---|---|
| 1:5000 | 40 × 40 | 4 | 1 |
| 1:2000 | 50 × 50 | 1 | 4 |
| 1:1000 | 50 × 50 | 0.25 | 16 |
| 1:500 | 50 × 50 | 0.0625 | 64 |

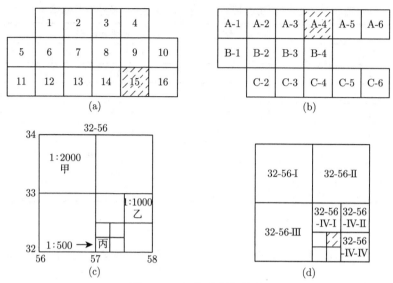

图 4-21    矩阵分幅与编号

（4）以 1:5000 比例尺地形图为基础编号。如果整个测区测绘有几种不同比例尺的地形图，则地形图的编号可以 1:5000 比例尺地形图为基础。以某 1:5000 比例尺地形图图幅西南角坐标值编号，如图 4-21(c) 所示，1:5000 图幅编号为 32-56，此图号就作为该图幅内其他较大比例尺地形图的基本图号，编号方法如图 4-21(d) 所示。图 4-21(d) 中，晕线所示图号为 32-56-Ⅳ-Ⅲ-Ⅱ。

## 练习和思考题

1. 投影要解决的基本矛盾是什么？其实质又是什么？
2. 为什么要研究地球椭球面在球面上的投影？
3. 墨卡托投影有什么特性？为什么海图广泛以墨卡托投影作为数学基础？
4. 试述高斯投影的三个条件。高斯投影与通用横轴墨卡托（UTM）投影有什么区别和联系？
5. 计算经度 $L = 102°30'E$、纬度 $B = 25°N$ 点的 $6°$ 分带高斯投影通用坐标。

# 第 5 章  普通测量定位

精确测定目标点的平面位置和高程是目标定位工作的任务之一。在地面可利用测角、测距这些测量方法，获取目标点和参考点之间的方位和距离关系，再经过定位计算即可得到目标点的三维坐标，这就是普通测量定位的基本原理和过程。

## 5.1  角 度 测 量

测量角度的仪器主要是经纬仪，包括光学经纬仪和电子经纬仪两大类别。下面主要介绍角度测量的概念、光学经纬仪的基本结构和工作原理，以及电子经纬仪测角原理。

### 5.1.1  水平角

水平角是指空间两条相交直线在某一水平面上的投影之间的夹角。如图 5-1 所示，$A$、$P$、$B$ 是 3 个地面标识点，$PA$、$PB$ 两条空间直线在水平面上的投影为 $pa$ 和 $pb$，它们之间的夹角 $\angle apb$ 称为 $P$ 对 $A$、$B$ 两点的水平角，常用字母 $\beta$ 表示。

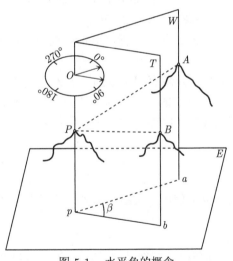

图 5-1  水平角的概念

要测定水平角，可以设想将一个有顺时针角度分划的圆盘（度盘）置于测站点 $P$ 上，使其圆心与 $P$ 点重合或者位于同一铅垂线上，并安置水平。在度盘的中心上方，设置一个既可以水平转动，又可以铅垂俯仰的望远镜照准装置，以及与其水平转动联动的位于度盘上的读数指标线，这样望远镜分别照准 $A$、$B$ 点，即可得到度盘上指标线处的读数 $a_0$、$b_0$，显然水平角为

$$\beta = a_0 - b_0 \tag{5.1}$$

式中，$a_0$、$b_0$ 为 $P$ 对于 $A$、$B$ 目标点的方向值。

按上述方法测定的角，是以铅垂线为基准的在水准面上的角。通过"三差"（垂线偏差、标高差和截面差）改正，即可化算为以参考椭球面和法线为基准的球面角，再经"曲率改正"即可化算到高斯平面上，得到高斯平面上的夹角。在高斯平面上，依据一定数量的大地点或三角点，用一定的计算公式即可推求出未知点的坐标。

### 5.1.2 垂直角

垂直角是指空间直线与水平面的夹角，又称为"高度角"或"竖直角"。测量中规定从水平面开始，向上量为正，也称为仰角；向下量为负，也称为俯角，通常用希腊字母 $\alpha$ 表示。

如图 5-2 所示，照准方向线 $OA$ 与过 $O$ 点水平线 $OA'$ 的夹角 $\alpha$，即为 $O$ 点至 $A$ 点的垂直角。

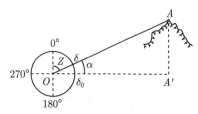

图 5-2    垂直角的概念

为了测定垂直角，可以设想在望远镜照准装置赖以俯仰的横轴的一端安置一个度盘，$0° \sim 180°$ 直径方向与铅垂线同向，盘面铅垂，横轴过度盘圆心，称为垂直度盘；再于垂直度盘上设置一个与望远镜方向同步的读数指标线，这样，当望远镜照准目标 $A$ 时，依指标线在垂直度盘上读取读数 $\delta$，水平位置的读数 $\delta_0$ 与 $\delta$ 之差，即为 $O$ 点对于 $A$ 点的垂直角 $\alpha$。实际仪器中是使读数指标固定于一个不变的位置，通常在铅垂线方向（或水平方向），而度盘与望远镜固定连在一起，且 $0° \sim 180°$ 直径方向与望远镜轴线平行，随望远镜的俯仰而旋转，照准目标后取铅垂线方向读数 $\delta$，按 $\alpha = 90° - \delta$ 计算，同样也可得到垂直角。

在重力的作用下，地面上每一点均有一条指向下的铅垂线方向（即自由落体方向），定义铅垂线的反方向（指向天顶）为该点的天顶方向，从天顶方向到某一空间直线方向的角度 $Z$（在铅垂面内）称为天顶距，显然 $OA$ 直线方向的天顶距 $Z$ 与垂直角 $\alpha$ 的关系为

$$\alpha = 90° - Z \tag{5.2}$$

实际应用时可使用垂直角也可使用天顶距。另外，天顶距可以大于 $90°$，故无正负之分。

### 5.1.3 经纬仪的整置

在开始角度观测之前，必须正确整置经纬仪。整置经纬仪包括对中、整平、调焦三个步骤。

**1. 对中**

对中的目的是使经纬仪的水平度盘中心与测站点标志中心位于同一铅垂线上。精确对中的方法有垂球法和光学对点器法。

1）垂球法

先把脚架腿伸开，长短适中，选好脚架尖入地的位置，凭目估，尽量使脚架面中心位于标识中心正上方，并保持脚架面概略水平。将垂球挂在脚架中心螺旋的小钩上，稳定之后，检查垂球尖与标石中心的偏离程度。若偏差较大，应适当移动脚架，并注意保持移动之后脚架面仍概略水平；当偏差不大（约 3cm 以内）时，取出仪器，扭上中心固定螺旋，剩下半圈丝，

不要旋紧，缓慢使仪器在脚架面上前后左右移动，等垂球尖静止时精确对准标志中心后，拧紧中心固定螺旋，对中完成。

2）光学对点器法

将脚架腿伸开，长短适中，保持脚架面概略水平，平移脚架同时从光学对点器中观察地面情况，当地面标识点出现在视场中央附近时，停止移动，缓慢踩实脚架。旋转基座螺旋并观察地面标识点的移动情况，使对点器的十字丝中心对准地面标识点，此时圆水准器不居中。松开脚架腿固定螺丝，适当调整三个脚架腿的长度，使圆水准器居中，此时地面标识点略微偏离十字丝中心。重复上述过程 2~3 次，直至地面点落于十字丝中心同时圆水准器也处于居中状态，对中完成。利用光学对点器对中比垂球法精度高，一般误差在 1mm 左右，同时不受风力的影响，操作过程简单快速，因而应用普遍。

不论采用何种方法进行对中，绝对的对中是不可能的。因此，依角度测量的不同要求，允许有不同的偏差范围。例如，在大比例尺地形测量中，一般要求对中误差小于 $D/8000$，其中 $D$ 是观测方向中的最短边长。

**2. 整平**

整平的目的是让经纬仪竖轴位于铅垂线上。整平是借助照准部水准器完成的。一般先让圆气泡居中，使仪器概略置平。用管水准器置平时，通常先让管水准器平行于某两个脚螺旋的连线，如图 5-3(a) 所示，旋转这两个脚螺旋，使气泡居中。然后转动照准部 90°，使管水准器垂直于该两个脚螺旋的连线，如图 5-3(b) 所示。此时，只转动第三个角螺旋，使气泡居中，如此反复 2~3 次，仪器在互相垂直的两个方向上均达到气泡居中，即达到了精确整平。

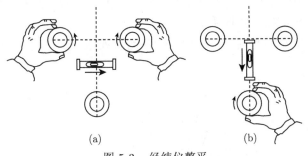

(a)　　　　　　　　　　　　　　(b)

图 5-3　经纬仪整平

**3. 调焦**

调焦包括物镜调焦和目镜调焦。物镜调焦的目的是使照准目标经物镜所成的实像落在十字丝板上，目镜调焦的目的是使十字丝连同目标的像（即观测目标）一起位于人眼的明视距离处，使目标的像和十字丝在视场内都很清晰，以利于精确照准目标。

先进行目镜调焦：将望远镜对向天空或白墙，转动目镜调焦环，使十字丝最清晰（最黑）。由于各人眼睛明视距离不同，目镜调焦因人而异。然后进行物镜调焦，转动物镜调焦螺旋，使当前观测目标成像最清晰。

要检验调焦是否正确，可将眼睛在目镜后上下左右移动，若目标影像和十字丝影像没有相对移动，则说明调焦正确；观察到目标影像和十字丝影像相对移动，则说明调焦不正确，这种现象称为十字丝视差。这种视差将影响观测的精度，特别是进行高等级观测时，尤其应当注意。图 5-4(a)(b) 所示情况为调焦不正确，(c) 情况为调焦正确。

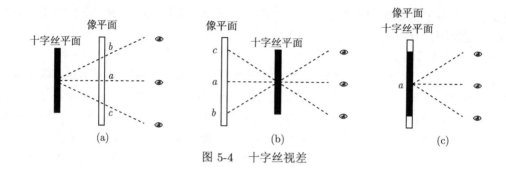

图 5-4　十字丝视差

开始角度观测之前，还应做好下列准备工作。

（1）寻找目标。

（2）选定零方向点（即第一个观测方向），按顺时针排列目标，确定观测顺序。

（3）准备记簿，填写测站点名、观测日期、天气、测量员、记簿员姓名等项目。

（4）若进行垂直角测量，需量取仪器高、觇标高，并记录。

### 5.1.4　水平角观测与记录

在地形测量中，观测水平角常用的方法有测回法、方向观测法和复测法。其中前两种方法类似，当只有两个观测方向时称为测回法，多于两个观测方向时称为方向观测法，只有当精度要求较高，而使用的仪器等级较低时，方采用复测法。

水平角观测时必须用十字丝的纵丝照准目标，如图 5-5 所示，根据目标的大小和距离的远近，可以选择用单丝或双丝照准目标。

如图 5-6 所示，$O$ 点为测站点，采用方向观测法观测 $A$、$B$、$C$、$D$ 四个方向水平角的步骤如下。

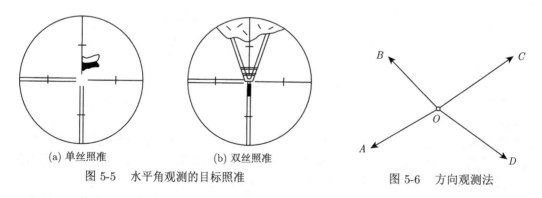

图 5-5　水平角观测的目标照准　　　　　图 5-6　方向观测法

#### 1. 安置度盘

多个测回观测时，为了减小度盘和测微器刻划误差对水平角的影响，使读数均匀分布在整个度盘上，根据《中华人民共和国行业标准 (CJJ/T 8—2011)：城市测量规范》（以下简称《规范》），要求观测时要变换度盘的起始位置。J6 经纬仪按照式 (5.3) 计算：

$$G = \frac{180°}{m}(k-1) \tag{5.3}$$

式中，$G$ 为度盘的起始位置读数；$m$ 为测回总数；$k$ 为测回序号。

对于电子经纬仪，可不做度盘和测微器的位置分配。

**2. 观测**

**1）上半测回**

先用盘左（垂直度盘位于望远镜的左侧）照准第一方向 $A$（因计算时将第一方向的方向值强制归零，故也称该方向为零方向），读取水平度盘读数为 $L'_1$，然后依顺时针方向分别照准 $B$、$C$、$D$ 方向，得盘左读数为 $L_2$、$L_3$、$L_4$，测完最后一个方向，继续顺时针转到零方向，再次照准 $A$，得读数 $L''_1$。这种在盘左位置二次观测零方向的做法称为上半测回归零。《规范》规定只有方向数超过三个时才进行归零。于是得到上半测回归零差 $\Delta_{上}$ 为

$$\Delta_{上} = L'_1 - L''_1 \tag{5.4}$$

**2）下半测回**

上半测回归零之后，纵转望远镜，使垂直度盘位于望远镜右侧（称盘右），先照准零方向，得盘右读数 $R'_1$，逆时针旋转，依次照准 $D$、$C$、$B$、$A$，得盘右水平度盘读数 $R_4$、$R_3$、$R_2$、$R''_1$，在盘右位置上二次观测零方向称为下半测回归零。则下半测回归零差 $\Delta_{下}$ 为

$$\Delta_{下} = R'_1 - R''_1 \tag{5.5}$$

上下两个半测回称为一测回。至此，一测回观测完成。

**3. 记簿**

当方向数多于 3 个时，一测回测完之后，应先检查归零差 $\Delta_{上}$ 和 $\Delta_{下}$ 是否超限，然后计算零方向读数平均值 $L_1$、$R_1$：

$$L_1 = \frac{1}{2}(L'_1 + L''_1) \tag{5.6}$$

$$R_1 = \frac{1}{2}(R'_1 + R''_1) \tag{5.7}$$

分别记在 $L'_1$ 和 $R'_1$ 正上方的相应格内，然后计算上、下半测回的方向值：

$$\beta_{上i} = L_i - L_1 \tag{5.8}$$

$$\beta_{下i} = R_i - R_1 \tag{5.9}$$

式中，$i$ 取值为 2、3、4；$\beta_{上i}$ 记在半测回方向值栏中第 $i$ 个方向所对应的上面小格中；$\beta_{下i}$ 记在对应的下面小格中。若上下半测回方向值的度、分相同，则 $\beta_{上i}$ 写完整，$\beta_{下i}$ 可只记秒值。

将各方向的上下半测回分别取中数，得一测回方向值 $\beta_i$：

$$\beta_i = (\beta_{下i} + \beta_{下i})/2 \tag{5.10}$$

记在一测回方向值栏内各方向对应格内。多个测回观测结束后，相同方向的各测回方向值记入"方向中数"栏内，J6 经纬仪要求估读数到 0.1′，即 6″。水平角方向观测法记簿示例如图 5-7 所示。

水平角方向观测法记簿 (J6)

仪器号码：0203434　　　　　　　　　　　　　　　　　　　　　　观测者：章××
观测日期：2021-06-28　　　　　　　　　　　　　　　　　　　　　记簿者：李××

| 观测方向 | 盘左读数/(° ′ ″) | 盘右读数/(° ′ ″) | 半测回方向值/(° ′ ″) | 一测回方向值/(° ′ ″) | 方向中数/(° ′ ″) | 附注 |
|---|---|---|---|---|---|---|
| 第一测回 | 33 | 36 | | | | |
| 1.马头山 | 0 02 36 | 180 02 36 | 0 00 00<br>00 | 0 00 00<br>00 | 0 00 00 | |
| 2.N5 | 70 23 36 | 250 23 42 | 70 21 03<br>06 | 70 21 04<br>20 46 | 70 20 55 | |
| 3.N7 | 228 19 24 | 48 19 30 | 228 16 51<br>54 | 228 16 52<br>44 | 228 16 4 8 | |
| 4.黄山 | 254 17 54 | 74 17 54 | 254 15 21<br>18 | 254 15 20<br>14 | 254 15 17 | |
| 1.马头山 | 0 02 30 | 180 02 36 | | | | |
| 第二测回 | 15 | 12 | | | | |
| 1.马头山 | 90 03 12 | 270 03 12 | 0 00 00 | 0 00 00 | | |
| 2.N5 | 160 24 06 | 340 23 54 | 70 20 5 1<br>42 | 70 20 46 | | |
| 3.N7 | 318 20 00 | 138 19 54 | 228 16 45<br>42 | 228 16 44 | | |
| 4.黄山 | 344 18 30 | 164 18 24 | 254 15 15<br>12 | 254 15 14 | | |
| 1.马头山 | 90 03 18 | 270 03 12 | | | | |

图 5-7　水平角方向观测法记簿示例图

为了保证测量结果的真实、可靠、整洁、美观，养成良好的业务作风，记簿要求做到以下几点：① 原始记录（点名、读数）不得涂改、转抄。② 铅笔粗细适当，字迹工整，记错的可用直线正规划去，并在旁边写上正确读数，但不得连环涂改。③ 手簿项目填写齐全，不留空页，不撕页。④ 记录数字字体正规，符合规定。

## 5.1.5　垂直角观测与记录

### 1. 观测和计算

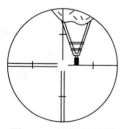

图 5-8　垂直角观测

测定垂直角的方法有中丝法和三丝法。前者应用较多，后者应用较少，本书仅介绍中丝法。如图 5-8 所示，先用经纬仪盘左照准目标，转动垂直微动螺旋使水平单丝切准目标顶部（或标志中心），旋转竖盘指标水准器微动螺旋（对于安置有自动归零装置的仪器，可直接读数），使气泡居中，精确读取垂直度盘读数 $L$，记于手簿相应位置（图 5-9）；纵转望远镜，用经纬仪盘右照准目标，仍然用水平单丝切准目标的相同部位，再次使竖盘指标水准器气泡居中，读取垂直度盘读数 $R$，并记录，至此完成一测回观测工作。

计算时，通常先计算垂直度盘指标差 $i$。对不同的竖盘刻划方式，计算公式也不同，测量中常用的 J2 经纬仪、J6 经纬仪都可按式 (5.11) 计算指标差 $i$ 和垂直角 $\alpha$（第 2 小节中将对公式进行推证），计算公式为

$$
\left.\begin{array}{l}
i = \dfrac{1}{2}(L + R - 360^\circ) \\[2mm]
\alpha = 90^\circ - (L - i) \\[2mm]
\alpha = (R - i) - 270^\circ \\[2mm]
\alpha = \dfrac{1}{2}(R - L - 180^\circ)
\end{array}\right\}
\tag{5.11}
$$

上述三个垂直角计算公式结果应完全一样，否则计算有误。

J6 经纬仪垂直角中丝法观测记簿

仪器号码：0203434　　　　　　　　　　　　　　　　　　　　　　　观测者：章××
观测日期：2021-06-29　　　　　　　　　　　　　　　　　　　　　　记簿者：李××

| 测站 | 觇点 | 读 数 | | 指标差 /(′ ″) | 垂直角 /(° ′ ″) | 仪器高 /m | 觇标高 /m |
| --- | --- | --- | --- | --- | --- | --- | --- |
| | | 盘左 /(° ′ ″) | 盘右 /(° ′ ″) | | | | |
| 南山 | N1 | 88 05 24 | 271 54 54 | + 0 09 | +1 54 45 | 1.42 | 3.02 |
| | | 88 05 30 | 271 54 42 | + 0 06 | +1 54 36 | | |
| | 旗顶 | | | | +1 54 40 | | |
| | 九华山 | 89 40 06 | 270 19 54 | + 0 00 | +0 19 54 | | |
| | | 89 40 06 | 270 20 00 | + 0 03 | +0 19 57 | | 5.74 |
| | 标顶 | | | | +0 19 56 | | |

图 5-9　垂直角中丝法观测记簿示例图

因为各方向的垂直角互不影响，为减少外界条件变化的影响，缩短一测回的观测时间，垂直角测量应逐个方向进行。可以先测盘左，也可以先测盘右。多测回时同一方向应连续测完，因为盘左、盘右测量可以消除仪器竖盘指标差对垂直角平均值的影响。

**2. 指标差及垂直角计算公式的推证**

垂直度盘读数是通过指标来实现的，而指标的安装位置及度盘的刻划方式不同，将使得垂直角的计算方法不同。同时指标安装的实际位置与其设计位置通常难以完全一致，也必将对垂直度盘读数产生影响，这种影响称为垂直度盘指标差，用 $i$ 表示。多数经纬仪指标的设计位置为铅垂线方向，当照准轴水平时，读数应为 90°（或 270°），由于指标差的存在，实际读数将偏离 90°，此偏离值即为指标差 $i$，如图 5-10(a) 所示。

为了推证指标差和垂直角的计算公式，首先绘制出垂直角观测时照准轴、度盘、指标的关系示意图，并标出指标差 $i$、度盘读数及垂直角 $\alpha$。图 5-10(b)、(c) 分别为照准同一目标时，盘左和盘右观测的示意图。由图可知：

$$
\alpha = 90^\circ - 左 + i
\tag{5.12}
$$

$$
\alpha = 右 - 270^\circ - + i
\tag{5.13}
$$

将式 (5.12) 与式 (5.13) 联立求解指标差和垂直角：

$$
i = \frac{1}{2}(L + R - 360^\circ)
\tag{5.14}
$$

$$\alpha = \frac{1}{2}(R - L - 180°) \tag{5.15}$$

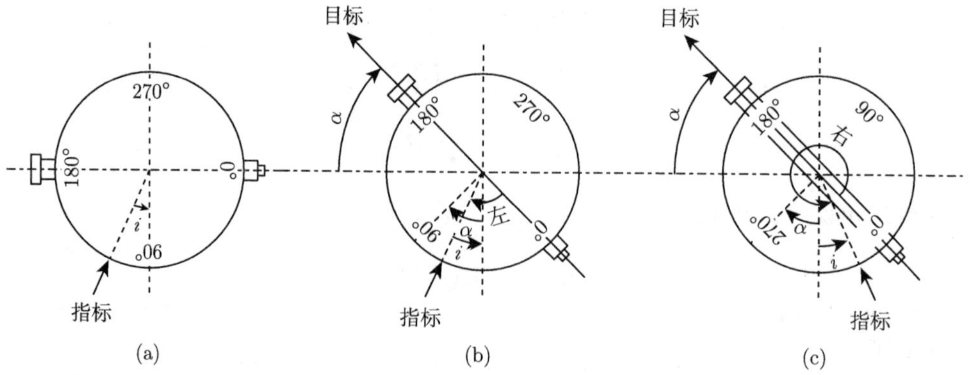

图 5-10    垂直角与指标差的关系

分析式 (5.12)~ 式 (5.15) 可知，对于垂直角半测回来说，在盘左、盘右读数中含有指标差的影响，因此利用半测回读数计算垂直角时，应加入指标差改正。对于一测回，盘左、盘右读数联合计算垂直角时，由于两个读数中均含有指标差的影响，且相互抵消，因而指标差对于一测回垂直角观测没有影响。同时，虽然指标差受外界温度的变化、震动等因素会发生微小改变，但在短时间内指标差接近一个常数，故《规范》规定一个测站上同组、同方向、各测回的指标差之差，不应超过一定的限值，以此作为衡量垂直角观测质量的依据。

## 5.2  距离测量

距离是指两点之间的连线长度。测量工作中的距离是指两点在某一基准面上的长度，基准面可以是水准面、参考椭球面、高斯平面等。野外直接测定的两点间的距离，因两点高度不同，其点间连线存在倾斜，故此时测定的距离称为斜距，斜距在某一水平面上的投影称为平距。距离是推算点坐标的重要元素之一，同时也是建筑工程施工放样、设备安装等工作的重要元素，因而距离测量也是最基本的测量工作。传统的距离测量方法有皮卷尺测量、钢带尺测量和视距测量，现代的测量方法主要是电磁波测距法。

### 5.2.1  钢尺量距

常用的钢尺（图 5-11）有 30m 和 50m 两种长度，是刻有毫米分划的钢带尺。钢尺量距具有设备简单、作业直观方便、精度较高（相对精度 1/10000 ~ 1/25000) 等特点。常用于图根控制点测量、隐蔽区域的碎部测量以及短距离的工程测量等场合。

**1. 钢尺检定**

由于制造时的刻划误差及环境温度的影响，在某一环境温度 $t_0$ 时，钢尺的名义长与其真长之间存在差值，由此引起的改正数称为尺长改正数。另外，工作环境的温度变化也会引起钢尺线性膨胀，使钢尺的真长有所变化，由此引起的改正数称为温度改正数。综合考虑上述两项改正数，钢尺在某一温度 $t$ 下的精确长度可用称之为"尺长方程式"的函数式表示：

$$L_0 = L_名 + \Delta L + L_名 \cdot \alpha(t - t_0) \tag{5.16}$$

式中，$L_0$ 为钢尺的总长真值；$L_名$ 为钢尺刻划名义长度；$\Delta L$ 为温度 $t_0$ 时的钢尺尺长改正数；$\alpha$ 为钢尺的线胀系数，即温度每变化 1°C 时单位长度的变化率，通常为 $1.25 \times 10^{-5}$/°C；$t_0$ 为检定钢尺时的温度；$t$ 为作业时的温度。

检定钢尺的目的是精确求得 $\Delta L$ 值。常用的检定方法为基线检定法，它是将待检钢尺与高精度基线进行精确对比，从而求定 $\Delta L$，如图 5-12 所示。在标准拉力（30m 钢尺为 100N，50m 钢尺为 150N）下，钢尺两端有刻划的部分精确对准基线两端标志中心，同时读出 $A$、$B$ 两端的读数 $a$ 和 $b$，从而可得基线的测量值 $l_测$ 为

$$l_测 = a - b \tag{5.17}$$

图 5-11　钢尺

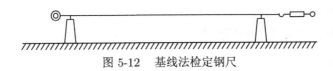

图 5-12　基线法检定钢尺

为了保证检定精度，应当往返各丈量 3 次，读数至 0.5mm。往测 3 次丈量差值不大于 1mm 时，可取中数得 $l_往$，调转尺头，返测 3 次丈量，要求同往测一样，求得 $l_返$，当 $l_往$ 与 $l_返$ 差值与钢尺总长之比在 1/10 万以内时，取中数得基线的测量值 $l_测$ 为

$$l_测 = \frac{1}{2}(l_往 + l_返) \tag{5.18}$$

在检定的同时，记录基线场温度 $t_0$，则钢尺在 $t_0$ 温度下的尺长改正数 $\Delta L$ 为

$$\Delta L = l_0 - l_测 \tag{5.19}$$

式中，$l_0$ 为基线真长。将 $\Delta L$、$l_0$ 代入式 (5.16) 即可得该尺的尺长方程式，通常还需要将尺长方程式变换为标准形式，即 $t_0 = 20$°C。

需要指出的是，由于钢尺的刻划误差和线性膨胀系数很小，当钢尺用于碎部测量和其他精度要求较低的工作时，则无须进行检定，可直接作为真值丈量。野外量距作业一般包含定线、距离丈量和高差测定三个过程。

**2. 定线**

当待测距离不超过一整尺长时，可以直接丈量。若距离较长，则必须进行定线和加钉中间桩。定线的目的是在待测距离直线上，以比尺长略小的间隔加钉中间桩，将待测距离分为若干段，并保证各段位于同一直线上。在起始端设置经纬仪，纵丝照准末端标杆，固定照准部，上、下俯仰望远镜指导定线方向，用钢尺或皮尺概略量距，从始端出发，依次定出各中间桩，桩面用小钉或刻线精确标志，以便测量。当距离测量要求精度较低时，也可采用目视标杆方法定线。

### 3. 距离丈量

用钢尺量距时，每个小组至少需要 5 人：两端拉尺员各 1 人，读尺员各 1 人，中间 1 人记录并读温度计。两端拉尺员缓缓用力拉紧钢尺，读尺员手扶钢尺放于木桩标志线上，待持弹簧秤一端的拉尺员见拉力达到标准值时，喊"好"，读尺员立即读数。对每一尺段，要求连续测量 3 次，为防止读数错误，各次之间应把钢尺向前或向后错动 5～10cm，若 3 次所得尺段长差值不大于 3mm，取平均值为本尺段距离，每测一尺段，记录一次温度（读数至 0.5℃）。从 $A$ 端量到 $B$ 端称为往测，各尺段距离总和为 $D_{往}$，从 $B$ 端量到 $A$ 端称为返测，各尺段距离总和为 $D_{返}$。对于低精度距离测量，单向测量即可。当精度要求较高时，需要进行往返测量。

### 4. 高差测定

当待测距离两端及中间桩不在同一水平面上时，为了对每尺段加高差改正数，需要测定各相邻桩面的高差，因其要求精度到厘米级即可，所以通常用经纬仪测量。将经纬仪设在待测距一侧，使垂直度盘盘左读数为 90°，忽略指标差的影响，可以认为望远镜视准轴在水平面上，在各桩顶放置标尺并读数，相邻桩读数差即为其间高差 $h$。

## 5.2.2　电磁波测距

电磁波测距是利用电磁波作为载波进行长度（距离）测量的一种现代技术方法。其基本原理为测定电磁波往返于待测距离上的时间间隔，进而计算出两点间的长度，如图 5-13 所示。

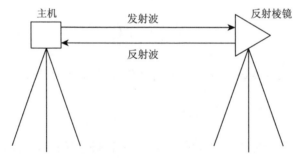

图 5-13　电磁波测距原理

电磁波测距基本计算公式为

$$D = \frac{1}{2}C \cdot t \tag{5.20}$$

式中，$C$ 为电磁波在大气中的传播速度，约为 $3 \times 10^8 \text{m/s}$；$t$ 为电磁波在待测距离上的往返传播时间。精确测定 $t$ 是电磁波测距的关键。因为电磁波的速度极高，以至于 $t$ 值很小，所以必须用高分辨率的设备去确定电磁波在传输过程中的时间间隔或时刻。为了达到这一目的，出现了变频法、相位法、干涉法和脉冲法等不同测距手段，将构成时间间隔的两个瞬间的电磁波的某种物理参数相互比较，精密地计算出时间 $t$。表 5-1 比较了不同电磁波测距方法的有关特性。

表 5-1    各种电磁波测距方法比较

| 光电测距方法 | 光波 | 测距信号 | 测距原理 | 测量结果 |
|---|---|---|---|---|
| 变频法 | 连续波 | 调制光波 | 测定调制波频率 | 绝对长度 |
| 相位法 | 连续波 | 调制光波 | 测定调制波相位差 | 绝对长度 |
| 干涉法 | 连续波 | 干涉光波 | 测定干涉条纹 | 相对长度 |
| 脉冲法 | 脉冲波 | 光脉冲 | 测定往返时间 | 绝对长度 |

目前，变频法已被淘汰，干涉法虽精度很高，但由于设备昂贵和使用环境苛刻而多应用于专业计量部门，脉冲法测距和相位法测距是最为常用的方法。电磁波测距仪已成为一种常规测量仪器，其型号、工作方式、测程、精度等级也多种多样。电磁波测距仪通常分为以下几类。

1）按载波分类

电磁波测距按载波分类如图 5-14 所示。

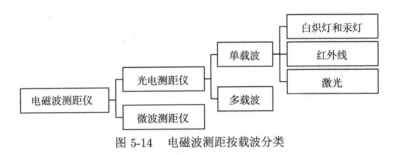

图 5-14    电磁波测距按载波分类

2）按测程分类

短程：小于 3km，用于普通工程测量和城市测量。

中程：3～5km，常用于国家三角网和特级导线。

远程：大于 15km，用于等级控制测量。

3）按测量精度分类

电磁波测距仪的精度（$m_D$），由其机械结构和工作原理决定，常表示为

$$m_D = a + b \cdot D \tag{5.21}$$

式中，$a$ 为不随测距长度变化的固定误差（单位为 mm）；$b$ 为随测距长度变化的误差比例系数（常以 $10^{-6}$ 为单位）；$D$ 为测距边长度 (单位为 km)。

由式 (5.21) 可得，当 $D = 1$km 时，测量精度可划分为三级。Ⅰ 级：小于 5mm（每千米测距中误差）；Ⅱ 级：5～10mm；Ⅲ 级：11～20mm。

下面分别介绍脉冲法测距和相位法测距的基本原理。

**1. 脉冲法测距**

脉冲法是以光脉冲作为信号，直接测定每个光脉冲在往返距离上的传播时间，这种方法在 17 世纪意大利的著名物理学家伽利略测定光速时就用过。

脉冲法测距的突出优点是不需要合作目标，测距时间极短，在快速测量或高动态等军事部门应用较多。图 5-15 为脉冲法测距原理图。在脉冲测距仪中，脉冲测距仪发射的脉冲电流经过发光二极管，转换出窄小的光脉冲。每个脉冲发射时，大部分的能量发射至反射体，同

时还有很少的一部分脉冲信号传输到触发器，经过触发器去打开电子门，此时时标脉冲就通过电子门进入计数器。当发送到反射器的脉冲被返回时，经接收单元接收后，也送往触发器，由触发器关闭电子门，计数器停止计数。计数器上记录下的时标脉动个数 $m$，将对应于测距脉冲信号在被测距离 $D$ 上往返传播所需的时间 $t_{2D}$，时间越长，通过的脉冲个数就越多，反之就越少，根据时标脉冲的个数就可计算出时间 $t_{2D}$，从而获得距离。

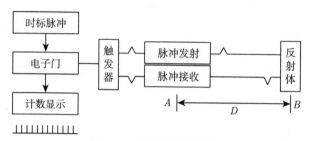

图 5-15　脉冲法测距原理

脉冲法测距需要多次重复进行。测距脉冲的重复频率要考虑脉冲在往返距离上的传播时间，当最大测程为 30km 时，相应的往返时间为 0.2ms，则脉冲信号的频率不能超过 $1/(0.2 \times 10^{-3}) = 5$kHz，为了保险起见，一般采用 $2 \sim 3$kHz。

在脉冲测距仪中,对于脉冲往返时间间隔的测定精度要求很高。若要求测距精度为 $\pm 5$mm，则测时精度 $m_t$ 应达到:

$$m_t = \frac{m_D}{C} = \frac{2 \times 0.005}{3 \times 10^8} = 0.033(\text{ns}) \tag{5.22}$$

因此，计数脉冲的周期必须足够小，如在 FEN2000 测距仪中采用 300MHz 高频振荡器产生计数脉冲，并采用多次测量取平均值的方法，可以使最终测量结果达到毫米级的精度。

**2. 相位法测距**

1）相位法测距的基本原理

相位法测距，也称为间接法测距。它不是直接测定电磁波的往返传播时间，而是测定由仪器发出的连续电磁波信号在被测距离上往返传播而产生的相位变化（即相位差），根据相位变化量求出时间，从而求得距离 $D$。其基本原理如图 5-16 所示。

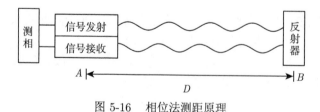

图 5-16　相位法测距原理

设在时刻 $t$ 测距仪产生的红外光调制信号为

$$u = U_m \sin(\omega t + \varphi_0) \tag{5.23}$$

式中，$U_m$ 为调制正弦信号振幅；$\omega$ 为信号的角频率；$\varphi_0$ 为信号初始相位。

　　信号 $u$ 分为两路, 其中一路发向反射器并返回, 设在被测距离上的往返传播时间为 $t_{2D}$, 则测距仪接收的电磁波信号为

$$u_{返} = U_m \sin(\omega t + \varphi_0 - \omega t_{2D}) \tag{5.24}$$

在这段时间内产生的相位差为 $\omega t_{2D}$。

　　测距仪把另一路未发出的信号 (称参考信号) 与接收的信号 (测距信号) 送入测相器, 测相器可以测出两路信号的相位差 $\varphi$, $f$ 为测距信号的频率, 则有

$$\varphi = \omega t_{2D} \to t_{2D} = \frac{\varphi}{\omega} \tag{5.25}$$

又因为 $\omega = 2\pi f$, 则

$$t_{2D} = \frac{\varphi}{2\pi f} \tag{5.26}$$

代入式 (5.20) 则有

$$D = \frac{C\varphi}{4\pi f} \tag{5.27}$$

这就是相位法测距的基本公式。

　　由于任何相位差总可以表示为若干个整周期 $2N\pi$ 和不足一个周期 $2\pi$ 的小数 $\Delta\varphi$ 之和, 即

$$\varphi = 2N\pi + \Delta\varphi = (N + \Delta N)2\pi \tag{5.28}$$

代入基本公式 (5.27), 有

$$D = \frac{C(N + \Delta N) \cdot 2\pi}{4\pi f}$$

$$D = \frac{\lambda}{2}(N + \Delta N) \tag{5.29}$$

式中, $N$ 为正整数; $\Delta N$ 为小于 1 的小数; $\lambda = C/f$ 为测距信号的波长。

　　从式 (5.29) 可以看出, 相位法测距就好像用一把尺子在丈量距离, 尺子的长度为 $\lambda/2$, $N$ 为测出的整尺段数, $\Delta N$ 为不足一尺的尾数。相位法测距仪的功能就是测定 $N$ 和 $\Delta N$ 值。

　　2) 相位法测距仪的基本构成

　　相位法测距仪一般由四个部分组成, 即发射部分、反射部分、接收部分、测相部分, 各部分又由不同的部件组成。其基本构成如图 5-17 所示。

　　发射部分: 由晶体振荡器、红外发光二极管、发射光路组成。其作用是将晶体振荡器产生的测距信号调制在红外光上, 由光路发射出去。

　　反射部分: 如图 5-18(a) 所示, 由玻璃正方体截取一个角得到一个四面体, 其反射面为三个相互垂直的反射平面。将四面体截面的三个棱角打磨成圆形装入支架中, 便成为实际应用的测距棱镜, 如图 5-18(b) 所示。它具有入射光与出射光平行的特性, 因而可将测距仪发出的红外光沿原路径反射到测距仪。

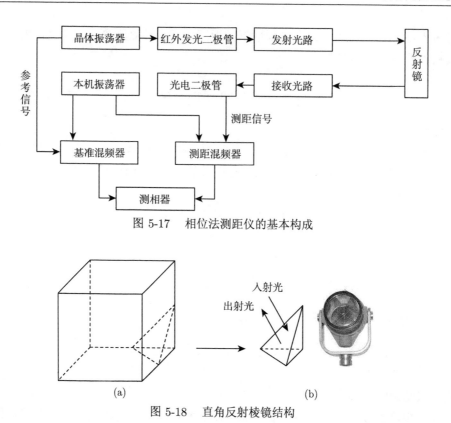

图 5-17    相位法测距仪的基本构成

图 5-18    直角反射棱镜结构

需要说明的是，现代手持测距仪和某些全站仪增设了无棱镜测距功能，通过高强度的可见激光经被测物体表面漫反射作用来完成测距。无棱镜测距方式具有直观、方便的特点，非常适合难以到达或危险的场合，如高耸的建筑物、高压设备等，其测程与物体表面反光度相关，一般仅为几百米。

接收部分：由接收光路和光电二极管组成。其作用是将红外光上的测距信号解调下来。

测相部分：由本机振荡器、基准混频器、测距混频器和测相器组成。晶体振荡器产生的信号分两路传输，一路直接送至测相部分，称为参考信号；一路发射至反射镜并返回，称为测距信号。测相部分的作用是测定参考信号与测距信号的相位差。

由于被测信号均为周期信号，故相位差测量仅能测出两个信号 $0 \sim 2\pi$ 的相位差尾数，$2\pi$ 的整倍数无法确定，即只能测出 $\varphi = 2N\pi + \Delta\varphi$ 中的 $\Delta\varphi$ 部分。这就如同用一把尺子丈量距离，测量中未记录整尺段数，而只读取了最后不足一尺的距离尾数。因此在相位法测距仪中还存在一个 $\lambda/2$ 整尺段数 $N$ 的确定问题。

3）$N$ 值的确定

被测距离的长短不一，距离越长 $N$ 越大，反之 $N$ 越小，使得 $N$ 出现多值性。为避免 $N$ 的多值性，不难设想，若使测尺长大于仪器的最大测程，则 $N$ 值将恒为 0，$N$ 的多值性问题就可以解决。但这又存在一个精度问题，因为测相器的实际测相精度是一定的，一般可达 $10^{-4}$，测尺越长其测距精度越低，为了既有较大的测程，又有较高的精度，实际测距仪中通常会输出一组（两个以上）测距频率，以短测尺（也称精测尺）保证精度，而用长测尺（也称粗测尺）来确定大数保证测程。例如，选用两把测尺，其尺长分别为 10m 和 1000m，用它分别测量某一段长度为 573.682m 的距离时，短测尺可测得不足 10m 的尾数 3.682m，而长测尺可测得不足 1000m 的尾数 573.6m，将两者组合起来即可得最后距离 573.682m，如图 5-19 所示。

对于测尺频率的选定，一般有分散的直接测尺频率方式和集中的间接频率方式或两种方式的组合。直接测尺频率方式是产生两个以上的测距频率，分别测定距离，而后组合得到最后的距离，如上所述就是两个频率的直接测尺频率方式。当测程进一步增加时，就需要增加测尺的数目，各个测尺的频率差变得很大。由于高低频信号的特性差异很大，许多电路单元（如放大器、调制器等）不能公用，必须分别设置，这将使仪器成本、体积、功耗增加，同时稳定性也将降低。为解决此问题，现代相位法测距仪中采用集中的间接频率方式，即采用一组频率接近的信号，间接获得一组测尺长度相差较大的测距频率。

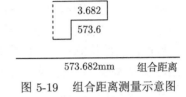

图 5-19　组合距离测量示意图

为了说明其原理，设有两个频率接近的信号 $f_1$ 和 $f_2$，其半波长分别为 $u_1 = \lambda_1/2$ 和 $u_2 = \lambda_2/2$，应用两个频率测定同一距离 $D$，根据式 (5.29) 有

$$\left.\begin{array}{l} D = u_1(N_1 + \Delta N_1) \\ D = u_2(N_2 + \Delta N_2) \end{array}\right\} \tag{5.30}$$

变换后为

$$\frac{D}{u_1} = N_1 + \Delta N_1 \tag{5.31}$$

$$\frac{D}{u_2} = N_1 + \Delta N_2 \tag{5.32}$$

用式 (5.31) 减式 (5.32)，得

$$\begin{aligned} D &= \frac{u_1 \cdot u_2}{u_1 - u_2}[(N_1 - N_2) + (\Delta N_1 - \Delta N_2)] \\ &= \frac{u_1 \cdot u_2}{u_1 - u_2}(N + \Delta N) = u_s(N + \Delta N) \end{aligned} \tag{5.33}$$

式中，$u_s = \dfrac{u_1 \cdot u_2}{u_1 - u_2} = \dfrac{1}{2} \cdot \dfrac{C}{f_1 - f_2} = \dfrac{1}{2} \cdot \dfrac{C}{f_s}$；$N = N_1 - N_2$；$\Delta N = \Delta N_1 - \Delta N_2$；$f_s = f_1 - f_2$。

因为

$$\Delta N = \frac{\Delta \varphi}{2\pi}, \Delta N_1 = \frac{\Delta \omega_1}{2\pi}, \Delta N_2 = \frac{\Delta \omega_2}{2\pi} \tag{5.34}$$

所以

$$\frac{\Delta \varphi}{2\pi} = \frac{\Delta \varphi_1}{2\pi} - \frac{\Delta \varphi_2}{2\pi}$$

$$\Delta \varphi = \Delta \varphi_1 - \Delta \varphi_2 \tag{5.35}$$

在上述公式中，$f_s$ 可以认为是一个新的测尺频率，其值等于 $f_1$ 和 $f_2$ 之差；$u_s$ 是新测尺频率所对应的测尺长度。不难看出，如果用两个测尺频率 $f_1$、$f_2$ 分别测定某一距离时，所得的相位尾数分别为 $\Delta\varphi_1$ 和 $\Delta\varphi_2$，那么两者之差 $\Delta\varphi = \Delta\varphi_1 - \Delta\varphi_2$ 和用 $f_1$ 和 $f_2$ 的差频频率 $f_s = f_1 - f_2$ 所测量同一距离时得到的相位尾数相等。例如，用 $f_1 = 15\text{MHz}$ 和 $f_2 = 13.5\text{MHz}$ 的调制频率测量同一距离得到的相位尾数差值，与用差频 $f_s = f_1 - f_2 = 1.5\text{MHz}$ 尾数值相等。间接频率方式就是基于这一原理进行测距的，即它是通过测量 $f_1$、$f_2$ 频率的相位尾数，并取其差值，来间接测定出差频频率的相位尾数，等效于直接采用差频频率进行测量。

当测程较大时，则需要多个相互接近的测距频率，分别测定相位尾数，并分别取其差值，即可等效得到多个不同长度的测尺所测定的结果。如表 5-2 所示，5 个间接测尺频率 $f_1 \sim f_5$ 频率非常接近，放大器、调制器等电路单元可共用，将 $f_1$ 与 $f_2 \sim f_5$ 测定结果分别取差，相当于用测尺长度分别为 10m、100m、1km、10km 和 100km 这 5 个测尺进行测距。

表 5-2　等效测尺频率

| 测尺频率 $f_i$ | 等效测尺频率 $f_{si}$ | 测尺长度 $u_s$ | 精度 |
| --- | --- | --- | --- |
| $f_1 = 15\text{MHz}$ | $f_1 = 15\text{MHz}$ | 10m | 1cm |
| $f_2 = 0.9f_1$ | $f_{s1} = f_1 - f_2 = 1.5\text{MHz}$ | 100m | 10cm |
| $f_3 = 0.99f_1$ | $f_{s2} = f_1 - f_3 = 150\text{kHz}$ | 1km | 1m |
| $f_4 = 0.999f_1$ | $f_{s3} = f_1 - f_4 = 15\text{kHz}$ | 10km | 10m |
| $f_4 = 0.999\,9f_1$ | $f_{s4} = f_1 - f_5 = 1.5\text{kHz}$ | 100km | 100m |

#### 4）内部相位漂移的消除

电子测距仪的内部电子线路，在传送信号的过程中会产生机内附加相移 $\delta$。$\delta$ 的大小不但与电子线路的结构有关，而且与元器件的稳定性、环境条件及机器的开关机时间等诸多因素有关。因此 $\delta$ 具有一定的随机性，这就造成了仪器的相位起算零点不能确定，即"零点漂移"问题。

由于"零点漂移"的影响，测相器所测得的相位差，除了信号在被测距离上引起的相位变化 $\varphi = \omega t_{2D}$ 外，还有一个机内附加相移 $\delta$，实际的相位差为 $\varphi = \omega t_{2D} + \delta$，$\delta$ 值对测距结果的影响无法通过测距结果加常数改正的方法解决，必须另想办法。在红外测距仪中是采用内外光路测量来解决的。

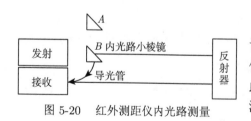

图 5-20　红外测距仪内光路测量

红外测距仪的内光路测量，原理如图 5-20 所示。内外光路测量消除内部相移的方法是在仪器内部设置一个内光路小棱镜，该小棱镜可以在 $A$、$B$ 两个位置移动。当其处于 $A$ 位置时，小棱镜不反射红外光，此时，红外光直接射向目标反射棱镜进行外光路接收测量，测得的相位差为

$$\varphi_外 = \omega t_{2D} + \delta \tag{5.36}$$

外光路测量完毕后，小棱镜处于位置 $B$，此时红外光射向内部小棱镜，全部被小棱镜反射，不能射向外部棱镜。这时进行内光路测量，相位差为

$$\varphi_{内} = \omega t_d + \delta \tag{5.37}$$

式中，$\omega t_d$ 为经小棱镜和导光管这段固定距离所产生的相位差。测相的最后结果采用内外光路所测相位差之差表示：

$$\varphi = \varphi_{外} - \varphi_{内} = \omega t_{2D} - \omega t_d \tag{5.38}$$

对于一台仪器来说，$\omega t_d$ 是一个常数，是仪器常数的组成部分，可以通过仪器设计或鉴定测出。因此，它对相位差的稳定性不产生影响，通过内外光路测量就可以消除仪器内部相位漂移的影响。

## 5.3　全站仪测量

电子经纬仪与光学经纬仪相比，其突出特点就是度盘和读数系统采用了光电技术。在微处理器和软件的支持下，人们又研制了具有边角同测和计算功能的全站式测量仪器——全站仪。

### 5.3.1　概述

全站仪也称为全站式电子速测仪，它是在电子经纬仪和电子测距技术基础上发展起来的一种智能化测量仪器，是由电子测角、电子测距、微处理器和数据存储单元等组成的三维坐标测量系统。角度、边长测量值及计算结果可以直接显示在屏幕上，也可通过输出端口向电子手簿或计算机自动传送测量计算结果，测量员只需用望远镜照准目标点，按压相应功能键，即可自动测量和记录数据，大大降低了读错、记错的概率，同时也提高了测量作业的自动化程度。全站仪作为新一代测量仪器，已在测量界得到了广泛应用。

与全站仪相比，电子经纬仪内部没有设置测距单元。若将独立的电子测距仪与电子经纬仪组合，也可实现全站仪所具备的功能，此种组合称为半站仪。因需要将电子测距仪与电子经纬仪频繁组合、分离，作业时非常不方便，半站仪已几乎不用。

近年来，新型电子经纬仪、全站仪不断出现，其功能和性能不断增强，特别是与 GNSS-RTK 技术相融合，形成了集 GNSS 技术和全站仪技术于一身的超站仪。全站仪的主要技术性能指标包括：① 电子测角方式和精度；② 测距精度和测程；③ 自动补偿方式和范围；④ 数据记录方式和接口；⑤ 显示器特性；⑥ 其他辅助功能，如激光对中、无棱镜测距、照明、自动目标搜寻与照准等。

### 5.3.2　全站仪的基本功能

全站仪可以同时完成水平角、垂直角和距离测量，加之仪器内部有固化的测量应用程序，因此可以现场完成常规的测量工作，提高了野外测量的速度和效率。

**1. 角度测量**

全站仪具有电子经纬仪的测角部，除水平角和垂直角测量功能外，还具有以下角度测量附加功能。

（1）水平角设置。输入任意值；任意方向置零；任意角值的锁定（照准部旋转时角值不变）；右角 / 左角的测量（右角测量，即照准部顺时针旋转时角值增大；左角测量，即照准部逆时针旋转时角值增大）；角度复测模式（按测量次数计算其平均值的模式）。

（2）垂直角显示变换。可以以天顶距、高度角、倾斜角、坡度等方式显示垂直角。

（3）角度单位变换。可以以六十进制、百进制的角度单位，以及密位等形式显示角度。

（4）角度自动补偿。使用电子水准器，可以检测仪器在照准轴和水平轴两个方向的倾斜值，据此补偿垂直轴误差、水平轴误差、照准轴误差、偏心差等多项误差。

**2. 距离测量**

全站仪电子测距单元具有多种工作模式，可根据需要进行设置，主要有以下几项。

（1）可更改反射棱镜数目，在一定范围内改变其最大测程，以满足不同的测量目的和作业要求。

（2）测距模式的变换。① 按具体情况，可设置为高精度测量或快速测量模式。② 可选取距离测量的最小分辨率，通常有 1cm、1mm、0.1mm 几种。③ 可预置测距次数，主要有：单次测量（能显示一次测量结果，然后停止测量）；连续测量（可进行不间断测量，只要按停止键，测量马上停止）；指定测量次数；多次测量平均值自动计算（根据所定的测量次数，测量后显示平均值）。

（3）可设置测距精度和时间，主要有：精密测量（测量精度高，需要数秒测量时间）；简易测量（测量精度低，可快速测量）；跟踪测量（如在放样时，边移动反射棱镜边测距，测量时间小于 1s，通常测量的最小单位为 1cm）。

（4）反射器可以是圆棱镜、反射片等，有的仪器还可进行无棱镜测距。

（5）各种改正功能。在测距前设置相应的参数，距离测量结果可自动进行棱镜常数改正、气象（温度和气压）改正和球差及折光差改正。同时还具有斜距归算功能，由测量的垂直角（天顶距）和斜距可计算出仪器至棱镜的平距和高差，并立即显示出来。例如，提前输入仪器高和棱镜高，测距测角后便可计算出测站点与目标点间平距和高差。还具有距离调阅功能，测距后，按操作键可以随意调阅斜距、平距、高差中的任意一个。

**3. 三维坐标测量**

对仪器进行必要的参数设定后，全站仪可直接测定点的三维坐标，此功能在碎部点测量等场合可大大提高作业效率。

首先，在一已知点安置仪器，输入仪器高和棱镜高，输入测站点的平面坐标和高程，照准另一已知点（称为定向点或后视点），利用机载后视定向功能定向，将水平度盘读数安置为测站至定向点的方位角。接着再照准目标点（也称为前视点）上的反射棱镜，按测距键，即可测量出目标点的坐标值 $(X, Y, Z)$。三维坐标测量原理如图 5-21 所示，仪器高为 $K$，目标

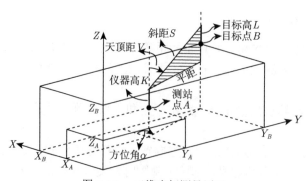

图 5-21   三维坐标测量原理

高（棱镜高）为 $L$，测得目标点的天顶距为 $V$，仪器至目标点的斜距为 $S$，目标点方向的水平角（定向后即为方位角）为 $\alpha$，则目标点的三维坐标为

$$\left.\begin{aligned} X_B &= X_A + S \cdot \sin V \cdot \cos \alpha \\ Y_B &= Y_A + S \cdot \sin V \cdot \sin \alpha \\ Z_B &= Z_A + K + S \cdot \cos V - L \end{aligned}\right\} \tag{5.39}$$

#### 4. 辅助功能

全站仪是智能化电子仪器，除可以实现距离、角度电子化测量功能外，还增设了许多电子化辅助功能，进一步增强了仪器的实用性。主要辅助功能如下。

（1）休眠和自动关机功能。当仪器长时间不操作时，为节省电能，仪器可自动进入休眠状态，需要操作时可按功能键唤醒，仪器恢复到先前状态；也可设置仪器在一定时间内无操作时自动关机，以免电池电量耗尽。

（2）显示内容个性化。可根据用户的需要，设置显示的页面和内容。

（3）电子水准器。由仪器内部的倾斜传感器检测垂直轴的倾斜状态，以数字和图形的形式显示，指导测量员高精度置平仪器。

（4）激光对点器。利用对点器发射的可见激光点进行对中。

（5）照明系统。在夜晚或黑暗环境下观测时，仪器可对显示屏、操作面板、十字丝实施照明。

（6）导向光引导。在进行放样作业时，利用仪器发射的恒定和闪烁可见光，引导持镜员快速找到方位。

（7）数据管理功能。测量数据可存储到仪器内存、扩展存储器（如 SD 卡、PC 卡、U 盘），还可由数据输出端口（COM 串口、蓝牙、USB）输出到电子手簿中，且测量数据可现场进行查询。

#### 5. 机载应用程序

全站仪内部配置有微处理器、存储器和输入输出接口，与计算机具有相似的结构模式，可以运行复杂的应用程序，因而具有对测量数据进行进一步处理和存储的功能。其存储器有三类：只读存储器（read–only memory，ROM）用于操作系统和厂商提供的应用程序；随机存储器（random access memory，RAM）用于存储测量数据和计算结果；扩展存储卡用于存储测量数据、计算结果和应用程序。各厂商提供的应用程序在数量、功能、操作方法等方面不尽相同，应用时可参阅其操作手册，但基本原理是一致的。以下介绍全站仪上较为常见的应用程序。

1）后视定向

后视定向的目的是设置水平角 0° 方向与坐标北方向一致，如图 5-22 所示。

当照准轴处于任意位置时，水平角读数即为照准轴方向的方位角，实现此设定的过程称为后视定向。在进行坐标测量或放样等工作时，必须进行后视定向。一般可通过以下两种方式定向：① 若后视方向方位角已知，照准后视点后，由键盘直接输入。② 若后视方向方位角未知，首先输入（或调用）测站点和后视点的坐标，再照准后视点，然后按相应的功能键，仪器计算出后视方位角，并自动设定水平度盘读数。

2）自由设站

通常，全站仪需要架设在已知点上进行设站和后视定向后，才可进行测量或放样点位。但有时因工程测量现场复杂，需要将全站仪架设在位置合适的未知点上，以方便测量或放样，此时可利用全站仪的自由设站功能，完成设站和定向。

该功能是通过几个已知点进行后方交会观测，求出测站点的平面坐标和高程，并自动完成定向，如图 5-23 所示。

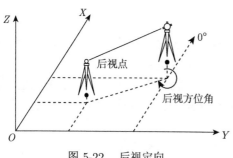

图 5-22    后视定向

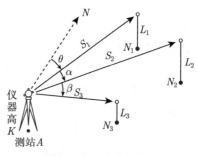

图 5-23    自由设站

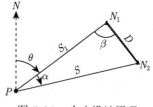

图 5-24    自由设站原理

计算测站点的必要条件如下。

（1）至少要对两个已知点进行水平角的观测，其中至少一个方向进行了距离观测。测站点平面坐标计算原理如图 5-24 所示。已知点 $N_1$、$N_2$ 间水平距离为 $D$，在测站点 $P$ 测得 $N_1$、$N_2$ 方向水平角为 $\alpha$，测定 $N_2$ 方向的水平距离为 $S$，则应用正弦定理有

$$\left.\begin{array}{l} \beta = \arcsin\left(\dfrac{\sin\alpha}{D}\cdot S\right) \\[2mm] S_1 = \dfrac{D}{\sin\alpha}\cdot\sin(180^\circ - \alpha - \beta) \end{array}\right\} \tag{5.40}$$

设 $N_1$ 至 $N_2$ 的已知方位角为 $\alpha_{12}$，则 $N_1$ 至 $P$ 的方位角为

$$\alpha_{N_1P} = \alpha_{12} + \beta \tag{5.41}$$

由 $N_1$ 点坐标及 $S_1$ 和 $\alpha_{N_1P}$，即可应用坐标正算公式求得 $P$ 点坐标，再应用坐标反算公式可计算出 $P$ 至 $N_1$ 方向的定向角 $\theta$。

（2）如不能进行距离测量，则至少要对 3 个已知点进行水平角测量。测站点坐标计算原理参见 5.4.3 节介绍的后方交会。

（3）要进行高程测量，至少对一个已知方向进行距离和垂直角测量。测站点高程计算原理与三角高程测量返觇观测相同，参见三角高程测量。

通常，为了提高精度，观测较多的已知点或观测量，对多余观测量用最小二乘法平差处理，计算测站点的坐标和高程。

　　3）导线测量

　　某些全站仪（如徕卡 TC1800 等）可加载导线测量程序，测量员只需按导线测量步骤以及程序的提示进行操作，数据就可以自动记录到存储器中。在导线测量过程中，还可对各单个支点（如地形测量中的碎部点、支站）进行测量，整条导线完成后，按照事先给定的已知数据，仪器可对导线进行平差计算，并对各支点坐标进行修正。平差结果可输出和查询，也可作为后续测量的已知点。

　　图 5-25 为导线测量示意图，其中 $Z_1 \sim Z_4$ 为支点，$P_1$、$P_2$ 为导线点，$A$、$B$、$C$、$D$ 为已知点。

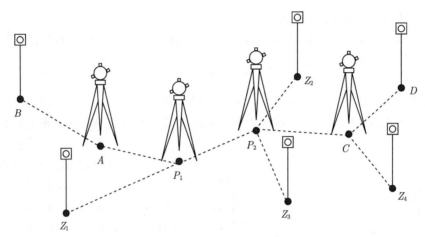

图 5-25　导线测量示意图

　　4）偏心观测

　　在以下场合，需要将棱镜设在偏离点（目标点的前、后、左、右），进行偏心观测。

　　（1）在测量电线杆、建筑物的柱子、树木的中心等时，偏移点可设在目标点的左边或右边，如图 5-26(a) 所示，并使目标点、偏移点到测站的水平距离相等。首先在偏移点测定水平距离，再测定目标点的水平角，程序便可计算出目标点的坐标。

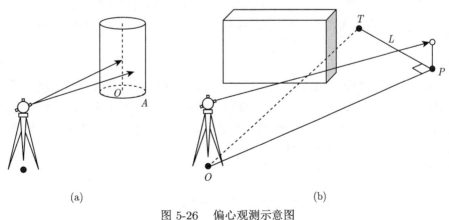

(a)　　　　　　　　　　　　　　　　　　　(b)

图 5-26　偏心观测示意图

（2）有障碍物从测站上看不到目标点时，偏移点可以设在目标点的前后或左右，输入目标点至偏移点的偏距，测量偏移点的坐标，程序即可根据输入的偏距、偏移点的方向、偏移点的方位角和偏移点的坐标计算出目标点的坐标。图 5-26(b) 为偏移点在右边的情况。偏距为 $L$，测定 $P$ 点坐标为 $(X_P, Y_P)$，此时的水平角读数即为 $OP$ 边的方位角，则目标点 $T$ 的坐标为

$$\left. \begin{array}{l} X_T = X_P + L \cdot \cos(\alpha_{OP} \pm 90°) \\ Y_T = Y_P + L \cdot \sin(\alpha_{OP} \pm 90°) \end{array} \right\} \tag{5.42}$$

式中，等号右边的三角函数内右偏移时取 $-$，左偏移时取 $+$。

当偏移点为前后偏移时，目标点与偏移点的方位角相同，仅对偏移点的距离进行偏距改正后，即可计算出目标点的坐标。

5）对边测量

对边测量是在不移动仪器的情况下，测量两棱镜站点间斜距、平距、高差、方位、坡度的功能，适合不便设站或减少设站次数提高作业速度的场合。有辐射模式和连续模式两种作业方式。

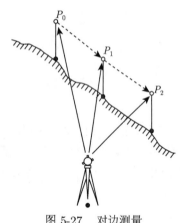

图 5-27  对边测量

（1）辐射模式。辐射模式是在多个点与一个基准点间进行对边测量的方式。如图 5-27 所示，仪器整置完成后，首先照准基准点棱镜 $P_0$ 进行距离测量，然后照准棱镜 $P_1$ 进行距离测量，仪器计算并显示 $P_0$ 至 $P_1$ 的斜距、平距、高差、坡度；继续照准其他棱镜进行测量，可完成 $P_0$ 至其他棱镜间的对边测量。

（2）连续模式。连续模式是通过变更基准点的方法，实现测定一组连续点之间的斜距、平距、高差、方位、坡度的对边测量方式。用辐射模式完成 $P_0$、$P_1$ 点间对边测量后，按功能键重新设定基准点为 $P_1$，再测量 $P_2$ 点，即完成 $P_1$、$P_2$ 点间对边测量，如此反复便可实现一组连续点间的对边测量。

对边测量实质是通过测定各点的三维坐标，通过计算得到两点间斜距、平距、高差、方位和坡度。

6）悬高测量

架空的电线和桥梁等因远离地面无法设置棱镜，可采用此功能测量其高度。首先将棱镜设置在待测高度的目标之天底（或天顶），输入棱镜高；然后照准棱镜进行距离测量，再纵转望远镜照准目标，随着垂直角的实时测量和计算，便可实时显示出地面至目标的高度。图 5-28 为悬高测量示意和悬高测量原理。

目标距地面的高度采用式 (5.43) 计算

$$H = L + S(\sin V_1 \cdot \cot V_2 - \cos V_1) \tag{5.43}$$

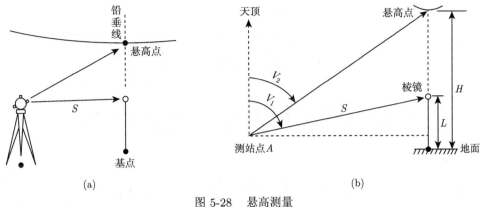

图 5-28　悬高测量

# 5.4　测角交会测量

测角交会测量是根据方向交会的原理确定控制点坐标的方法，不需要进行距离测量，是控制测量的重要方法之一。但与导线测量相比，测角交会测量效率低，精度低于光电测距导线，因而只能在图根控制测量或精度要求较低的测量中使用，也可用于少量图根控制点的增补。

## 5.4.1　余切公式及交会图形

### 1. 余切公式

如图 5-29 所示，△ABP 中，$A$、$B$ 为已知点，$P$ 为未知点，$\alpha$、$\beta$ 为经纬仪测得的水平角。由 $A$、$B$ 的已知坐标可反算出 $AB$ 的边长 $S_{AB}$ 和坐标方位角 $\alpha_{AB}$，由观测角 $\alpha$、$\beta$ 可计算 $AP$ 的边长 $S_{AP}$ 和方位角 $\alpha_{AP}$。

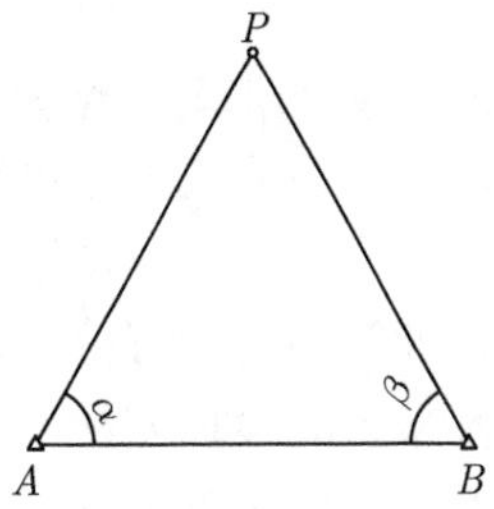

由图 5-29 可知：

图 5-29　交会原理

$$\alpha_{AP} = \alpha_{AB} - \alpha \qquad (5.44)$$

$$S_{AP} = \frac{S_{AB} \cdot \sin\beta}{\sin(180° - \alpha - \beta)} = \frac{S_{AB} \cdot \sin\beta}{\sin(\alpha + \beta)} \qquad (5.45)$$

根据坐标正算公式有

$$X_P = X_A + S_{AP} \cdot \cos\alpha_{AP} \qquad (5.46)$$

将式 (5.44) 和式 (5.45) 代入式 (5.46)，得

$$
\begin{aligned}
X_P &= X_A + S_{AP} \cdot \cos(\alpha_{AB} - \alpha) \\
&= X_A + \frac{S_{AB} \cdot \sin\beta \cdot \cos(\alpha_{AB} - \alpha)}{\sin(\alpha + \beta)} \\
&= X_A + \frac{S_{AB} \cdot \sin\beta \cdot \cos\alpha_{AB} \cdot \cos\alpha + S_{AB} \cdot \sin\beta \cdot \sin\alpha_{AB} \cdot \sin\alpha}{\sin(\alpha + \beta)}
\end{aligned}
\qquad (5.47)
$$

因为

$$
\left.\begin{array}{l}
S_{AB} \cdot \cos \alpha_{AB} = X_B - X_A \\
S_{AB} \cdot \sin \alpha_{AB} = Y_B - Y_A
\end{array}\right\}
\tag{5.48}
$$

则

$$
X_P = X_A + \frac{(X_B - X_A)\sin\beta\cos\alpha + (Y_B - Y_A)\sin\beta\sin\alpha}{\sin\alpha\cos\beta + \cos\alpha\sin\beta}
\tag{5.49}
$$

同理可得 $Y_P$，并进一步化简为

$$
\left.\begin{array}{l}
X_P = \dfrac{X_A \cdot \cot\beta + X_B \cdot \cot\alpha + Y_B - Y_A}{\cot\alpha + \cot\beta} \\[3mm]
Y_P = \dfrac{Y_A \cdot \cot\beta + Y_B \cdot \cot\alpha + X_A - X_B}{\cot\alpha + \cot\beta}
\end{array}\right\}
\tag{5.50}
$$

因式 (5.50) 中除已知点坐标外，只有 $\alpha$、$\beta$ 的余切函数，故称为前方交会余切公式。

使用该公式时应当注意，$A$、$B$ 点的角分别为 $\alpha$、$\beta$，且 $A$、$B$、$P$ 三点呈逆时针分布。如果 $A$、$B$、$P$ 三点按顺时针分布，则计算公式为

$$
\left.\begin{array}{l}
X_P = \dfrac{X_A \cdot \cot\beta + X_B \cdot \cot\alpha - Y_B + Y_A}{\cot\alpha + \cot\beta} \\[3mm]
Y_P = \dfrac{Y_A \cdot \cot\beta + Y_B \cdot \cot\alpha - X_A + X_B}{\cot\alpha + \cot\beta}
\end{array}\right\}
\tag{5.51}
$$

**2. 交会图形与交会角**

根据余切公式推导过程可知，利用未知点和两个已知点构成三角形，并在该三角形中观测任意两个角，即可求得未知点的坐标。但这只是交会的必要条件，在测量工作中，无论是测量还是计算都必须有检核，因此，测量时必须有多余观测。根据已知点的数量和多余观测的多少及采用的检核方法，测角交会法可分为前方交会、侧方交会、单三角形和后方交会。由于后方交会只在未知点设站，故其计算公式和方法都不同。

在各种交会图形中，通常把计算未知点坐标的三角形中以未知点 $P$ 为顶点构成的角称为交会角。按照这个定义，前方交会有两个交会角；单三角形有一个交会角；侧方交会的 $C$ 点用于检查计算，故其也只有一个交会角；而后方交会第四个已知点也用于检查计算，故其用于计算坐标的三个方向构成的角有两个是交会角（第三个不独立）。

根据交会法的原理可知，当交会角为 90° 时，交会点的精度最高，但要求每种图形的交会角都为 90° 是不现实的。因此，测量规范规定，交会角一般应为 30° ~ 150°，在困难情况下也必须为 20° ~ 160°。

### 5.4.2　前方交会、侧方交会和单三角形的坐标计算

**1. 前方交会**

前方交会三个已知点与未知点可组成两个三角形，如图 5-30 所示，在 3 个已知点上观测水平角 $\alpha_1$、$\beta_1$ 及 $\alpha_2$、$\beta_2$，分别在两个三角形中求出 $P$ 点的两组坐标 $X'_P$、$Y'_P$ 和 $X''_P$、$Y''_P$，然后利用两组坐标代表的点位之间的距离，即移位差来限制误差。

移位差通常用 $e$ 表示，若令

$$\left.\begin{array}{c} \mathrm{d}X = X'_P - X''_P \\ \mathrm{d}Y = Y'_P - Y''_P \end{array}\right\} \tag{5.52}$$

则

$$e = \sqrt{(\mathrm{d}X)^2 + (\mathrm{d}Y)^2} \tag{5.53}$$

在图根控制测量中，一般要求 $e \leqslant 0.1\mathrm{mm} \cdot M$，$M$ 为测图比例尺分母。当 $e$ 符合要求时，取两组坐标的中数为点的最后结果。

**2. 侧方交会**

侧方交会是在未知点和一个已知点设站观测 $\alpha$、$\gamma$、$\varepsilon$ 三个角，其中，$\alpha$、$\gamma$ 两个角用来计算点的坐标，$\varepsilon$ 角用来检核。

如图 5-31 所示，$A$、$B$、$C$ 为已知点，$P$ 为未知点，在 $P$ 点观测 $\gamma$、$\varepsilon$，在 $A$ 点观测 $\alpha$。

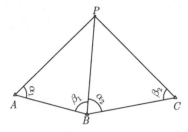

图 5-30　前方交会

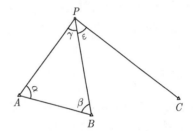

图 5-31　侧方交会

在 $\triangle ABP$ 中，$\beta = 180° - (\alpha + \gamma)$，则可根据 $A$、$B$ 两点坐标及 $\alpha$、$\beta$ 按式 (5.50) 求得 $P$ 点坐标。

为了检核 $P$ 点坐标是否可靠，通常用移位差 $e$ 进行检查计算。假定在观测过程中，$\alpha$ 观测无误，$\gamma$ 有粗差 $\Delta\gamma$，则必然使 $\beta$ 增大（或减小）$\Delta\gamma$，从而使得 $P$ 移位至 $P'$。如图 5-32 所示，由 $P'$ 点坐标及 $C$、$B$ 坐标可求得 $\alpha_{PC}$ 和 $\alpha_{PB}$。那么，$P$ 点的移位可反映在 $\varepsilon$ 中，将由 $\alpha_{P'C}$ 和 $\alpha_{P'B}$ 求得的角 $\varepsilon_{计}$ 与实际测得的角 $\varepsilon_{观}$ 相比较进行检核。

令 $\varepsilon_{计} = \alpha_{PC} - \alpha_{PB}$，则由 $\gamma$ 对的粗差引起的 $\varepsilon$ 误差为

$$\Delta\varepsilon = \varepsilon_{计} - \varepsilon_{观} \tag{5.54}$$

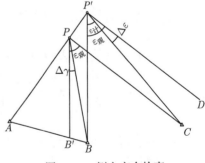

图 5-32　侧方交会检查

由 $\Delta\varepsilon$ 可求出 $P$ 点的移位差 $PP'$ 为

$$e = \frac{\Delta\varepsilon}{\rho''} S_{PC} \tag{5.55}$$

测量规范要求移位差 $e \leqslant 0.1 \cdot M\mathrm{mm}$，$M$ 为测图比例尺分母。侧方交会就是利用这个原理进行检核计算的。

移位差 $e$ 在多数情况下可以反映观测角的粗差，但是，观测角的粗差有多种可能，可能某个角有误，也可能两个角和检查角同时有误，在这种情况下，按此方法进行检核计算时，求出的移位差 $e$ 就不是 $P$ 点的真正移位差。因此，侧方交会的检核计算有不可靠的情况，在实际工作中应当引起重视。

### 3. 单三角形

单三角形是在两个已知点和未知点分别设站，观测三角形的 3 个内角，利用三角形内角和的原理检核外业观测值的可靠性。

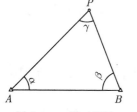

图 5-33　单三角形

如图 5-33 所示，$A$、$B$ 为已知点，$P$ 为未知点，在 $P$ 点观测 $\gamma$，在 $A$ 点观测 $\alpha$，在 $B$ 点观测 $\beta$。首先进行检核计算，令

$$W = 180° - (\alpha + \beta + \gamma) \tag{5.56}$$

式中，$W$ 为三角形闭合差。

从理论上讲，$W$ 应为零，但由于观测存在误差，$W$ 一般不会为零，但其不应超过一定的范围，测量规范规定 $W \leqslant 35''$。计算中，当 $W$ 符合要求时，将 $W$ 平均配赋在 3 个观测角中，然后按配赋后的角及已知点 $A$、$B$ 的坐标，即可求得 $P$ 点的坐标。

## 5.4.3　后方交会

后方交会是在未知点上设站，观测三个已知点，得到观测角 $\alpha$、$\beta$，从而计算出 $P$ 点坐标。

### 1. 计算公式

后方交会也称"三点题"，有多种计算公式，本教材只介绍其中的两种。

1）余切公式

如图 5-34 所示，$A(X_A, Y_A)$、$B(X_B, Y_B)$、$C(X_C, Y_C)$ 为已知点，在未知点 $P$ 设站测得水平角 $\alpha$ 和 $\beta$，$P$ 点的坐标 $(X_P, Y_P)$ 的计算公式为

$$\left.\begin{array}{l} X_P = X_B + \dfrac{(Y_B - Y_A)(\cot\alpha - \tan\alpha_{BP}) - (X_B - X_A)(1 + \cot\alpha \cdot \tan\alpha_{BP})}{1 + \tan^2\alpha_{BP}} \\[3mm] Y_P = Y_B + (X_P - X_B)\tan\alpha_{BP} \\[3mm] \tan\alpha_{BP} = \dfrac{(Y_A - Y_B)\cot\alpha + (Y_C - Y_B)\cot\beta + X_C - X_A}{(X_A - X_B)\cot\alpha + (X_C - X_B)\cot\beta - Y_C + Y_A} \end{array}\right\} \tag{5.57}$$

考虑到方位角的误差在角度较小时对坐标值影响小，故在利用式 (5.57) 计算时，三个已知点的编号应选择 $PB$ 与 $X$ 轴的夹角最小，且要求三个已知点呈逆时针分布，$AB$ 边所对的角为 $\alpha$，$BC$ 边所对的角为 $\beta$。

因式 (5.57) 中除已知点坐标外，只有 $\alpha$、$\beta$ 的余切函数，故称为后方交会余切公式。

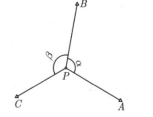

图 5-34　后方交会余切公式示意图

2）赫尔墨特公式

此公式是由赫尔墨特发明的，通常称为赫尔墨特后方交会公式，简称赫尔默特公式。

如图 5-35 所示，设 $A(X_A, Y_A)$、$B(X_B, Y_B)$、$C(X_C, Y_C)$ 为已知点，在未知点 $P$ 设站测得水平角 $\alpha$ 和 $\beta$，取 $\gamma = 360° - (\alpha + \beta)$，$P$ 点的坐标 $(X_P, Y_P)$ 的计算公式为

$$\left.\begin{aligned} X_P &= \frac{X_A \cdot P_A + X_B \cdot P_B + X_C \cdot P_C}{P_A + P_B + P_C} \\ Y_P &= \frac{Y_A \cdot P_A + Y_B \cdot P_B + Y_C \cdot P_C}{P_A + P_B + P_C} \end{aligned}\right\} \tag{5.58}$$

其中，

$$P_A = \frac{1}{\cot \angle A - \cot \alpha}, P_B = \frac{1}{\cot \angle B - \cot \beta}, P_C = \frac{1}{\cot \angle C - \cot \gamma} \tag{5.59}$$

式中，$\angle A$、$\angle B$、$\angle C$ 为 $\triangle ABC$ 的三个内角，称为固定角。其值按照相邻边的方位角计算：

$$\angle A = \alpha_{AB} - \alpha_{AC}, \angle B = \alpha_{BC} - \alpha_{BA}, \angle C = \alpha_{CA} - \alpha_{CB} \tag{5.60}$$

因为式 (5.58) 类似于最小二乘法的广义权中数计算公式，故又称为仿权公式。

公式说明：第一，此公式在三个已知点共线的情况下无效。第二，公式要求角度编号按照 $BC$ 边所对的角为 $\alpha$，$AC$ 边所对的角为 $\beta$，$\gamma = 360° - (\alpha + \beta)$。第三，当 $P$ 位于 $\triangle ABC$ 三个内角的对顶角范围之内时，坐标计算公式仍为式 (5.58)，但式 (5.59) 变为

$$P_A = \frac{1}{\cot \angle A + \cot \alpha}, P_B = \frac{1}{\cot \angle B + \cot \beta}, P_C = \frac{1}{\cot \angle C + \cot \gamma} \tag{5.61}$$

第四，当 $P$ 与三个已知点 $A$、$B$、$C$ 共圆时，$P$ 点坐标无解，这就是后方交会危险圆问题。

3）后方交会危险圆

如图 5-36 所示，当未知点 $P$ 与 $A$、$B$、$C$ 三个已知点共圆时，$\beta = \angle B$，$\alpha = \angle A$，即 $\alpha$ 和 $\beta$ 固定不变，它说明仅有 $\alpha$、$\beta$ 这两个观测角不能唯一确定 $P$ 点位置。理论证明，在这种情况下无论用后方交会的何种计算公式，均无法求出 $P$ 点坐标。因此，人们称三个已知点所在的圆为后方交会危险圆。

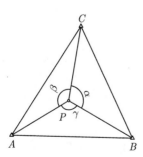

图 5-35 后方交会赫尔墨特公式示意图

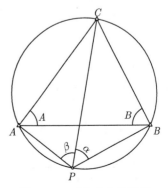

图 5-36 后方交会危险圆

由图 5-36 可知，当 $P$ 点在危险圆上时，有

$$\alpha + \beta + \angle C = 180° \tag{5.62}$$

实际作业中，$P$ 点在危险圆附近时，计算结果也会有较大的误差。因此，测量规范规定：$\alpha + \beta + \angle C$ 不得为 $170° \sim 190°$。

**2. 检核计算**

因为利用三个已知点解算后方交会点，尚无检核条件，所以，通常要求后方交会必须观测四个已知点。检查计算有两种方法：一种方法是利用四个已知点（每三个一组）组成两组图形分别计算，求得 $P$ 点的两组坐标，按前方交会的方法进行检查计算，检查符合要求时，取两组坐标的平均值作为最后结果；另一种是利用三个已知点求 $P$ 点的坐标，然后用侧方交会的方法进行检查计算。由于两组图形计算取中数可以提高未知点的精度，故在交会角符合要求的情况下，应当采用第一种方法计算。

## 5.5 测边交会与边角后方交会

### 5.5.1 测边交会

如图 5-37 所示，测得未知点 $P$ 与两已知点 $A$、$B$ 的水平距离为 $S_1$ 和 $S_2$。根据已知点坐标可反算出 $AB$ 间的坐标方位角 $\alpha_{AB}$ 和边长 $S_0$。在 $\triangle ABP$ 中用余弦定理可求得 $\alpha_1$：

$$\cos \alpha_1 = \frac{S_0^2 + S_1^2 - S_2^2}{2 S_0 S_1} \tag{5.63}$$

则 $AP$ 的坐标方位角 $\alpha_{AP}$ 为

$$\alpha_{AP} = \alpha_{AB} - \alpha_1 \tag{5.64}$$

所以 $P$ 点的坐标为

$$\left. \begin{aligned} X_P &= X_A + S_1 \cos \alpha_{AP} \\ Y_P &= Y_A + S_1 \sin \alpha_{AP} \end{aligned} \right\} \tag{5.65}$$

### 5.5.2 边角后方交会

如图 5-38 所示，$A$、$B$ 为两个互不通视的已知点，$P$ 为待定点。在 $P$ 点测得水平角 $\theta$ 和 $PA$ 的距离 $S_1$。在 $\triangle ABP$ 中，应用正弦定理可求得 $B$ 角

$$\sin \angle B = \frac{S_1}{S_0} \sin \theta \tag{5.66}$$

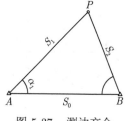

图 5-37　测边交会

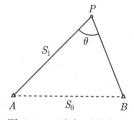

图 5-38　边角后方交会

从而可计算角 $\angle A$ 和 $AP$ 的方位角 $\alpha_{AP}$

$$\left.\begin{array}{l} \angle A = 180° - (\theta + \angle B) \\[2mm] \alpha_{AP} = \alpha_{AB} - \angle A \end{array}\right\} \tag{5.67}$$

待定点 $P$ 的坐标为

$$\left.\begin{array}{l} X_P = X_A + S_1 \cos\alpha_{AP} \\[2mm] Y_P = Y_A + S_1 \sin\alpha_{AP} \end{array}\right\} \tag{5.68}$$

精度分析可以证明，当 $\angle B$ 较小，$\theta$ 接近 $90°$ 时，交会点精度较高。所以，布设控制点时，应当注意这一点，一般应尽可能测量距待定点较近的边。

## 5.6 三角高程测量

三角高程测量是通过测量垂直角和距离求解高差的方法。它具有测量速度快、不受地形条件限制等优点，是一种常用的高程测量方法。

### 5.6.1 三角高程测量原理

如图 5-39 所示，设 $A$、$B$ 为地面上任意两点，若已知 $A$ 点高程为 $H_A$，欲求 $B$ 点高程，只需求得 $B$ 点对 $A$ 点的高差 $h_{AB}$，因为

$$H_B = H_A + h_{AB} \tag{5.69}$$

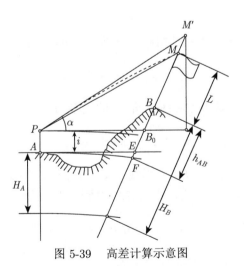

图 5-39　高差计算示意图

为了求得高差 $h_{AB}$，在 $A$ 点整置经纬仪，在 $B$ 点设置觇标，测得垂直角 $\alpha$。由图 5-39 可知：

$$h_{AB} = M'B_0 + B_0E + EF - MB - MM' \tag{5.70}$$

式中，$B_0E = i$ 为仪器高；$MB = L$ 为觇标高。令 $EF = \gamma_1$，称为地球弯曲差；$MM' = \gamma_2$，称为大气折光差；通常将 $\gamma = \gamma_1 - \gamma_2$ 称为球气差，则有

$$h_{AB} = M'B_0 + i - L + \gamma \tag{5.71}$$

由式 (5.71) 可知，只要根据测得的垂直角 $\alpha$ 及 $AB$ 之间的距离求得 $MB_0$，并求得球气差 $\gamma$，即可求得高差 $h_{AB}$。

## 5.6.2 高差计算公式

如图 5-40 所示，假定地球是平均半径为 $R$ 的圆球，过 $A$ 点和 $B$ 点的铅垂线相交于地球中心 $O$，圆心角为 $\theta$。由于 $\triangle B_0PO$ 为直角三角形，$\angle B_0PO$ 为直角，那么 $\angle PB_0M' = 90° + \theta$。在 $\triangle PB_0M'$ 中，根据正弦定理，有

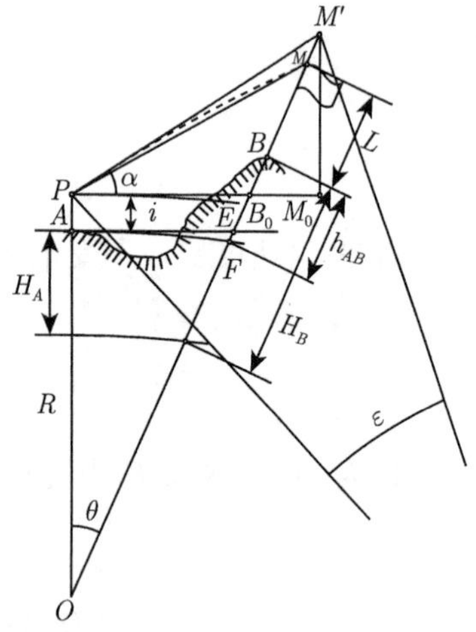

$$M'B_0 = PM' \frac{\sin\alpha}{\sin(90°+\theta)} = S\frac{\sin\alpha}{\cos\theta} \tag{5.72}$$

图 5-40 球气差计算示意图

式中，$S = PM'$ 为电磁波测距仪测得的 $A$、$B$ 两点的斜距；$\alpha$ 为在 $A$ 点测得的 $B$ 点觇标的垂直角。由式 (5.72) 可知：

$$\cos\theta = \frac{R+H_A}{R+H_A+\gamma_1} = 1 - \frac{\gamma_1}{R+H_A+\gamma_1} \tag{5.73}$$

由于地球的平均曲率半径很大，地球弯曲差 $\gamma_1$ 很小，等号后第二项可忽略不计，故取 $\cos\theta \approx 1$，则

$$M'B_0 = S \cdot \sin\alpha \tag{5.74}$$

将式 (5.74) 代入式 (5.71) 中，得到利用斜距计算高差 $h_{AB}$ 的公式为

$$h_{AB} = S \cdot \sin\alpha + i - L + \gamma \tag{5.75}$$

式中，$S$ 为斜距。平距 $D$、斜距 $S$ 和垂直角 $\alpha$ 的关系为

$$D = S \cdot \cos\alpha \tag{5.76}$$

在图 5-40 中，过 $M'$ 点作 $PB_0$ 的垂线，交 $PB_0$ 的延长线于 $M_0$，由图可知，平距为 $D = PM_0$。由式 (5.76) 解出 $S$，代入式 (5.75) 得到利用平距计算高差的公式：

$$h_{AB} = D \cdot \tan\alpha + i - L + \gamma \tag{5.77}$$

## 5.6.3 地球曲率和大气折光对高差的影响

### 1. 地球弯曲差

如图 5-40 所示，过测站点 $A$ 的水平面与水准面之间的差，即 $EF = \gamma_1$，就是地球曲率对高差的影响，称为地球弯曲差，简称球差。

在直角三角形 $\triangle OAE$ 中

$$(R + H_A + \gamma_1)^2 = (R + H_A)^2 + AE^2$$
$$2(R + H_A)\gamma_1 + \gamma_1^2 = AE^2 \tag{5.78}$$
$$\gamma_1 = \frac{AE^2}{2(R + H_A) + \gamma_1}$$

由于地球的平均曲率半径很大，故分母中的 $\gamma_1$、$H_A$ 可忽略不计，并令 $AE \approx D$，则

$$\gamma_1 = \frac{D^2}{2R} \tag{5.79}$$

**2. 大气折光差**

大气折光是由于大气密度不均匀产生的。光线通过不同密度的大气层时发生折射，使观测的视线产生垂直方向的弯曲，因此，观测垂直角的视线事实上是一条凹向地面的曲线，如图 5-40 所示。当仪器照准目标点 $M$ 时，光线的传播路径是 $\widehat{PM}$，实际的照准轴的方向为 $PM'$，测得的垂直角 $\alpha$ 就含有大气折光的影响，即 $\angle M'PM$，对高差的影响为 $MM'(MM' = \gamma_2)$，称为大气折光差，简称气差。

设光线传播路线 $\widehat{PM}$ 是曲率半径为 $R'$ 的圆弧，其所对的圆心角为 $\varepsilon$，那么 $\angle M'PM = \dfrac{\varepsilon}{2}$，因为 $MM' = \gamma_2$ 很小，故可以认为 $MM'$ 是以 $PM'$ 为半径的圆弧，则

$$MM' = PM'\frac{\varepsilon}{2} \tag{5.80}$$

将 $\varepsilon = \dfrac{PM}{R'}$ 代入式 (5.80) 中，并近似地取 $PM' \approx PM \approx D$，则

$$\gamma_2 = \frac{D^2}{2R'} \tag{5.81}$$

**3. 两差改正**

地球弯曲和大气折光对高差的改正统称为两差（或球气差）改正，用 $\gamma$ 表示

$$\gamma = \gamma_1 - \gamma_2 = \frac{D^2}{2R}\left(1 - \frac{R}{R'}\right) \tag{5.82}$$

设 $f = \dfrac{R'}{R}$，称为折光系数，则按平距计算的球气差为

$$\gamma = \frac{D^2}{2R}(1 - f) \tag{5.83}$$

如果按斜距计算，因为 $D = S \cdot \cos\alpha$，则有

$$\gamma = \frac{S^2 \cos^2\alpha}{2R}(1 - f) \tag{5.84}$$

因为 $R'$ 大于 $R$，故 $f$ 为 0~1。

实践证明，折光系数 $f$ 在中午最小，且比较稳定；日出和日落时稍大一些，且变化较大。所以在较高等级的三角高程测量中，为了提高测量精度，垂直角测量应避免在日出日落时进行。

因为 $f$ 值变化比较复杂，不同地区、不同时刻、不同天气情况均不一样，甚至同一点各个方向上也不一样，所以，在作业中，很难也不可能确定每一方向的折光系数，只能求出某一地区折光系数的平均值。在我国大部分地区，折光系数 $f$ 的平均值取 0.11 比较合适。

### 5.6.4  高程计算

在测量工作中，通常把已知点观测未知点称为直觇观测或往测，把未知点观测已知点称为反觇观测或返测。

已知测站点 $A$ 的高程 $H_A$，欲求 $B$ 点高程 $H_B$，若为直觇观测，即以 $A$ 点为测站观测 $B$ 点，测算得直觇高差 $h_直$，则 $B$ 点高程为

$$H_B = H_A + h_直 \tag{5.85}$$

若为反觇观测，即以 $B$ 点为测站观测 $A$ 点，测算得反觇高差 $h_反$，则 $B$ 点高程为

$$H_B = H_A - h_反 \tag{5.86}$$

如果在 $AB$ 之间同时进行了往测和反觇，则称为往反测或对向观测，这时 $B$ 点高程为

$$H_B = H_A + \frac{1}{2}(h_直 - h_反) \tag{5.87}$$

令 $h = \frac{1}{2}(h_直 - h_反)$，称为直反觇高差中数，则

$$H_B = H_A + h \tag{5.88}$$

设测量时 $A$、$B$ 两点的仪器高和觇标高分别为 $i_A$、$i_B$ 和 $L_A$、$L_B$，$A$、$B$ 两点对向观测的垂直角分别为 $\alpha_{AB}$、$\alpha_{BA}$，$AB$ 两点间的平距为 $D$，$\gamma$ 为两差改正，则

$$h_直 = D \tan \alpha_{AB} + i_A - L_B + \gamma$$

$$h_反 = D \tan \alpha_{BA} + i_B - L_A + \gamma$$

$$h = \frac{1}{2}(h_直 - h_反) = (D \tan \alpha_{AB} + i_A - L_B) - (D \tan \alpha_{BA} + i_B - L_A) \tag{5.89}$$

式 (5.89) 不含两差改正 $\gamma$，可见直反觇高差取中数可以消除球气差对高差的影响。但因为大气折光差的复杂性，$A$、$B$ 两点对向观测时的大气折光差一般不相等，所以直反觇高差取中数只能减弱大气折光差的影响，并不能完全消除。

#### 练习和思考题

1. 何为水平角？测定水平角的基本条件是什么？
2. 何为垂直角？测定垂直角的基本条件是什么？
3. 叙述经纬仪方向观测法观测水平角的主要步骤。

4. 已知某目标的垂直角观测数据为盘左 $= 88°16'24''$，盘右 $= 271°42'48''$，计算该目标的垂直角和指标差。

5. 电子经纬仪或全站仪与普通光学经纬仪相比，其突出特点是什么？

6. 钢尺测距野外作业的一般过程是什么？

7. 简述脉冲法测距的基本原理。

8. 全站仪的主要技术指标有哪些？

9. 全站仪常用机载程序有哪些，其功能是什么？

10. 测角交会法有哪些？交会测量对交会角有何要求？

11. 何为后方交会危险圆？如何判断未知点是否在危险圆上？

12. 三角高程用平距和斜距计算高差的公式有什么区别？

13. 三角高程往返测高差可消除什么影响？试用公式证明。

# 第 6 章　航空摄影测量定位

随着航空技术的进步，摄影测量就发展为航空摄影测量。航空摄影测量定位指的是在飞机上利用专业的航空摄影仪器对地面连续拍摄像片，并结合地面控制点、单片测量和立体测量等步骤，实现目标的精确定位。

## 6.1　坐标系及内外方位元素

利用摄影测量确定目标的坐标，首先需要建立像点与相应目标点（或地面点）的数学关系，为此必须在影像空间和目标空间建立坐标系统。在摄影测量中常用的坐标系共有 5 个，即像平面坐标系、像空间坐标系、摄影测量坐标系、地面辅助坐标系和大地坐标系。

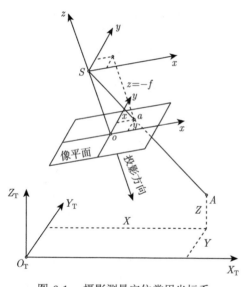

图 6-1　摄影测量定位常用坐标系

（1）像平面坐标系是一种在像片平面内的右手直角坐标系，它用来表示像点在像平面内的位置。这种坐标系通常以像主点 $o$ 作为原点，以航线方向为 $x$ 轴，如图 6-1 中的 $o$-$xy$。任一像点 $a$ 在像片上的位置，可以用它在坐标系 $o$-$xy$ 中的坐标 $(x_a, y_a)$ 表示，坐标值可以在图像上测量出来。有了各像点在 $o$-$xy$ 坐标系中的坐标 $(x, y)$，也就知道了各像点在像片上的位置。从几何关系方面来说，有了像片上各点的像平面坐标，就相当于有了这张像片。

（2）像空间坐标系是一种右手空间坐标系，用来表示像点在像方空间的位置。这是一种为了便于进行坐标转换而采用的过渡性坐标系统。如图 6-1 所示，像空间坐标系的原点为摄影机物镜后节点（投影中心）$S$，其 $x$ 轴和 $y$ 轴分别与像平面坐标系相应坐标轴平行，$z$ 轴与摄影方向线 $oS$ 重合，向上为正，即 $S$-$xyz$。任一像点在该坐标系中的坐标为 $(x, y, z)$，显然，其中的 $x, y$ 值是像点的像平面坐标值，而 $z = -f$，是航摄像片的主距（基本等效于焦距）。因此，测量出像点的像平面坐标后，像点的像空间坐标也就确定了。从几何关系方面说，有了这张像片上各点的像空间坐标，也就确定了这张像片的摄影光束的形状。

从图 6-1 中可以看出，像片绕投影中心 $S$ 的旋转，就是像空间坐标系绕其原点 $S$ 的旋转，像片在空间的方位，也就是像空间坐标系在空间的方位。这个概念对像点的坐标变换来说是十分重要的。

（3）摄影测量坐标系简称摄测坐标系，也是一种右手空间坐标系，用以表示模型空间中各点的相关位置。这种坐标系的原点和坐标轴方向的选择根据实际讨论问题不同而不同，但在一般情况下，原点选在某一摄影站上或某一个已知点上，坐标系横轴（$X$ 轴）大体与航线方向一致，竖坐标轴（$Z$ 轴）向上为正。最常见的摄影测量坐标系有航线坐标系、基线坐标系等。

（4）地面辅助坐标系是摄影测量定位计算中经常使用的一种过渡性的地面坐标系统，采用右手空间直角坐标系统。其坐标原点 $O_T$ 可选在任一已知的地面点，其 $X$ 轴的方向可根据需要而定，其选择是比较灵活的，但其 $Z$ 轴必须处于铅锤的方向上，即坐标平面 $XY$ 为通过坐标原点的水平面。地面点在地面辅助坐标系中的坐标可表示为 $(X_T, Y_T, Z_T)$。

（5）大地坐标系一般指高斯平面坐标系和高程。高斯平面坐标系的横坐标轴用 $Y_G$ 表示，纵坐标轴用 $X_G$ 表示，为了与纵横坐标轴的表示方式相对应，竖轴（高程）用 $Z_G$ 表示。因此，大地坐标系是左手空间直角坐标系。地面点在大地坐标系中的坐标表示为 $(X_G, Y_G, Z_G)$。

在航空摄影瞬间，像片和地面点之间存在固定的几何关系，像点在像平面的坐标 $(x, y)$ 表示其在像片上的位置，而像片又处在某一个空间直角坐标系中。这样一来，像点的空间位置和它对应地面点的关系可以用一些特定的参数建立。这些参数统称为像片的方位元素，其中，内方位元素包括像主点在框标坐标系中的坐标 $(x_0, y_0)$ 和像机焦距 $f$（图 6-2），这些由航摄仪检定给出。

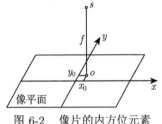

图 6-2　像片的内方位元素

外方位元素又包括线元素和角元素，如图 6-3 所示，线元素表示的是坐标系的平移，即像空间坐标系 $S$-$xyz$ 相对于地面辅助坐标系 $O_T - X_T Y_T Z_T$ 之间的平移，一般用 $(X_S, Y_S, Z_S)$ 表示；角元素是确定这两个坐标系之间旋转方式的元素，一般通过三个独立的角度进行描述，这三个独立的角度有多种不同的选择，下面介绍摄影测量定位中常用的 $\varphi, \omega, \kappa$ 系统，其定义分别如下。

$\varphi$：$z$ 轴在 $XZ$ 坐标面内的投影（即过 $z$ 轴所作的 $XZ$ 面的垂面与 $XZ$ 的交线）与 $Z$ 轴的夹角，即绕 $Y$ 轴顺时针旋转 $\varphi$。

$\omega$：$z$ 轴与 $XZ$ 面之间的交角，即 $z$ 轴与它在 $XZ$ 面上投影之间的夹角，即绕 $X$ 轴逆时针旋转 $\omega$。

$\kappa$：$Z$ 轴在 $xy$ 坐标面上的投影与 $x$ 轴的夹角，即绕 $Z$ 轴逆时针旋转 $\kappa$。

以上三个角元素 $\varphi, \omega, \kappa$ 也称为欧拉角。参考式 (3.13) 的描述方式，从摄影测量坐标系（用 $S_T$ 表示）到像空间坐标系（用 $S_P$ 表示）的旋转变换关系为

$$S_T \xrightarrow{M_y(-\varphi)} \circ \xrightarrow{M_x(\omega)} \circ \xrightarrow{M_z(\kappa)} S_P \qquad (6.1)$$

反向变换，即从像空间坐标系（$S_P$）到摄影测量坐标系（$S_T$）的旋转变换关系为

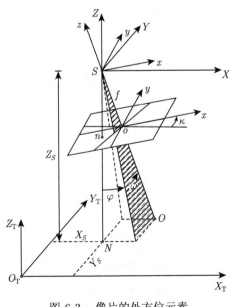

图 6-3　像片的外方位元素

$$S_P \xrightarrow{M_z(-\kappa)} \circ \xrightarrow{M_x(-\omega)} \circ \xrightarrow{M_y(\varphi)} S_T \qquad (6.2)$$

利用旋转矩阵的相关知识，可以解算像空间坐标系（用 $S_P$ 表示）相对于摄影测量坐标系（用 $S_T$ 表示）的旋转变化矩阵 $\boldsymbol{M}$：

$$\boldsymbol{M} = \boldsymbol{M}_y(\varphi)\boldsymbol{M}_x(-\omega)\boldsymbol{M}_z(-\kappa) \tag{6.3}$$

将式 (3.10)~ 式 (3.12) 和式 (3.16) 代入式(6.3)中，可以得到旋转矩阵 $\boldsymbol{M}$ 的具体形式：

$$\begin{bmatrix} a_1 & a_2 & a_3 \\ b_1 & b_2 & b_3 \\ c_1 & c_2 & c_3 \end{bmatrix} = \begin{bmatrix} \cos\varphi & 0 & -\sin\varphi \\ 0 & 1 & 0 \\ \sin\varphi & 0 & \cos\varphi \end{bmatrix} \begin{bmatrix} 1 & 0 & 0 \\ 0 & \cos\omega & -\sin\omega \\ 1 & \sin\omega & \cos\omega \end{bmatrix} \begin{bmatrix} \cos\kappa & -\sin\kappa & 0 \\ \sin\kappa & \cos\kappa & 0 \\ 0 & 0 & 1 \end{bmatrix} \tag{6.4}$$

将其展开，即可得到旋转矩阵各元素和外方位角元素的关系：

$$\left.\begin{aligned} a_1 &= \cos\varphi\cos\kappa - \sin\varphi\sin\omega\sin\kappa \\ a_2 &= -\cos\varphi\sin\kappa - \sin\varphi\sin\omega\cos\kappa \\ a_3 &= -\sin\varphi\cos\omega \\ b_1 &= \cos\omega\sin\kappa \\ b_2 &= \cos\omega\cos\kappa \\ b_3 &= -\sin\omega \\ c_1 &= \sin\varphi\cos\kappa + \cos\varphi\sin\omega\sin\kappa \\ c_2 &= -\sin\varphi\sin\kappa + \cos\varphi\sin\omega\cos\kappa \\ c_3 &= \cos\varphi\cos\omega \end{aligned}\right\} \tag{6.5}$$

在已知外方位角元素 $\varphi, \omega, \kappa$ 的基础上，通过式(6.5)可以计算出旋转矩阵。相反，通过旋转矩阵元素也可以计算出角元素：

$$\left.\begin{aligned} \tan\varphi &= -\frac{a_3}{c_3} \\ \sin\omega &= -b_3 \\ \tan\kappa &= \frac{b_1}{b_2} \end{aligned}\right\} \tag{6.6}$$

随着摄影测量定位理论的发展，除了欧拉角以外，还可以采用正交矩阵、罗德里格斯（Rodrigues）矩阵、反对称阵、四元数（quaternion）和 Gibbs 矢量等数学工具来描述像片姿态。其中，四元数是一个比较好的选择。四元数是一个形如 $\dot{q} = q_0 + q_1\mathrm{i} + q_2\mathrm{j} + q_3\mathrm{k}$ 超复数，可以非常方便地表示空间方位以及空间向量间的旋转，并能避免采用欧拉角描述姿态可能引起的奇异性。但是四元数不满足乘法的交换律，导致在计算中需要进行特殊处理，也不如欧拉角直观。因此在本教材中，主要采用欧拉角来描述像片的姿态。

# 6.2　共线条件方程

摄影测量定位理论中，在几何光学的基本原理和理想的光学系统前提下，可以把航摄像片归结为所摄目标的中心投影，即像点、投影中心（或称摄影站点）和物点位于同一条直线上。从这一点出发，可以建立摄影测量定位的一整套解析关系，从而奠定摄影测量目标定位的理论基础。共线条件的数学表示就是共线条件方程，本节将推导共线条件方程的表达式。

如图 6-4所示，在 $S$ 点拍摄了一张目标的航摄像片 $P$，目标上任意一点 $A$ 在像片 $P$ 上的像点为 $a$。若 $S$、$a$、$A$ 三点共线，则由向量代数可知，两向量的共线条件为

$$\overrightarrow{SA} = \lambda \cdot \overrightarrow{Sa} \tag{6.7}$$

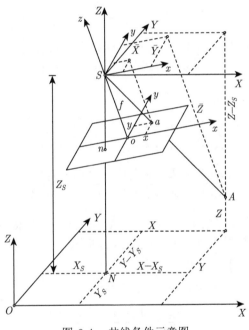

图 6-4　共线条件示意图

式(6.7)为用向量表示的共线条件方程，$\lambda$ 为一个标量。

图 6-4中有四个坐标系：$O\text{-}XYZ$ 为地面辅助坐标系，$S\text{-}XYZ$ 为摄影测量坐标系，它们的相应坐标轴相互平行，$S\text{-}xyz$ 是像空间坐标系，$o\text{-}xy$ 是像平面坐标系。图中各点在个坐标系中的坐标如下。点 $S$ 在 $O\text{-}XYZ$ 中的坐标是 $(X_S, Y_S, Z_S)$；点 $A$ 在 $O\text{-}XYZ$ 中的坐标是 $(X, Y, Z)$，在 $S\text{-}XYZ$ 中的坐标是 $(X-X_S, Y-Y_S, Z-Z_S)$，在 $S\text{-}xyz$ 中的坐标是 $(\bar{X}, \bar{Y}, \bar{Z})$；点 $a$ 在 $S\text{-}xyz$ 中的坐标是 $(x, y, -f)$；在 $S\text{-}XYZ$ 中的坐标是 $(\bar{x}, \bar{y}, \bar{z})$。

在坐标系 $S\text{-}xyz$ 中，因为 $S$、$a$、$A$ 三点共线，所以有

$$\frac{x}{\bar{X}} = \frac{y}{\bar{Y}} = \frac{-f}{\bar{Z}} \tag{6.8}$$

这就是式(6.7)的坐标表达式，可将其改写为

$$
\left.
\begin{array}{l}
x = -f\dfrac{\bar{X}}{\bar{Z}} \\[3mm]
y = -f\dfrac{\bar{Y}}{\bar{Z}}
\end{array}
\right\}
\tag{6.9}
$$

由式(6.3)可知，$A$ 点在 $S\text{-}XYZ$ 中的坐标 $(X-X_S, Y-Y_S, Z-Z_S)$ 与其在 $S\text{-}xyz$ 中的坐标 $(\bar{X}, \bar{Y}, \bar{Z})$ 之间存在一个旋转变换关系

$$
\begin{bmatrix} X - X_S \\ Y - Y_S \\ Z - Z_S \end{bmatrix} = \boldsymbol{M} \cdot \begin{bmatrix} \bar{X} \\ \bar{Y} \\ \bar{Z} \end{bmatrix} = \begin{bmatrix} a_1 & a_2 & a_3 \\ b_1 & b_2 & b_3 \\ c_1 & c_2 & c_3 \end{bmatrix} \cdot \begin{bmatrix} \bar{X} \\ \bar{Y} \\ \bar{Z} \end{bmatrix}
\tag{6.10}
$$

其反算形式为

$$
\begin{bmatrix} \bar{X} \\ \bar{Y} \\ \bar{Z} \end{bmatrix} = \boldsymbol{M}^{\mathrm{T}} \cdot \begin{bmatrix} X - X_S \\ Y - Y_S \\ Z - Z_S \end{bmatrix} = \begin{bmatrix} a_1 & b_1 & c_1 \\ a_2 & b_2 & c_2 \\ a_3 & b_3 & c_3 \end{bmatrix} \cdot \begin{bmatrix} X - X_S \\ Y - Y_S \\ Z - Z_S \end{bmatrix}
\tag{6.11}
$$

将式(6.11)代入式(6.9)，可得

$$
\left.
\begin{array}{l}
x = -f\dfrac{a_1(X-X_S)+b_1(Y-Y_S)+c_1(Z-Z_S)}{a_3(X-X_S)+b_3(Y-Y_S)+c_3(Z-Z_S)} \\[4mm]
y = -f\dfrac{a_2(X-X_S)+b_2(Y-Y_S)+c_2(Z-Z_S)}{a_3(X-X_S)+b_3(Y-Y_S)+c_3(Z-Z_S)}
\end{array}
\right\}
\tag{6.12}
$$

式(6.12)就是倾斜像片上像点坐标 $(x,y)$ 与相应空间目标坐标点 $(X,Y,Z)$ 之间的严密关系式。这是以物点坐标计算像点坐标的形式表示的共线条件方程，下面推导以像点坐标计算物点坐标的形式表示的共线条件方程。

在坐标系 $S\text{-}XYZ$ 中，由于 $S$、$a$、$A$ 三点共线，所以有

$$
\frac{X-X_S}{\bar{x}} = \frac{Y-Y_S}{\bar{y}} = \frac{Z-Z_S}{\bar{z}}
\tag{6.13}
$$

由式(6.13)得

$$
\left.
\begin{array}{l}
X - X_S = (Z-Z_S)\dfrac{\bar{x}}{\bar{z}} \\[3mm]
Y - Y_S = (Z-Z_S)\dfrac{\bar{y}}{\bar{z}}
\end{array}
\right\}
\tag{6.14}
$$

而 $a$ 点在 $S\text{-}XYZ$ 中的坐标 $(\bar{x}, \bar{y}, \bar{z})$ 与在 $S\text{-}xyz$ 中的坐标 $(x, y, -f)$ 之间存在旋转变换关系

$$
\begin{bmatrix} \bar{x} \\ \bar{y} \\ \bar{z} \end{bmatrix} = \boldsymbol{M} \cdot \begin{bmatrix} x \\ y \\ -f \end{bmatrix} = \begin{bmatrix} a_1 & a_2 & a_3 \\ b_1 & b_2 & b_3 \\ c_1 & c_2 & c_3 \end{bmatrix} \cdot \begin{bmatrix} x \\ y \\ -f \end{bmatrix}
\tag{6.15}
$$

将式(6.15)代入式(6.14)可得

$$
\left.
\begin{aligned}
X - X_S &= (Z - Z_S)\frac{a_1 x + a_2 y - a_3 f}{c_1 x + c_2 y - c_3 f} \\
Y - Y_S &= (Z - Z_S)\frac{b_1 x + b_2 y - b_3 f}{c_1 x + c_2 y - c_3 f}
\end{aligned}
\right\}
\tag{6.16}
$$

式(6.16)是式(6.12)的反算公式。由两式可以看出，当目标点的三维坐标 $(X, Y, Z)$ 和像片的外方位元素已知时，利用式(6.12)可直接计算其像点坐标 $(x, y)$。反之，不能由像点坐标 $(x, y)$ 利用式(6.16)直接解算目标点三维坐标 $(X, Y, Z)$，而只能求取坐标的比值。

## 6.3　单像空间后方交会

空间后方交会是摄影测量定位、计算机视觉等领域的一个基础性问题。它利用地面控制点及其对应像点确定像片的位置和姿态（即 6 个外方位元素）。

### 6.3.1　角锥体法

角锥体法应用摄影光束角锥体中像方空间和物方空间的光线间顶角相等的原理来确定像片的外方位元素。该方法的特点是将外方位元素分两组解算，首先根据地面控制点的坐标与其在像片上相应点的像坐标确定摄站点的空间坐标 $(X_S, Y_S, Z_S)$；其次在上述结果的基础上再确定像片的角方位元素 $(\varphi, \omega, \kappa)$。

如图 6-5所示，地面点 $A$、$B$ 和 $C$ 在地面辅助坐标系中的坐标分别为 $(X_i, Y_i, Z_i)$, $i = A, B, C$, 对应的像点 $a$、$b$ 和 $c$ 的在像空间坐标系的坐标分别为 $(x_i, y_i)$, $i = a, b, c$。在像空

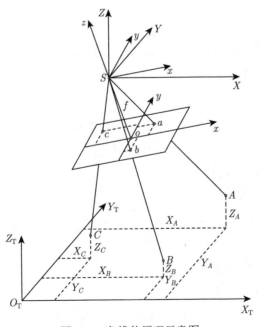

图 6-5　角锥体原理示意图

间坐标系内可以计算 $a$、$b$、$c$ 点对应投影中心 $S$ 的顶角 $\angle aSb$、$\angle bSc$ 和 $\angle cSa$。在摄影测量坐标系中，$A$、$B$ 和 $C$ 点对应 $S$ 的顶角分别为 $\angle ASB$、$\angle BSC$ 和 $\angle BSA$。由于在两个坐标系内的两点对应摄站点 $S$ 的角度相等，所以有

$$\left.\begin{array}{l} \varepsilon_1 = \cos\angle aSb = \cos\angle ASB \\[2mm] \varepsilon_2 = \cos\angle bSc = \cos\angle BSC \\[2mm] \varepsilon_3 = \cos\angle cSa = \cos\angle CSA \end{array}\right\} \tag{6.17}$$

为了计算式(6.17)中的 6 个顶角，需要用到矢量的点积的概念。设 $\boldsymbol{a} = (a_x, a_y, a_z)$，$\boldsymbol{b} = (b_x, b_y, b_z)$，$|\boldsymbol{a}| = a$，$|\boldsymbol{b}| = b$。设 $\boldsymbol{a}$ 和 $\boldsymbol{b}$ 两矢量的夹角为 $\theta$，则 $\boldsymbol{a}$ 和 $\boldsymbol{b}$ 的点积为

$$\boldsymbol{a} \cdot \boldsymbol{b} = ab\cos\theta \tag{6.18}$$

由式(6.18)，可以在像空间坐标系中计算三个顶角的余弦值：

$$\left.\begin{array}{l} \varepsilon_1 = \cos\angle aSb = \dfrac{\overrightarrow{Sa} \cdot \overrightarrow{Sb}}{\overline{Sa} \cdot \overline{Sb}} = \dfrac{x_a x_b + y_a y_b + f^2}{\overline{Sa} \cdot \overline{Sb}} \\[4mm] \varepsilon_2 = \cos\angle bSc = \dfrac{\overrightarrow{Sb} \cdot \overrightarrow{Sc}}{\overline{Sb} \cdot \overline{Sc}} = \dfrac{x_b x_c + y_b y_c + f^2}{\overline{Sb} \cdot \overline{Sc}} \\[4mm] \varepsilon_3 = \cos\angle cSa = \dfrac{\overrightarrow{Sc} \cdot \overrightarrow{Sa}}{\overline{Sc} \cdot \overline{Sa}} = \dfrac{x_c x_a + y_c y_a + f^2}{\overline{Sc} \cdot \overline{Sa}} \end{array}\right\} \tag{6.19}$$

式中，

$$\left.\begin{array}{l} \overline{Sa} = \sqrt{x_a^2 + y_a^2 + f^2} \\[2mm] \overline{Sb} = \sqrt{x_b^2 + y_b^2 + f^2} \\[2mm] \overline{Sc} = \sqrt{x_c^2 + y_c^2 + f^2} \end{array}\right\} \tag{6.20}$$

同理，可以在摄影测量坐标系中，计算三个顶角的余弦值：

$$\left.\begin{array}{l} \varepsilon_1 = \cos\angle ASB = \dfrac{\overrightarrow{SA} \cdot \overrightarrow{SB}}{\overline{SA} \cdot \overline{SB}} \\[4mm] \qquad = \dfrac{(X_A - X_S)(X_B - X_S) + (Y_A - Y_S)(Y_B - Y_S) + (Z_A - Z_S)(Z_B - Z_S)}{\overline{SA} \cdot \overline{SB}} \\[4mm] \varepsilon_2 = \cos\angle BSC = \dfrac{\overrightarrow{SB} \cdot \overrightarrow{SC}}{\overline{SB} \cdot \overline{SC}} \\[4mm] \qquad = \dfrac{(X_B - X_S)(X_C - X_S) + (Y_B - Y_S)(Y_C - Y_S) + (Z_B - Z_S)(Z_C - Z_S)}{\overline{SB} \cdot \overline{SC}} \\[4mm] \varepsilon_3 = \cos\angle CSA = \dfrac{\overrightarrow{SC} \cdot \overrightarrow{SA}}{\overline{SC} \cdot \overline{SA}} \\[4mm] \qquad = \dfrac{(X_C - X_S)(X_A - X_S) + (Y_C - Y_S)(Y_A - Y_S) + (Z_C - Z_S)(Z_A - Z_S)}{\overline{SC} \cdot \overline{SA}} \end{array}\right\} \tag{6.21}$$

式中,

$$\left.\begin{aligned}\overline{SA} &= \sqrt{(X_A - X_S)^2 + (Y_A - Y_S)^2 + (Z_A - Z_S)^2} \\ \overline{SB} &= \sqrt{(X_B - X_S)^2 + (Y_B - Y_S)^2 + (Z_B - Z_S)^2} \\ \overline{SC} &= \sqrt{(X_C - X_S)^2 + (Y_C - Y_S)^2 + (Z_C - Z_S)^2}\end{aligned}\right\} \tag{6.22}$$

联立式(6.19)和式(6.21),可以得到 $(X_S, Y_S, Z_S)$ 的非线性方程组:

$$\left.\begin{aligned}F_1(X_S, Y_S, Z_S) &= 0 \\ F_2(X_S, Y_S, Z_S) &= 0 \\ F_3(X_S, Y_S, Z_S) &= 0\end{aligned}\right\} \tag{6.23}$$

将式(6.23)按泰勒级数展开成为线性方程组,根据给定的摄站点坐标初值,运用最小二乘法迭代解出摄站点坐标 $(X_S, Y_S, Z_S)$。

根据摄站点、像点、地面点的三点共线关系,以及像空间坐标系与摄影测量坐标系之间的旋转关系,列出 $A$ 点确定的关于旋转矩阵 $\boldsymbol{M}$ 各参数的方程组:

$$\left.\begin{aligned}\frac{X_A - X_S}{\overline{SA}}a_1 + \frac{Y_A - Y_S}{\overline{SA}}b_1 + \frac{Z_A - Z_S}{\overline{SA}}c_1 - \frac{x_a}{\overline{Sa}} &= 0 \\ \frac{X_A - X_S}{\overline{SA}}a_2 + \frac{Y_A - Y_S}{\overline{SA}}b_2 + \frac{Z_A - Z_S}{\overline{SA}}c_2 - \frac{y_a}{\overline{Sa}} &= 0 \\ \frac{X_A - X_S}{\overline{SA}}a_3 + \frac{Y_A - Y_S}{\overline{SA}}b_3 + \frac{Z_A - Z_S}{\overline{SA}}c_3 + \frac{f}{\overline{Sa}} &= 0\end{aligned}\right\} \tag{6.24}$$

同理,利用 $B$、$C$ 点坐标也可以分别列出 2 组方程(每组 3 个方程),因此在已知至少 3 个不在一条直线上的地面控制点和解算出的摄站坐标 $(X_S, Y_S, Z_S)$ 的条件下,根据式(6.24),按最小二乘法求出方向余弦 $a_i, b_i, c_i(i = 1, 2, 3)$,再根据式(6.6)就可以反算像片的外方位角元素。

## 6.3.2 共线条件方程法

单张像片空间后方交会是共线条件方程式的直接应用之一,即以式(6.12)为基础,解算像片的 6 个外方位元素 $(X_S, Y_S, Z_S, \varphi, \omega, \kappa)$,即

$$\left.\begin{aligned}F_x(X_S, Y_S, Z_S, \varphi, \omega, \kappa) &= x + f\frac{a_1(X - X_S) + b_1(Y - Y_S) + c_1(Z - Z_S)}{a_3(X - X_S) + b_3(Y - Y_S) + c_3(Z - Z_S)} = 0 \\ F_y(X_S, Y_S, Z_S, \varphi, \omega, \kappa) &= y + f\frac{a_2(X - X_S) + b_2(Y - Y_S) + c_2(Z - Z_S)}{a_3(X - X_S) + b_3(Y - Y_S) + c_3(Z - Z_S)} = 0\end{aligned}\right\} \tag{6.25}$$

给定一个地面控制点 $(X, Y, Z)$ 和对应像点 $(x, y)$,就可以列 2 个方程,要解算 6 个外方位元素,至少需要 3 个不相关(即不在一条直线上)的控制点。即对于 $n(n \geqslant 3)$ 个控制点,

可以列出 $2n$ 个方程。很显然，这些方程都是非线性方程，需要利用非线性最小二乘法进行求解。

记待求解的外方位元素改正量向量为 $\boldsymbol{\delta} = (\delta X_S\ \delta Y_S\ \delta Z_S\ \delta\varphi\ \delta\omega\ \delta\kappa)^{\mathrm{T}}$，对式(6.25)进行线性化，可得

$$\boldsymbol{A\delta} = -\boldsymbol{F} \tag{6.26}$$

其中：

$$\boldsymbol{A} = \begin{bmatrix} \dfrac{\partial F_x}{\partial X_S} & \dfrac{\partial F_x}{\partial Y_S} & \dfrac{\partial F_x}{\partial Z_S} & \dfrac{\partial F_x}{\partial \varphi} & \dfrac{\partial F_x}{\partial \omega} & \dfrac{\partial F_x}{\partial \kappa} \\[3mm] \dfrac{\partial F_y}{\partial X_S} & \dfrac{\partial F_y}{\partial Y_S} & \dfrac{\partial F_y}{\partial Z_S} & \dfrac{\partial F_y}{\partial \varphi} & \dfrac{\partial F_y}{\partial \omega} & \dfrac{\partial F_y}{\partial \kappa} \end{bmatrix},\ \boldsymbol{F} = \begin{bmatrix} F_x \\ F_y \end{bmatrix} \tag{6.27}$$

综合式(6.5)、式(6.11)和式(6.25)，可以得到矩阵 $\boldsymbol{A}$ 和 $\boldsymbol{F}$ 的具体表达式，记 $\boldsymbol{A}$ 为

$$\boldsymbol{A} = \begin{bmatrix} a_{11} & a_{12} & a_{13} & a_{14} & a_{15} & a_{16} \\ a_{21} & a_{22} & a_{23} & a_{24} & a_{25} & a_{26} \end{bmatrix} \tag{6.28}$$

式中，

$$a_{11} = \frac{a_1 f + a_3 x}{\bar{Z}},\ a_{12} = \frac{b_1 f + b_3 x}{\bar{Z}},\ a_{13} = \frac{c_1 f + c_3 x}{\bar{Z}}$$

$$a_{14} = \frac{xy}{f}b_1 - \left(f + \frac{x^2}{f}\right)b_2 - yb_3,\ a_{15} = -\frac{x^2}{f}\sin\kappa - \frac{xy}{f}\cos\kappa - f\sin\kappa,\ a_{16} = y$$

$$a_{21} = \frac{a_2 f + a_3 y}{\bar{Z}},\ a_{22} = \frac{b_2 f + b_3 y}{\bar{Z}},\ a_{23} = \frac{c_2 f + c_3 y}{\bar{Z}}$$

$$a_{24} = \left(f + \frac{y^2}{f}\right)b_1 - \frac{xy}{f}b_2 + xb_3,\ a_{25} = -\frac{xy}{f}\sin\kappa - \frac{y^2}{f}\cos\kappa - f\cos\kappa,\ a_{26} = -x$$

$$F_x = x + f\frac{\bar{X}}{\bar{Z}},\ F_y = y + f\frac{\bar{Y}}{\bar{Z}}$$

$$\bar{X} = a_1(X - X_S) + b_1(Y - Y_S) + c_1(Z - Z_S)$$

$$\bar{Y} = a_2(X - X_S) + b_2(Y - Y_S) + c_2(Z - Z_S)$$

$$\bar{Z} = a_3(X - X_S) + b_3(Y - Y_S) + c_3(Z - Z_S)$$

对于每一个地面控制点，都可以按照式(6.26)列 2 个方程，只要有 3 个不在一条直线的控制点，就可以列出 6 个方程式，联立求解就可以得到像片的 6 个外方位元素。当控制点数量大于 3 时，可以按照最小二乘法式 (2.69) 解算外方位元素近似值的改正数 $\boldsymbol{\delta}$：

$$\boldsymbol{\delta} = -(\boldsymbol{A}^{\mathrm{T}}\boldsymbol{A})^{-1}(\boldsymbol{A}^{\mathrm{T}}\boldsymbol{F}) \tag{6.29}$$

进一步得到改正后的外方位元素值：

$$
\left.
\begin{aligned}
X_S^{(k+1)} &= X_S^{(k)} + \delta X_S^{(k)} \\
Y_S^{(k+1)} &= Y_S^{(k)} + \delta Y_S^{(k)} \\
Z_S^{(k+1)} &= Z_S^{(k)} + \delta Z_S^{(k)} \\
\varphi^{(k+1)} &= \varphi^{(k)} + \delta \varphi^{(k)} \\
\omega^{(k+1)} &= \omega^{(k)} + \delta \omega^{(k)} \\
\kappa^{(k+1)} &= \kappa^{(k)} + \delta \kappa^{(k)}
\end{aligned}
\right\}
\tag{6.30}
$$

式中，$k$ 为迭代次数。上述解算过程是一个迭代过程，直到 6 个像片外方位元素的改正数都小于一定的限差为止。具体计算过程如下。

步骤 1：读入原始数据，包括 $n$ 个像点的坐标 $(x_i, y_i), i = 1, 2, \cdots, n$ 和对应地面点的坐标 $(X_i, Y_i, Z_i), i = 1, 2, \cdots, n$。

步骤 2：赋值计数器 $k = 1$，并确定外方位元素的初始值，角元素一般情况下赋值为 0，即 $\varphi^{(k)} = \omega^{(k)} = \kappa^{(k)} = 0$。线元素中的 $X_S^{(k)}$ 和 $Y_S^{(k)}$ 取地面控制点 $X$ 和 $Y$ 的算术平均值，$Z_S^{(k)}$ 取像片的航高。

步骤 3：按照式(6.26)组成方程组（共有 $2n$ 个方程），并根据式(6.29)和式(6.30)计算外方位元素改正量和外方位元素迭代值。

步骤 4：如果外方位元素近似值的改正数 $\delta$ 都小于限差（$1 \times 10^{-6}$），则输出外方位元素迭代值，迭代终止。否则，赋值计数器 $k = k + 1$，重新执行步骤 3，进行下一次迭代。

## 6.4　基于单张像片的目标定位

利用摄影测量技术进行目标点的定位，是摄影测量的一个基本功能。用摄影测量方法来解决目标定位问题时，人们往往首先想到的是用立体摄影测量技术。其实, 利用摄影测量技术确定物方目标空间位置的方法，从本质上来说，可以分为两大类，一类是利用直线与面相交决定一点的原理进行定位，用图像纠正技术制作像片平面图属于此类，此时所用的"面"是投影平面 (图平面)；另一类是利用两空间直线相交决定一点的原理进行，所有立体摄影测量的方法均属于此类。

人们在目标保障中，希望能用单张像片来完成目标定位任务。例如，在军事上，用无人机空中摄影对目标进行侦察，是摄影测量在目标领域中应用的一个实例。无人机侦察影像来之不易，所以，人们总希望能充分且有效地加以利用，不仅能发现目标，而且还希望能进行目标定位。

大家知道，当一张航空像片在空间的方位确定以后，利用这张像片上的影像，只能确定每个点的方向。假如能提供某点的高程，那么，它在物方的平面位置也就可以确定, 如图 6-6所示，过 $A$ 点的投影光线与地面的交点就是 $A$，在基准面的投影点为 $A_0$。应该指出，地面起伏是一个变化非常缓慢 (或者说相对稳定) 的因素，一旦建立了某地区的数字高程模型，就可以长期使用，它不像地形图或目标图上的地物那样经常发生变化。目标图测制的主要任务是对目标区地物和目标的测量。显然，从本质上讲，这里采用的是投影直线与曲面相交可以决定一点的数学原理。

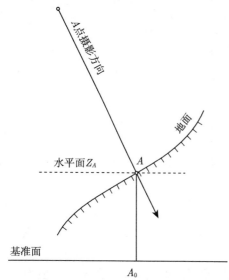

图 6-6　单张像片定位投影光线

由共线条件可知，投影光线的方程为

$$X - X_S = (Z - Z_S)\frac{\bar{x}}{\bar{z}} \left.\right\}$$
$$Y - Y_S = (Z - Z_S)\frac{\bar{y}}{\bar{z}} \right\} \quad (6.31)$$

式中，$(\bar{x}, \bar{y}, \bar{z})$ 为像点的变换坐标。若像点的像空间坐标为 $(x, y, z)$，像空间坐标系到摄影测量坐标系的变换矩阵为 $\boldsymbol{R}$，则

$$\begin{bmatrix} \bar{x} \\ \bar{y} \\ \bar{z} \end{bmatrix} = \boldsymbol{R} \begin{bmatrix} x \\ y \\ -f \end{bmatrix} \quad (6.32)$$

将式(6.32)代入到式(6.31)中，可得目标点 $A$ 和对应像点 $a$ 的坐标关系式为

$$X_A - X_S = (Z_A - Z_S)\frac{a_1 x_a + a_2 y_a - a_3 f}{c_1 x_a + c_2 y_a - c_3 f} \left.\right\}$$
$$Y_A - Y_S = (Z_A - Z_S)\frac{b_1 x_a + b_2 y_a - b_3 f}{c_1 x_a + c_2 y_a - c_3 f} \right\} \quad (6.33)$$

由式(6.33)可知，当像片的外方位元素确定后，即 $(X_S, Y_S, Z_S)$ 和变换矩阵 $\boldsymbol{R}$ 为已知，则只要给出该点的高程 $Z_A$，就可按式(6.33)计算其平面坐标 $(X_A, Y_A)$。实际上，目标的精确高程往往是不知道的，通常，只能按其在像片上的相关位置，对照地形图或其他地面高程资料，从而估计出它的近似高程值。显然，在这种情况下，原有的地形图资料或数字高程模型资料是必不可少的。

有了目标点的近似高程，可以采用迭代法求出目标点的精确高程值和平面坐标。首先给出目标 $A$ 的近似高程 $Z_0$，由 $Z_0$ 可按式(6.33)求出 $A_0$ 的平面坐标，按此 $A_0$ 的平面坐标，可从地形图或数字高程模型中内插出相应的高程 $Z_1$，即得地面 1 号点位置，由 1 号点高程 $Z_1$，又可按式(6.33)计算出 $A_1$ 的平面坐标，再由此平面坐标从地形图或数字高程模

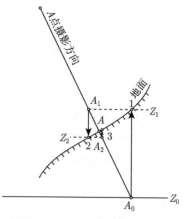

图 6-7　单张像片定位原理图

型中内插出相应的高程 $Z_2$，即得地面 2 号点位置，继续进行迭代计算，可得到地面 3 号点的位置 $\cdots\cdots$ 直至求得地面 $A$ 点的位置 $(X_A, Y_A, Z_A)$。这一迭代处理过程如图 6-7 所示。

利用近似垂直摄影像片进行目标解析定位作业时, 按上述方法通常是收敛的。但是, 当投影光线的倾斜度 (用投影光线与水平面的夹角表示) 与 "地面坡度" 相等时, 如图 6-8(a) 所示, 解析定位计算将陷入死循环而无法跳出。这时, 前后两次求出的地面点正好分别位于一个矩形的对角顶点。投影光线与地面 (过投影光线的垂面内的截线) 分别为此矩形的对角线, 我们不妨把这一矩形称为 "危险矩形"。

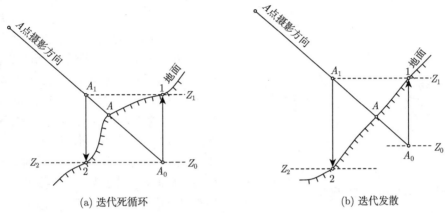

(a) 迭代死循环                          (b) 迭代发散

图 6-8   单片定位解算失败

这就是说, 只要前后两次求出的地面点正好位于危险矩形的对角顶点, 迭代计算将陷入死循环。另外, 当投影光线的倾斜度小于地面坡度时, 如图 6-8(b) 所示, 则迭代计算将是发散的或随地形起伏变化产生无规则摆动而不能收敛。这些情况在利用倾斜角较大的像片 (如某些侦察像片) 时可能出现。这就需要寻求一种适应性更强的迭代计算方法。

下面进一步讨论解决上述矛盾的方法。如图 6-9 所示, 按上述方法给出近似高程初值 $Z_0$ 后, 可求出 1 号点, 用 1 号点高程 $Z_a$ 可求出 2 号点。然后, 求 1 号点—2 号点连线与投影光线的交点, 此点将更接近所求的目标点 $A$。过 1 号点、2 号点的直线方程为

$$X - X_1 = (Z - Z_1)\frac{X_2 - X_1}{Z_2 - Z_1} \left. \begin{array}{l} \\ \\ \end{array} \right\}$$
$$Y - Y_1 = (Z - Z_1)\frac{Y_2 - Y_1}{Z_2 - Z_1} \qquad (6.34)$$

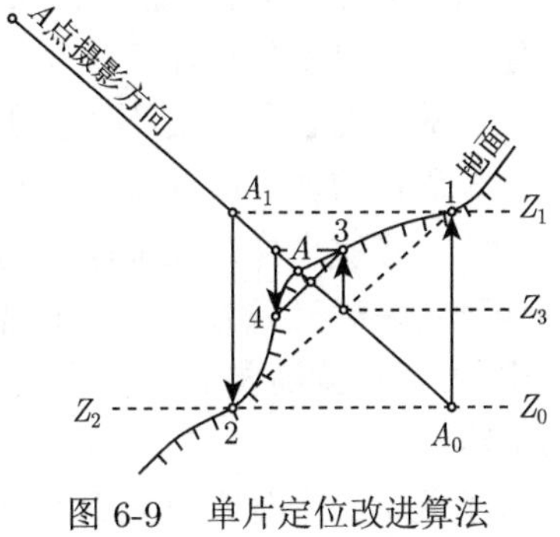

图 6-9   单片定位改进算法

由式 (6.34) 可得

$$(Y_2 - Y_1)X - (X_2 - X_1)Y = (Y_2 - Y_1)X_1 - (X_2 - X_1)Y_1 \qquad (6.35)$$

由式 (6.35) 可得

$$\bar{y}X - \bar{x}Y = \bar{y}X_S - \bar{x}Y_S \qquad (6.36)$$

联立式 (6.35) 和式 (6.36) 可得交点平面坐标 $(X, Y)$, 由此 $(X, Y)$ 值可在地图或数字高程模型中内插出相应的高程值, 接着重复求 1 号点、2 号点的方法, 可得 3 号点、4 号点, 并可得 3 号点—4 号点连线与投影光线的交点。依此迭代计算, 直至收敛到点 $A$。

# 6.5  基于立体像对的目标定位

由不同摄站所获取的两张具有一定影像重叠的像片，称为立体像对。利用立体像对构成立体模型是立体摄影测量的基础。立体摄影测量不仅可以获得目标点的平面位置，而且可以确定地面点的高程。

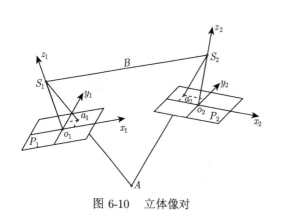

图 6-10　立体像对

如图 6-10所示，一个处于空中摄影位置的立体像对 $P_1$-$P_2$，$S_1$、$S_2$ 分别为左片和右片的摄影中心（摄站），两者之间的连线是摄影基线 $B$，$S_1 o_1$ 和 $S_2 o_2$ 分别表示两光束的主光轴。$A$ 为地面点，$S_1 A$ 和 $S_2 A$ 称为同名光线，同名光线与两张像片的交点称为同名像点 $a_1$ 和 $a_2$。包含摄影基线 $B$ 与任一地面点 $A$ 的平面，称为 $A$ 点的核面，显然，同名像点 $a_1$ 和 $a_2$ 都在过 $A$ 点的核面上。过像主点的核面称为主核面，左片的称为左主核面，右片的称为右主核面。一般情况下，左右两个主核面是不重合的。

如果将立体像对放在它们原来的摄影位置，用内外方位元素与原来摄影机相同的投影仪将影像投影下来，这时投影光束的形状与其在空间的位置完全与摄影时的光束相同，故相应投影光线必成对相交在原来的地面点上。无数对相应投影光线的交点，构成了一个具有三维空间的几何表面，这个几何表面称为几何的立体模型。显然，这个立体模型的形状、大小和位置都与该立体模型所摄地区的表面完全一致。

当然，要利用光学投影仪器实现上述设想是不可能也是没有必要的，可以调整 $B$ 的大小，从而建立一个与实地成比例缩小的立体模型。显然这种“缩小版”立体模型的建立只取决于两光束间的相对位置，而不取决于光束对地面的绝对位置。对于一个立体像对，摄影基线长度是一个确定的值，故改变摄影基线的长度就可以改变立体模型的比例尺。

确定一张航摄像片在地面辅助坐标系中的方位，需要六个外方位元素，即摄影站点的三个坐标和确定摄影光束方位的三个角元素。因此，要确定一个像对的两张像片（或光束）在该坐标系中的方位，就需要十二个外方位元素，即左片：$X_{S_1}, Y_{S_1}, Z_{S_1}, \varphi_1, \omega_1, \kappa_1$；右片：$X_{S_2}, Y_{S_2}, Z_{S_2}, \varphi_2, \omega_2, \kappa_2$。

有了这十二个外方位元素，就确定了这两张像片在此坐标系统的方位，当然也就确定了立体像对两张像片的像对方位。

但在解决摄影定位问题的时候，我们往往首先关心的不是整个像对的绝对方位，而是两张像片的相对方位，如右像片相对于左像片的方位。而后再处理整个像对在某一个测量空间（如地面辅助坐标系）中的绝对方位，这就把立体像对的定位问题分解为如下两个处理步骤。

第一步：确定立体像对中两张像片的相对方位，这个过程称为立体像对的相对方位。而确定一个立体像对中两张像片之间相对方位的参数，称为该像对的相对方位元素。

第二步：确定该立体像对相对于地面辅助坐标系中的绝对方位，这个过程称为立体像对的绝对定向。其中，需要确定的参数称为该立体像对的绝对方位元素。

为了决定相对方位元素的个数，用右片的外方位元素减去左片的外方位元素，得

$$\left.\begin{aligned}\Delta X_S &= X_{S_2} - X_{S_1}, \Delta Y_S = Y_{S_2} - Y_{S_1}, \Delta Z_S = Z_{S_2} - Z_{S_1}\\ \Delta\varphi &= \varphi_2 - \varphi_1, \Delta\omega = \omega_2 - \omega_1, \Delta\kappa = \kappa_2 - \kappa_1\end{aligned}\right\} \tag{6.37}$$

式中，$\Delta X_S, \Delta Y_S, \Delta Z_S$ 为摄影基线 $B$ 在地面辅助坐标系三个坐标轴上的投影，称为摄影基线的三个分量，通常记为 $B_X, B_Y, B_Z$，它们决定了摄影基线的方向和长度。如图 6-11所示，$\tau$ 是摄影基线与 $S_1$-$XY$ 平面的夹角，$\nu$ 是摄影基线 $B$ 在 $XY$ 平面内投影与 $S_1$-$X$ 坐标轴的夹角，$\tau$ 和 $\nu$ 确定了摄影基线的方向。这几个变量的关系为

$$B = \sqrt{B_X^2 + B_Y^2 + B_Z^2}, \quad \tan\tau = \frac{B_Y}{B_Z}, \quad \sin\nu = \frac{B_Z}{B} \tag{6.38}$$

因此，$B_X, B_Y, B_Z$ 这三个元素可用 $B, \tau, \nu$ 这三个元素来代替。

但是在具体进行摄影测量定位的第一步，我们并不关心摄影基线 $B$，因此基线只是影响立体模型的比例尺，并不影响立体像对两张像片的相对方位元素。于是，确定两张像片间相对方位的元素便只需要下述五个，即 $\tau, \nu, \Delta\varphi, \Delta\omega, \Delta\kappa$。

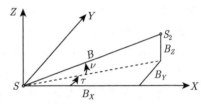

图 6-11　摄影基线和分量

在确定了两张像片的相对方位后，如果再知道左片（或右片）的六个外方位元素和基线 $B$ 的长度，就可以按照式(6.37)计算右片（或左片）的外方位元素。这七个参数称为立体像对（或模型）的绝对方位元素。

但是在具体的目标定位中，相对方位元素和绝对方位元素的选择是和坐标的选择有关的，通常并不直接采用上述表述方式。

### 6.5.1　相对方位元素

相对方位元素与摄影测量坐标系的选择有关。对于不同的摄影测量坐标系，相对方位元素有不同的选择方式，常用的有连续像对系统和单独像对系统两种形式。

**1. 连续像对系统**

上述相对方位元素 $\tau, \nu, \Delta\varphi, \Delta\omega, \Delta\kappa$ 是以地面辅助坐标系为基础的，连续像对系统与此非常类似，不同的是以左片像空间坐标系 $S_1$-$X_1Y_1Z_1$ 为基础，相对方位元素也有五个，即 $\overline{\tau}, \overline{\nu}, \overline{\Delta\varphi}, \overline{\Delta\omega}, \overline{\Delta\kappa}$。本书中，在不引起混淆的情况下，会用不带上划线的表示方式，如图 6-12所示。

$\tau$：摄影基线 $B$ 在 $X_1Y_1$ 平面上的投影与 $X_1$ 轴的夹角；

$\nu$：摄影基线 $B$ 与 $X_1Y_1$ 平面之间的夹角；

$\Delta\varphi$：右片主光轴 $S_2o_2$ 在 $S_2Z_2$ 面上的投影与 $Z_2$ 轴的夹角（坐标系 $S_1$-$X_1Y_1Z_1$ 和 $S_2$-$X_2Y_2Z_2$ 相比，只是原点不同，三个坐标轴互相平行）；

$\Delta\omega$：右片主光轴 $S_2o_2$ 与 $X_2Z_2$ 平面之间的夹角；

$\Delta\kappa$：$X_2$ 轴在右片平面上的投影与右片像平面坐标系 $x_2$ 轴之间的夹角。

各个元素均从坐标轴或坐标面起算，图中所示方向均为正。

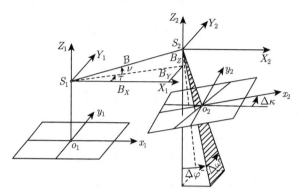

图 6-12　连续像对系统相对方位元素

上面五个元素中，$\tau$ 和 $\nu$ 可以确定基线在 $S_1$-$X_1Y_1Z_1$ 中的方位，$\Delta\varphi$ 和 $\Delta\omega$ 可以确定两像片主光轴间的相对方位，$\Delta\kappa$ 则控制右片在其自身平面内的旋转，即控制右光束绕主光轴的旋转。这样，两光束的相对位置就可以脱离地面坐标而独立地确定了。这一系统的特点是按上述元素移动和转动其中一个光束，就可以确定两张像片的相对方位。

由上述可知，连续像对系统的相对方位元素可以理解为右光束（或右片的像空间坐标系）在左片像空间坐标系的"外方位元素"（基线 $B$ 或者 $B_X$ 可以为任意假定值）。广义地说，连续像对系统的相对方位元素可认为是以左片为基准的相对方位元素。假定左片在某一个给定的摄影测量坐标系中的角方位元素是已知的，则可以以该摄影测量坐标系为基准。此时右片在该摄影测量坐标系中的"外方位元素"（基线 $B$ 或者 $B_X$ 可以为任意假定值）仍称为连续像对系统的方位元素，不过此时的相对方位元素是对该摄影测量坐标系而言的。因为左片在该坐标系中的角方位元素为已知值，所以也就确定了两张像片间的相对方位。例如，左片在 $S_1$-$X_1Y_1Z_1$ 的角方位元素是 $(\varphi_1, \omega_1, \kappa_1)$，右片在 $S_1$-$X_1Y_1Z_1$ 中的"外方位元素"为 $(B_X, B_Y, \varphi_2, \omega_2, \kappa_2)$，即 $B_X, B_Y, \varphi_2, \omega_2, \kappa_2$ 就是连续像对系统的相对方位元素，或者用 $\tau, \nu, \varphi_2, \omega_2, \kappa_2$ 作为相对方位元素。在摄影测量目标定位中，常采用这种相对方位元素系统。

**2. 单独像对系统**

这种系统以摄影基线和像片主核面为基准，如图 6-13 所示。摄影测量坐标系的 $X$ 轴与基线 $B$ 重合，$Z$ 轴在左主核面内，原点在左片摄站 $S_1$ 处。这种以摄站为原点，$X$ 轴与基线重合，$Z$ 轴在主核面内的摄影测量坐标系称为基线坐标系。所以单独像对系统的相对方位元素是以基线坐标系为基准的，此时相对方位元素有 5 个，分别是 $\tau_1, \kappa_1, \varepsilon, \tau_2, \kappa_2$。

$\tau_1$：左主核面（即 $XZ$ 面）上左主光轴与摄影基线垂线（即 $Z$ 轴）的夹角，由垂线起算，顺着 $Y$ 轴正向看，逆时针为正，图中 $\tau_1$ 为负值。

$\tau_2$：右主核面（即 $XZ$ 面）上右主光轴与摄影基线垂线（即 $Z$ 轴）的夹角，由垂线起算，顺着 $Y$ 轴正向看，逆时针为正，图中 $\tau_2$ 为正值。

$\varepsilon$：两主核面的夹角，由左主核面起算，从 $X$ 轴正方向往坐标系原点看，逆时针为正，图中 $\varepsilon$ 为正。

$\kappa_1$：左像片上左主核线与像平面坐标系 $x_1$ 轴的夹角，由左主核线起算，从 $Z$ 轴正方向往原点看，逆时针为正，图中 $\kappa_1$ 为负值。

$\kappa_2$：右像片上右主核线与像平面坐标系 $x_2$ 轴的夹角，由右主核线起算，从 $Z$ 轴正方向往原点看，逆时针为正，图中 $\kappa_2$ 为负值。

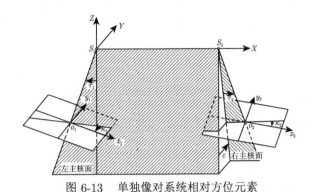

图 6-13　单独像对系统相对方位元素

上述五个元素中，$\varepsilon$ 可以确定像对主核面的相对方位，$\tau_1$ 和 $\tau_2$ 可以分别确定两个主光轴对基线的相对位置，$\kappa_1$ 和 $\kappa_2$ 则可以分别确定两张像片在其自身平面内的旋转，即控制两条光束分别绕其光轴的旋转。所以这五个参数也可以确定立体像对两张像片的相对方位。这种系统的特点是确定两张像片的相对方位时，必须要分别转动两个光束来实现，它们同样与地面坐标系是无关的。

## 6.5.2　绝对方位元素

在恢复了立体像对相对方位的基础上，用来恢复两光束在地面辅助坐标系中的正确方位所需要的元素，称为绝对方位元素，也就是确定立体模型在地面辅助坐标系中的正确方位所需要的元素。前面已经提过，这样的元素有七个，其中三个是确定立体模型在地面坐标系的旋转所需的角元素，另外三个是确定立体模型在地面坐标中的平移量所需要的线元素，最后第七个是模型比例尺所需的元素，常用的七个元素为

$$B, X_{\mathrm{S}}, Y_{\mathrm{S}}, Z_{\mathrm{S}}, \Phi, \Omega, K$$

其中，$B$ 为基线长度，可以用基线分量 $B_X$ 或者模型比例尺分母 $\lambda$ 代替，用来确定模型的比例尺；$\Phi$ 和 $\Omega$ 分别为模型在 $X$ 和 $Y$ 方向的倾斜角，用来将模型整置水平；$X_S, Y_S, Z_S$ 为其中一个摄影中心（摄站）在地面坐标系中的坐标，也可以是模型中某一个已知的地面点；$K$ 为模型在水平面内的旋转角，用来确定模型在水平面内的旋转。

下面用坐标变换的观点来分析绝对方位元素的含义。假如在确定相对方位元素时，是以坐标系 $S$–$XYZ$ 作为基准的（在单独像对系统中的 $S$–$XYZ$ 就是基线坐标系），那么绝对方位元素就是确定坐标系 $S$–$XYZ$ 在地面坐标系 $O_{\mathrm{T}}$–$X_{\mathrm{T}}Y_{\mathrm{T}}Z_{\mathrm{T}}$ 中的位置和统一长度单位所需要的元素，如图 6-14 所示。为了确定坐标系 $S$–$XYZ$ 在 $O_{\mathrm{T}}$–$X_{\mathrm{T}}Y_{\mathrm{T}}Z_{\mathrm{T}}$ 中的位置和方位，需要 $S$ 点在

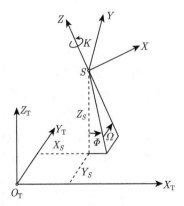

图 6-14　绝对方位元素

$O_T\text{–}X_TY_TZ_T$ 中的坐标 $(X_S, Y_S, Z_S)$，$S\text{–}XYZ$ 相对 $O_T\text{–}X_TY_TZ_T$ 的三个旋转角 $\Phi, \Omega, K$，另外还需要两坐标系中长度单位的比值，即比例因子 $\lambda$。在前面讨论两个坐标系的旋转变化时，认为两个坐标系中长度单位是一致的，所以没有考虑比例因子问题，但在绝对定向中必须考虑。这里的比例因子 $\lambda$ 实际上就是模型比例尺分母。这样一来，绝对方位元素仍然是七个，即 $\lambda, X_S, Y_S, Z_S, \Phi, \Omega, K$。

### 6.5.3  相对定向

相对定向是确定立体像对相对方位元素的过程，所依据的基本原理就是同名光线在各自的核面内成对相交，也就是同一个地面点在左片和右片上的投影光线在同一个平面内（该平面称为这个地面点的核面）。

**1. 共面条件方程**

如前所述，同名光线和摄影基线共处于一个平面内（图 6-10），这是判断两张像片是否能恢复相对方位的几何条件，称为共面条件。共面条件的解析表示就是共面条件方程，也称为相对定向的条件方程。

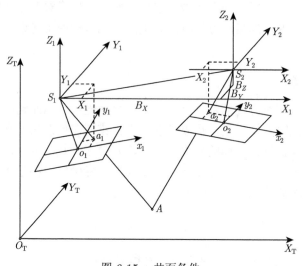

图 6-15    共面条件

图 6-15 为要进行相对定向的一个立体像对，其中，$S_1$ 和 $S_2$ 表示左、右像片的投影中心，$a_1$ 和 $a_2$ 表示地面点 $A$ 在左、右像片上的相应像点。设 $O_T\text{–}X_TY_TZ_T$ 为地面辅助坐标系，$S_1\text{–}X_1Y_1Z_1$ 为所建立的摄影测量坐标系，$X_1$、$Y_1$、$Z_1$ 轴与地面辅助坐标系的 $X_T$、$Y_T$、$Z_T$ 轴平行。过右片投影中心 $S_2$ 定义一个与 $S_1\text{–}X_1Y_1Z_1$ 坐标系平行的 $S_2\text{–}X_2Y_2Z_2$ 坐标系。记：

像点 $a_1$ 在 $S_1\text{–}X_1Y_1Z_1$ 坐标系中的坐标为 $(X_1, Y_1, Z_1)$；

像点 $a_2$ 在 $S_2\text{–}X_2Y_2Z_2$ 坐标系中的坐标为 $(X_2, Y_2, Z_2)$；

右片投影中心 $S_2$ 在 $S_1\text{–}X_1Y_1Z_1$ 坐标系中的坐标为 $(B_X, B_Y, B_Z)$。

则向量 $\overrightarrow{S_1S_2}$、$\overrightarrow{S_1a_1}$ 和 $\overrightarrow{S_2a_2}$ 共面的条件是

$$\overrightarrow{S_1S_2} \cdot (\overrightarrow{S_1a_1} \times \overrightarrow{S_2a_2}) = 0 \tag{6.39}$$

其矩阵形式为

$$\begin{vmatrix} B_X & B_Y & B_Z \\ X_1 & Y_1 & Z_1 \\ X_2 & Y_2 & Z_2 \end{vmatrix} = 0 \tag{6.40}$$

对于单独像对系统（图 6-13）来说，摄影测量坐标系的 $X$ 轴与基线平行，此时 $B_X = B$（任意选定），$B_Y = B_Z = 0$，式(6.40)可简化为

$$\begin{vmatrix} Y_1 & Z_1 \\ Y_2 & Z_2 \end{vmatrix} = 0 \tag{6.41}$$

对于一般情况，可以将式(6.40)转化为

$$[B_X \ B_Y \ B_Z] \begin{bmatrix} 0 & -Z_1 & Y_1 \\ Z_1 & 0 & -X_1 \\ -Y_1 & X_1 & 0 \end{bmatrix} \begin{bmatrix} X_2 \\ Y_2 \\ Z_2 \end{bmatrix} = 0 \tag{6.42}$$

当选定的摄影测量坐标系 $S_1\text{-}X_1Y_1Z_1$ 与左片像空间坐标系 $S_1\text{-}x_1y_1z_1$ 重合时，这就是连续像对系统（图 6-12），则有

$$\begin{bmatrix} X_1 \\ Y_1 \\ Z_1 \end{bmatrix} = E \begin{bmatrix} x_1 \\ y_1 \\ -f \end{bmatrix} = \begin{bmatrix} x_1 \\ y_1 \\ -f \end{bmatrix}$$

和

$$\begin{bmatrix} X_2 \\ Y_2 \\ Z_2 \end{bmatrix} = M_2 \begin{bmatrix} x_2 \\ y_2 \\ -f \end{bmatrix}$$

式中，$M_2$ 为右片像空间坐标系到摄影测量坐标系的旋转变化矩阵，与 $\Delta\varphi, \Delta\omega, \Delta\kappa$ 三个相对方位元素相关，具体计算公式和式(6.4)一致；$B_X = B\cos\nu\cos\tau, BY = B\cos\nu\sin\tau, B_Z = B\sin\nu$。因此，式(6.42)可改写为

$$B[\cos\nu\cos\tau \ \cos\nu\sin\tau \ \sin\nu] \begin{bmatrix} 0 & f & y_1 \\ -f & 0 & -x_1 \\ -y_1 & z_1 & 0 \end{bmatrix} M_2 \begin{bmatrix} x_2 \\ y_2 \\ -f \end{bmatrix} = 0 \tag{6.43}$$

将 $B$ 约掉，旋转矩阵 $M_2$ 可由 $\Delta\varphi, \Delta\omega, \Delta\kappa$ 三个相对方位元素确定，式(6.43)即变化为五个相对方位元素的关系式：

$$F = [\cos\nu\cos\tau \ \cos\nu\sin\tau \ \sin\nu] \begin{bmatrix} 0 & f & y_1 \\ -f & 0 & -x_1 \\ -y_1 & z_1 & 0 \end{bmatrix} M_2 \begin{bmatrix} x_2 \\ y_2 \\ -f \end{bmatrix} = 0 \tag{6.44}$$

式(6.44)就是立体像对的共面条件方程。

**2. 相对方位元素的解算**

由式(6.44)可知，给定一对同名像点，就可以列出一个方程，要解算 5 个未知的相对方位元素，至少需要 5 个同名像点，一般在摄影测量定位中需要 6 个以上的同名点。即对于 $n(n \geqslant 6)$ 个同名像点，可以列出 $n$ 个方程。很显然，这些方程都是非线性方程，需要利用非线性最小二乘法进行求解。

设待求的相对方位元素改正向量为 $\boldsymbol{\delta} = (\delta\tau \ \delta\nu \ \delta\varphi \ \delta\omega \ \delta\kappa)^{\mathrm{T}}$，对式(6.44)进行线性化：

$$A\boldsymbol{\delta} = -\boldsymbol{F} \tag{6.45}$$

式中，

$$A = \left[\frac{\partial F}{\partial \tau} \ \frac{\partial F}{\partial \nu} \ \frac{\partial F}{\partial \Delta\varphi} \ \frac{\partial F}{\partial \Delta\omega} \ \frac{\partial F}{\partial \Delta\kappa}\right], \boldsymbol{F} = F(\tau, \nu, \Delta\varphi, \Delta\omega, \Delta\kappa) \tag{6.46}$$

给定相对方位元素初值，对于近似垂直摄影，初值一般为 0，即 $\tau^0 = \nu^0 = \Delta\varphi^0 = \Delta\Omega^0 = \Delta K^0 = 0$，按照最小二乘法原理解算相对方位元素的改正量 $\boldsymbol{\delta} = -(A^{\mathrm{T}}A)^{-1}(A^{\mathrm{T}}\boldsymbol{F})$，并对相对方位元素进行修正。然后重复上述过程，直到迭代解算满足一定的精度为止。

在传统摄影测量定位中，利用模拟光学法进行相对定向时一般选择 6 个同名点。发展到数字摄影及计算机处理阶段，相对定向可以采用更为自动的方法。首先可以利用影像自动匹配算法，获取大量的同名像点（可能包含一定的误匹配点），然后再利用上述原理进行相对定向。这个过程还需要影像匹配（如 SIFT 算法）、粗差剔除（如 RANSAC 算法）等处理技术和方法，相关知识在计算机视觉理论中会有更为详细的论述。

## 6.5.4 空间前方交会

一个立体像对经过相对定向，就恢复了相对方位，其同名光线就在各自的核面内成对相交，所有交点的集合便形成了一个与实地相似的立体模型。而这些模型点坐标就可以在特定的摄影测量坐标系中计算出来，这个过程就是空间前方交会。

如图 6-16所示，$S_1$ 和 $S_2$ 是两个摄站，对应像片组成立体像对，任一地面地物 $A$ 在该像对左片上的像点为 $a_1$，在右片上的像点为 $a_2$。以左片投影中心 $S_1$ 为基准，建立摄影测量坐标系 $S_1$-$X_1Y_1Z_1$，同时在 $S_2$ 处建立一个与之平行的坐标系 $S_2$-$X_2Y_2Z_2$。像点 $a_1$ 和地面点 $A$ 在 $S_1$-$X_1Y_1Z_1$ 中的坐标分别为 $(X_1, Y_1, Z_1)$ 和 $\Delta X_1, \Delta Y_1, \Delta Z_1$，像点 $a_2$ 和地面点 $A$ 在 $S_2$-$X_2Y_2Z_2$ 中的坐标分别为 $(X_2, Y_2, Z_2)$ 和 $\Delta X_2, \Delta Y_2, \Delta Z_2$，右片摄站 $S_2$ 在 $S_1$-$X_1Y_1Z_1$ 中的坐标为 $(B_X, B_Y, B_Z)$。

显然，同名像点 $a_1$ 和 $a_2$ 分别在 $S_1$-$X_1Y_1Z_1$ 和 $S_2$-$X_2Y_2Z_2$ 中的坐标 $(X_1, Y_1, Z_1)$ 和 $(X_2, Y_2, Z_2)$ 取决于左右像片在这两个坐标系的角方位元素。因为这两个坐标系的相应坐标轴的平行的，所以右片在 $S_2$-$X_2Y_2Z_2$ 中的角元素也就是它在 $S_1$-$X_1Y_1Z_1$ 中的角方位元素。

如果立体像对两张像片的外方位元素已经解算出，则左右像片相对于摄影测量坐标系的旋转角方位元素是已知的。另外，如果知道了左片外方位元素和立体像对相对方位元素，则上述旋转角元素也是已知的。还有一种情况，左片的外方位元素未知，此时如以左片的像空间坐标系作为摄影测量坐标系（图 6-12），则上述旋转角元素也认为是已知的。因此，只要知道了两张像片的相对方位元素，就可以在某一个特定摄影测量坐标系中进行空间前方交会，此时立体像对（模型）和地面还没有建立数学关系。

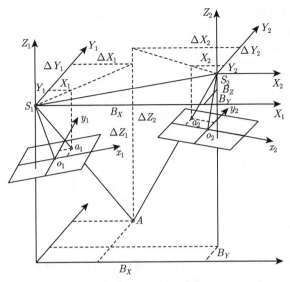

图 6-16　空间前方交会

按照空间坐标的旋转变换公式，有

$$\begin{bmatrix} X_1 \\ Y_1 \\ Z_1 \end{bmatrix} = \begin{bmatrix} a_{11} & a_{12} & a_{13} \\ b_{11} & b_{12} & b_{13} \\ c_{11} & c_{12} & c_{13} \end{bmatrix} \cdot \begin{bmatrix} x_1 \\ y_1 \\ -f \end{bmatrix}, \quad \begin{bmatrix} X_2 \\ Y_2 \\ Z_2 \end{bmatrix} = \begin{bmatrix} a_{21} & a_{22} & a_{23} \\ b_{21} & b_{22} & b_{23} \\ c_{21} & c_{22} & c_{23} \end{bmatrix} \cdot \begin{bmatrix} x_2 \\ y_2 \\ -f \end{bmatrix} \tag{6.47}$$

式中，$x_1, y_1, x_2, y_2$ 为相应像点在各自像平面坐标系中的坐标。两个旋转矩阵的 18 个参数可以根据左右像片相对于摄影测量坐标系的角方位元素计算得出。由图 6-16 可以看出，$Aa_1S_1$ 三点共线，$Aa_2S_2$ 三点也共线，故可得

$$\left.\begin{aligned} \frac{S_1A}{S_1a_1} = \frac{\Delta X_1}{X_1} = \frac{\Delta Y_1}{Y_1} = \frac{\Delta Z_1}{Z_1} \\ \frac{S_2A}{S_2a_2} = \frac{\Delta X_2}{X_2} = \frac{\Delta Y_2}{Y_2} = \frac{\Delta Z_2}{Z_2} \end{aligned}\right\} \tag{6.48}$$

设 $\dfrac{S_1A}{S_1a_1} = N_1$，$\dfrac{S_2A}{S_2a_2} = N_2$，$N_1$ 和 $N_2$ 称为投影系数，则得

$$\left.\begin{aligned} \Delta X_1 = N_1 X_1 \quad \Delta Y_1 = N_1 Y_1 \quad \Delta Z_1 = N_1 Z_1 \\ \Delta X_2 = N_2 X_2 \quad \Delta Y_2 = N_2 Y_2 \quad \Delta Z_2 = N_2 Z_2 \end{aligned}\right\} \tag{6.49}$$

由于 $S_2$ 在 $S_1\text{-}X_1Y_1Z_1$ 中的坐标为 $(B_X, B_Y, B_Z)$，故：

$$\left.\begin{aligned} \Delta X_1 = N_1 X_1 = B_X + N_2 X_2 \\ \Delta Y_1 = N_1 Y_1 = B_Y + N_2 Y_2 \\ \Delta Z_1 = N_1 Z_1 = B_Z + N_2 Z_2 \end{aligned}\right\} \tag{6.50}$$

式(6.50)中，可以解算出投影系数 $N_1$ 和 $N_2$，如利用最小二乘方法，或者按照经典摄影测量理论，联立第一式和第三式，可得

$$
\left.
\begin{aligned}
N_1 &= \frac{B_X Z_2 - B_Z X_2}{X_1 Z_2 - X_2 Z_1} \\
N_2 &= \frac{B_X Z_1 - B_Z X_1}{X_1 Z_2 - X_2 Z_1}
\end{aligned}
\right\}
\tag{6.51}
$$

将(6.51)代入式(6.50)，就可以计算出地面点 $A$ 在摄影测量坐标系中的坐标 $\Delta X_1, \Delta Y_1, \Delta Z_1$。这两个公式就是空间前方交会的基本公式，利用它们就可以计算出立体像点各模型点的空间坐标。

### 6.5.5 绝对定向

当一个立体模型完成相对定向后，相应光线在各自的核面内成对相交，构成了一个与实地相似的几何模型。而模型点在摄影测量坐标系中的坐标值可以通过空间前方交会计算得到。

但是，这样建立的模型是相对于摄影测量坐标系的，它在地面坐标系中的方位是未知的，其比例尺也是任意的。现在的问题是要确定立体模型在地面坐标系中的正确方位和比例尺因子，从而确定出各模型点所对应的地面点在地面辅助坐标系中的坐标，这项工作称为立体模型的绝对定向。

把模型点的摄影测量坐标变换成相应地面点的地面坐标，包含三方面内容：一是模型坐标系相对于地面辅助坐标系的旋转，二是模型坐标系相对于地面辅助坐标系的平移，三是确定模型缩放的比例因子。如图 6-17所示，现在假定某模型点在摄影测量坐标系（或称模型坐标系）中的坐标为 $(X, Y, Z)$，其对应地面点在地面辅助坐标系中的坐标为 $(X_T, Y_T, Z_T)$，那么上述的变换在数学上的一般表达就是三维空间旋转变换，具体变换公式为

$$
\begin{bmatrix} X_T \\ Y_T \\ Z_T \end{bmatrix} = \lambda \boldsymbol{R} = \lambda \begin{bmatrix} a_1 & a_2 & a_3 \\ b_1 & b_2 & b_3 \\ c_1 & c_2 & c_3 \end{bmatrix} \cdot \begin{bmatrix} X \\ Y \\ Z \end{bmatrix} + \begin{bmatrix} X_0 \\ Y_0 \\ Z_0 \end{bmatrix}
\tag{6.52}
$$

这就是立体模型绝对定向问题的严格数学方程式，式中包含七个变换参数：三个平移参数 $X_0, Y_0, Z_0$；旋转矩阵 $\boldsymbol{R}$ 包含三个独立的旋转参数 $\Phi, \Omega, K$；一个比例尺因子 $\lambda$。这七个参数就是立体模型的绝对方位元素（图 6-14）。

显然，如果知道了这七个绝对方位元素（或称相似变换的七个变换参数），就可以按照式(6.52)将模型点的摄影测量坐标归算为相应地面点的地面坐标。

下面的问题是如何确定这七个绝对定向参数，通常的做法是通过一定数量的控制点进行反算。但是由于式(6.52)所表达的相似变换是绝对方位元素 $\lambda, X_0, Y_0, Z_0, \Phi, \Omega, K$ 的非线性函数，可以将式(6.52)改写为

$$
F = \begin{bmatrix} X_T \\ Y_T \\ Z_T \end{bmatrix} - \lambda \begin{bmatrix} a_1 & a_2 & a_3 \\ b_1 & b_2 & b_3 \\ c_1 & c_2 & c_3 \end{bmatrix} \cdot \begin{bmatrix} X \\ Y \\ Z \end{bmatrix} - \begin{bmatrix} X_0 \\ Y_0 \\ Z_0 \end{bmatrix} = 0
\tag{6.53}
$$

然后按照 2.5.2 节的算法进行迭代求解，具体过程就不再赘述。下面介绍一种利用四元数而不需要迭代的绝对定向直接解法。

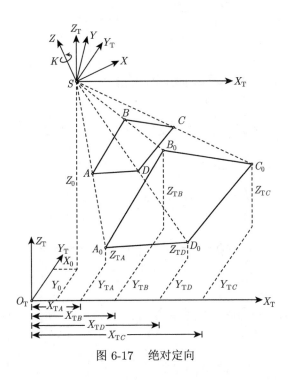

图 6-17　绝对定向

为了后面描述的方便，把前面的绝对定向方程式(6.52)改写成矢量形式：

$$r_{\mathrm{T}} = \lambda M r + r_0 \tag{6.54}$$

式中，$r_{\mathrm{T}} = (X_{\mathrm{T}}\ Y_{\mathrm{T}}\ Z_{\mathrm{T}})^{\mathrm{T}}$；$r = (X\ Y\ Z)^{\mathrm{T}}$；$r_0 = (X_0\ Y_0\ Z_0)^{\mathrm{T}}$；$M$ 为旋转矩阵；$\lambda$ 为比例尺因子。为便于计算，采用重心化坐标为

$$\begin{bmatrix} \bar{X}_{\mathrm{T}} \\ \bar{Y}_{\mathrm{T}} \\ \bar{Z}_{\mathrm{T}} \end{bmatrix} = \lambda M \begin{bmatrix} \bar{X} \\ \bar{Y} \\ \bar{Z} \end{bmatrix} \tag{6.55}$$

矢量形式为

$$\bar{r}_{\mathrm{T}} = \lambda M \bar{r} \tag{6.56}$$

式中，$\bar{r}_{\mathrm{T}} = r_{\mathrm{T}} - \tilde{r}_{\mathrm{T}} = (\bar{X}_{\mathrm{T}}\ \bar{Y}_{\mathrm{T}}\ \bar{Z}_{\mathrm{T}})^{\mathrm{T}}$ 为控制点的重心化地面辅助坐标；$\bar{r} = r - \tilde{r} = (\bar{X}\ \bar{Y}\ \bar{Z})^{\mathrm{T}}$ 为模型点的重心化摄影测量坐标；其中，$\tilde{r}_{\mathrm{T}} = \dfrac{1}{n}\sum\limits_{i=1}^{n} r_{\mathrm{T}i}$，$\tilde{r} = \dfrac{1}{n}\sum\limits_{i=1}^{n} r_i$ 分别为地面点和模型点的重心坐标。

对于每一个给定的模型点，采用重心化坐标后存在误差 $e_i = \bar{r}_{\mathrm{T}i} - \lambda M \bar{r}_i$，因此，基于

最小二乘原理的绝对定向就是要使 $v = \sum\limits_{i=1}^{n} \|e_i\|^2$ 最小。此时误差的平方和为

$$v = \sum_{i=1}^{n} \|\bar{r}_{\mathrm{T}i} - \lambda M \bar{r}_i\|^2 \tag{6.57}$$

### 1. 比例尺因子 $\lambda$ 的计算

将式(6.57)展开，结合 $\|M\bar{r}_i\|^2 = \|\bar{r}_i\|^2$，可得

$$
\begin{aligned}
v &= \sum_{i=1}^{n} \|\bar{r}_{\mathrm{T}i}\|^2 - 2\lambda \sum_{i=1}^{n} \bar{r}_{\mathrm{T}i} \cdot M\bar{r}_i + \lambda^2 \sum_{i=1}^{n} \|\bar{r}_i\|^2 \\
&= S_{\mathrm{T}} - 2\lambda D + \lambda^2 S \\
&= \lambda \left( \frac{1}{\lambda} S_{\mathrm{T}} - 2D + \lambda S \right) \\
&= \lambda \left( \sqrt{\lambda S} - \frac{1}{\sqrt{\lambda}} \sqrt{S_{\mathrm{T}}} \right)^2 + 2\lambda(SS_{\mathrm{T}} - D)
\end{aligned} \tag{6.58}
$$

其中：

$$S_{\mathrm{T}} = \sum_{i=1}^{n} \|\bar{r}_{\mathrm{T}i}\|^2, S = \sum_{i=1}^{n} \|\bar{r}_i\|^2, D = \sum_{i=1}^{n} \bar{r}_{\mathrm{T}i} \cdot M\bar{r}_i$$

由于比例尺因子 $\lambda > 0$，故 $\lambda \left( \sqrt{\lambda S} - \dfrac{1}{\sqrt{\lambda}} \sqrt{S_{\mathrm{T}}} \right)^2 \geqslant 0$。要使 $v$ 最小，则必须保证 $\left( \sqrt{\lambda S} - \dfrac{1}{\sqrt{\lambda}} \sqrt{S_{\mathrm{T}}} \right)^2 = 0$，此时：

$$\lambda = \sqrt{\frac{S_{\mathrm{T}}}{S}} = \sqrt{\frac{\sum\limits_{i=1}^{n} \|\bar{r}_{\mathrm{T}i}\|^2}{\sum\limits_{i=1}^{n} \|\bar{r}_i\|^2}} = \sqrt{\frac{\sum\limits_{i=1}^{n} \left( \bar{X}_{\mathrm{T}i}^2 + \bar{Y}_{\mathrm{T}i}^2 + \bar{Z}_{\mathrm{T}i}^2 \right)}{\sum\limits_{i=1}^{n} \left( \bar{X}_i^2 + \bar{Y}_i^2 + \bar{Z}_i^2 \right)}} \tag{6.59}$$

### 2. 旋转矩阵 $M$ 的计算

下面采用四元数理论来计算旋转矩阵。四元数起源于寻找复数的三维对应物，是形如 $\dot{q} = q_0 + q_1\mathrm{i} + q_2\mathrm{j} + q_3\mathrm{k}$ 的超复数，其中，$q_0, q_1, q_2, q_3$ 为任意实数，i, j, k 是虚数单位，满足 $\mathrm{i}^2 = \mathrm{j}^2 = \mathrm{k}^2 = -1$，$\mathrm{jk} = -\mathrm{kj} = \mathrm{i}$，$\mathrm{ki} = -\mathrm{ik} = \mathrm{j}$，$\mathrm{ij} = -\mathrm{ji} = \mathrm{k}$。

设矢量 $r$ 通过旋转变化为 $r'$，旋转关系用四元数 $\dot{q}$ 的表达式为

$$r' = \dot{q} r \dot{q}^* \tag{6.60}$$

式中，$\dot{q}^*$ 为 $\dot{q}$ 的共轭，即 $\dot{q}^* = q_0 - q_1\mathrm{i} - q_2\mathrm{j} - q_3\mathrm{k}$，对应的旋转矩阵为

$$M = \begin{bmatrix} q_0^2 + q_1^2 - q_2^2 - q_3^2 & 2(q_1q_2 - q_0q_3) & 2(q_1q_3 + q_0q_2) \\ 2(q_2q_1 + q_0q_3) & q_0^2 - q_1^2 + q_2^2 - q_3^2 & 2(q_2q_3 - q_0q_1) \\ 2(q_1q_3 - q_0q_2) & 2(q_2q_3 + q_0q_1) & q_0^2 - q_1^2 - q_2^2 + q_3^2 \end{bmatrix} \tag{6.61}$$

求解出表示旋转的四元数 $\dot{q}$ 后，即可根据式(6.61)计算出旋转矩阵 $\boldsymbol{M}$。

当由式(6.59)求得比例尺因子后，式(6.58)化简为 $v = 2\lambda(SS_{\mathrm{T}} - D)$，于是，当 $D$ 最大时，$v$ 最小，将四元数描述的旋转矩阵代入 $D$ 的表达式，可得

$$D = \sum_{i=1}^{n} \boldsymbol{M}\bar{\boldsymbol{r}}_i \cdot \bar{\boldsymbol{r}}_{\mathrm{T}i} = \sum_{i=1}^{n} (\dot{q}\dot{r}_i\dot{q}^*) \cdot \dot{r}_{\mathrm{T}i} = \max \tag{6.62}$$

于是旋转参数的求解转化为在四元数域求解 $\dot{q}$，使得 $D$ 最大时，$v$ 最小。利用四元数的性质及四元数乘积的矩阵形式，可得

$$\begin{aligned} D &= \sum_{i=1}^{n} (\dot{q}\dot{r}_i) \cdot (\dot{r}_{\mathrm{T}i}\dot{q}) = \sum_{i=1}^{n} [\bar{Q}(\dot{r}_i)\dot{q}] \cdot [Q(\dot{r}_{\mathrm{T}i})\dot{q}] \\ &= \sum_{i=1}^{n} [\bar{Q}(\dot{r}_i)\dot{q}]^{\mathrm{T}} \cdot [Q(\dot{r}_{\mathrm{T}i})\dot{q}] = \dot{q}^{\mathrm{T}} \left[ \sum_{i=1}^{n} \bar{Q}(\dot{r}_i)^{\mathrm{T}} Q(\dot{r}_{\mathrm{T}i}) \right] \dot{q} \end{aligned} \tag{6.63}$$

继续推导，可得

$$D = \dot{q}^{\mathrm{T}} \boldsymbol{N} \dot{q} \tag{6.64}$$

其中：

$$\boldsymbol{N} = \begin{bmatrix} N_{xx} + N_{yy} + N_{zz} & N_{yz} - N_{zy} & N_{zx} - N_{xz} & N_{xy} - N_{yx} \\ N_{yz} - N_{zy} & N_{xx} - N_{yy} - N_{zz} & N_{xy} + N_{yx} & N_{zx} + N_{xz} \\ N_{zx} - N_{xz} & N_{xy} + N_{yx} & -N_{xx} + N_{yy} - N_{zz} & N_{yz} + N_{zy} \\ N_{xy} - N_{yx} & N_{zx} + N_{xz} & N_{yz} + N_{zy} & -N_{xx} - N_{yy} + N_{zz} \end{bmatrix} \tag{6.65}$$

$$N_{xx} = \sum_{i=1}^{n} \bar{X}_i \bar{X}_{\mathrm{T}i}, N_{xy} = \sum_{i=1}^{n} \bar{X}_i \bar{Y}_{\mathrm{T}i}, \cdots, N_{zz} = \sum_{i=1}^{n} \bar{Z}_i \bar{Z}_{\mathrm{T}i}$$

由上可知，矩阵 $\boldsymbol{N}$ 由控制点的坐标直接计算生成。假设矩阵 $\boldsymbol{N}$ 的特征值及其对应的归一化特征向量（即向量的欧氏范数为 1）分别为 $\lambda_i, \varepsilon_i (i = 1, 2, 3, 4)$。因为 $\boldsymbol{N}$ 是实对称矩阵，所以它的特征值 $\lambda_i$ 都是实数，特征向量 $\varepsilon_i$ 之间线性无关且正交。不失一般性，设 $\lambda_1 \geqslant \lambda_2 \geqslant \lambda_3 \geqslant \lambda_4$。由于 $\varepsilon_i$ 线性无关且正交，以 $\varepsilon_i$ 为基准，单位四元数可以分解为

$$\dot{q} = \alpha_1\varepsilon_1 + \alpha_2\varepsilon_2 + \alpha_3\varepsilon_3 + \alpha_4\varepsilon_4 \tag{6.66}$$

式中，$\alpha_1^2 + \alpha_2^2 + \alpha_3^2 + \alpha_4^2 = 1$。将式(6.66)代入式(6.64)，有

$$\begin{aligned} D &= \dot{q}^{\mathrm{T}} \boldsymbol{N} \dot{q} = \dot{q} \cdot (\boldsymbol{N}\dot{q}) \\ &= \alpha_1^2\lambda_1 + \alpha_2^2\lambda_2 + \alpha_3^2\lambda_3 + \alpha_4^2\lambda_4 \leqslant \lambda_1 \end{aligned} \tag{6.67}$$

其中，等号成立的条件为 $\alpha_1 = 1$ 且 $\alpha_2 = \alpha_3 = \alpha_4 = 0$，根据式(6.66)，有 $\dot{q} = \varepsilon_1$。

综上所述，$D$ 达到最大值的条件，也即旋转参数 $\dot{q}$ 是矩阵 $\boldsymbol{N}$ 的最大特征值对应的特征向量。求出四元数 $\dot{q}$ 后，便可按式(6.61)求得旋转矩阵 $\boldsymbol{M}$。

**3. 平移参数 $(X_0, Y_0, Z_0)$ 的求解**

当求得比例尺因子 $\lambda$ 和旋转矩阵 $\boldsymbol{R}$ 后，如果模型点的重心化摄影测量坐标为 $(\tilde{X}\ \tilde{Y}\ \tilde{Z})^{\mathrm{T}}$，地面点的重心化地面辅助坐标为 $(\tilde{X}_{\mathrm{T}}\ \tilde{Y}_{\mathrm{T}}\ \tilde{Z}_{\mathrm{T}})^{\mathrm{T}}$，便可按式(6.68)求得平移参数：

$$
\begin{bmatrix} X_0 \\ Y_0 \\ Z_0 \end{bmatrix} = \begin{bmatrix} \tilde{X}_{\mathrm{T}} \\ \tilde{Y}_{\mathrm{T}} \\ \tilde{Z}_{\mathrm{T}} \end{bmatrix} - \lambda \boldsymbol{M} \begin{bmatrix} \tilde{X} \\ \tilde{Y} \\ \tilde{Z} \end{bmatrix} \tag{6.68}
$$

式中，$\boldsymbol{M}$ 为由旋转四元数 $\dot{q}$ 构成的坐标旋转变换矩阵。

**4. 计算过程**

上面描述的基于单位四元数的绝对定向直接解法可以分解为下面的具体计算过程。

(1) 读取原始数据：每个控制点的地面坐标 $(X_{\mathrm{T}}, Y_{\mathrm{T}}, Z_{\mathrm{T}})$ 及其相应模型点的摄影测量坐标 $(X, Y, Z)$。

(2) 计算控制点重心的地面坐标和摄影测量坐标，然后计算所有控制点的重心化地面坐标以及所有模型点的重心化摄影测量坐标。

(3) 按式(6.59)求解出比例尺因子。

(4) 按式(6.65)生成矩阵 $\boldsymbol{N}$，然后求解最大特征值对应的特征向量 $\varepsilon$，该向量对应的四元数即是 $\dot{q}$。

(5) 组成旋转变换矩阵 $\boldsymbol{M}$，然后按式(6.6) 计算出描述旋转的欧拉角。

(6) 按式(6.68)求解出平移参数 $(X_0, Y_0, Z_0)$。

## 练习和思考题

1. 航空摄影测量定位有哪些常用的坐标系？简述每个坐标系的定义方式。

2. 什么是像片的内方位元素和外方位元素？

3. 什么是共线条件方程？

4. 什么是空间后方交会？简述角锥法和共线条件方程法的解算思路。

5. 简述基于单张像片的目标定位原理和方法。

6. 什么是相对方位元素？相对方位元素有哪几种具体的形式。

7. 什么是绝对定向元素？

8. 什么是相对定向？其依据的基本原理是什么？

9. 什么是绝对定向？简述绝对定向的解算方法。

# 第 7 章　航天摄影测量定位

随着遥感技术和航天技术的飞速发展，航天传感器的地面分辨率大幅度提高，使得利用卫星遥感立体影像实现地面目标的高精度定位成为可能。而航天传感器成像几何模型的建立是进行航天摄影测量定位的基础，它反映了地面点三维空间坐标与相应像点在像平面坐标系中二维坐标之间的数学关系，一般可以分为严密成像模型和通用成像模型。在当前的目标保障工作实践中，航天遥感影像是非常重要的数据源，因此航天摄影测量定位成为目标定位的重要手段之一。

## 7.1　相关坐标系及其转换

建立成像几何模型所涉及的坐标系非常多，包括像方坐标系、物方坐标系和与导航定位相关的坐标系，下面分别进行介绍。

### 7.1.1　像方坐标系

**1. 影像坐标系**

影像坐标系 $O\text{-}IJ$ 又称为扫描坐标系，对于数字影像来说定义为影像的行号 $I$ 与列号 $J$、符号为 $S_I$，其原点通常取为影像左上角点，即位于像素矩阵的第 1 行第 1 列 $(0,0)$ 处，单位通常为像素。横轴为第 1 行向右，纵轴为第 1 列向下，如图 7-1所示。

**2. 像平面坐标系**

像平面坐标系 $o\text{-}xy$ 是在像平面上用以表示像点位置的直角坐标系，符号为 $S_F$，其原点通常取为影像的中心，如图 7-2所示。对于线阵卫星影像以扫描方向为 $x$ 轴，$y$ 轴由右手定则确定，像平面坐标记为 $(x_F, y_F)$。

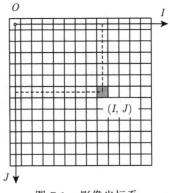

图 7-1　影像坐标系

从影像坐标 $(I, J)$ 转换为像平面坐标 $(x_F, y_F)$ 的公式是

$$\left.\begin{array}{l} x_F = (I - I_w/2) \cdot \mu \\ y_F = (J_w/2 - J) \cdot \mu \end{array}\right\} \tag{7.1}$$

式中，$I_w$ 为每一扫描行的 CCD 数目；$J_w$ 为一景影像的扫描行数；$\mu$ 为相机 CCD 单元的尺寸大小。

### 3. 瞬时像平面坐标系

对于线阵 CCD 传感器，扫描成像的每一个时刻，扫描行与地面上对应的行是中心投影，因此在定位中需要定义一个瞬时的、以行为基础的像平面坐标系，即瞬时像平面坐标系。这个坐标定义在影像的每一扫描行上，其原点是扫描行的主点，扫描方向为 $x$ 轴，飞行方向为 $y$ 轴，如图 7-3 所示，符号为 $S_i$。对任意扫描行来说，均有 $y=0$，此时像点的坐标为 $(x,0)$。

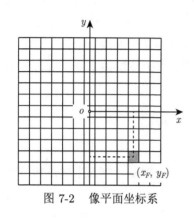

图 7-2 像平面坐标系

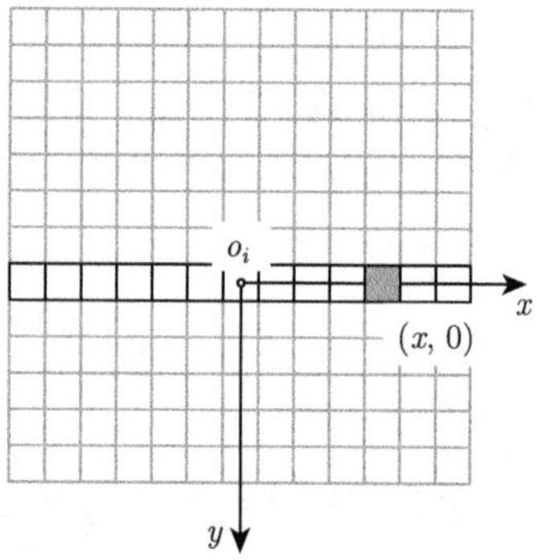

图 7-3 瞬时像平面坐标系

### 4. 像空间坐标系

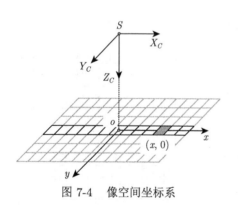

图 7-4 像空间坐标系

以瞬时像平面坐标系为基础可建立像空间坐标系 $S$–$X_C Y_C Z_C$，又称为相机坐标系或传感器坐标系，是表示像点在像方空间位置的空间直角坐标系，符号为 $S_C$。如图 7-4 所示，因为卫星线阵影像是行中心投影成像，所以像空间坐标系建立在每一扫描行中，其原点是该扫描行的主点 $S$，$X$、$Y$ 轴与相应像平面坐标系相应轴平行，$Z$ 轴由右手定则确定。任意一像点的像空间坐标系为 $(x,0,-f)$，其中，$f$ 为相机主距。

## 7.1.2 卫星相关坐标系

### 1. 平台坐标系

平台坐标系 $O_P$–$X_P Y_P Z_P$ 固连在卫星平台上，故又称为本体坐标系或导航坐标系，符号为 $S_P$，其原点为卫星平台的质心，三轴分别取卫星平台的三个主惯量轴。$Y_P$ 轴沿着平台横轴，$X_P$ 轴沿着纵轴指向卫星飞行方向，$Z_P$ 轴由右手定则确定。

平台坐标系是卫星上仪器设备安装的基准参考坐标系，卫星平台的姿态测量在该坐标系中进行，主要用三个参数来表达卫星平台的空间姿态，分别是俯仰角 Pitch、侧滚角 Roll 和偏航角 Yaw。$Y_P$ 轴为俯仰轴，绕其旋转的角度称为俯仰角；$X_P$ 轴为侧滚轴，绕其旋转的角度称为侧滚角；$Z_P$ 轴为偏航轴，绕其旋转的角度为偏航角。相对于摄影测量中的姿态角来说，俯仰角 Pitch、侧滚角 Roll 和偏航角 Yaw 分别对应于 $\omega$、$\varphi$、$\kappa$。

从物点在像空间坐标系中的坐标 $P_C(X_C, Y_C, Z_C)$ 转换为平台坐标 $P_P(X_P, Y_P, Z_P)$ 可按式 (7.2)来进行：

$$\begin{bmatrix} X_P \\ Y_P \\ Z_P \end{bmatrix} = \begin{bmatrix} X_M \\ Y_M \\ Z_M \end{bmatrix} + R_M \begin{bmatrix} X_C \\ Y_C \\ Z_C \end{bmatrix} \qquad 即：P_P = C_M + R_M P_C \tag{7.2}$$

式中，$C_M = (X_M, Y_M, Z_M)^{\mathrm{T}}$ 为传感器相对于卫星平台的位置参数；$R_M$ 为传感器相对于卫星平台的旋转参数。

**2. 轨道坐标系**

轨道坐标系 $O_O\text{-}X_O Y_O Z_O$ 是用来描述卫星在运行轨道上空间位置的坐标系，符号为 $S_O$。其原点 $O_O$ 与平台坐标系的原点 $O_P$ 重合，也是卫星平台的质心，$Z_O$ 轴平行于卫星与地心连线方向向外，$Y_O$ 轴垂直于由 $Z_O$ 轴和卫星运行的瞬时速度矢量构成的轨道平面，$X_O$ 轴位于轨道平面内，由右手定则确定，指向卫星运行方向，如图 7-5所示。

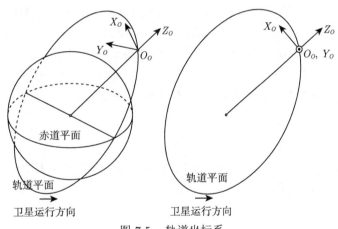

图 7-5　轨道坐标系

在时刻 $t$，从平台坐标 $(X_P, Y_P, Z_P)$ 转换为轨道坐标 $(X_O, Y_O, Z_O)$ 的公式为

$$\begin{bmatrix} X_O \\ Y_O \\ Z_O \end{bmatrix} = \boldsymbol{R}_{\mathrm{Pitch}}(t)\boldsymbol{R}_{\mathrm{Roll}}(t)\boldsymbol{R}_{\mathrm{Yaw}}(t) \begin{bmatrix} X_P \\ Y_P \\ Z_P \end{bmatrix} = \boldsymbol{R}_P^O(t) \begin{bmatrix} X_P \\ Y_P \\ Z_P \end{bmatrix} \tag{7.3}$$

即

$$P_O = \boldsymbol{R}_{\mathrm{P}}^O(t) P_P \tag{7.4}$$

式中，$\boldsymbol{R}_P^O(t) = \boldsymbol{R}_{\mathrm{Pitch}}(t)\boldsymbol{R}_{\mathrm{Roll}}(t)\boldsymbol{R}_{\mathrm{Yaw}}(t)$ 为平台坐标转换为轨道坐标的旋转矩阵；$\boldsymbol{R}_{\mathrm{Pitch}}(t) =$

$$\begin{bmatrix} 1 & 0 & 0 \\ 0 & \cos[\alpha_{\text{Pitch}}(t)] & \sin[\alpha_{\text{Pitch}}(t)] \\ 0 & -\sin[\alpha_{\text{Pitch}}(t)] & \cos[\alpha_{\text{Pitch}}(t)] \end{bmatrix}$$，为俯仰角 Pitch 构成的旋转矩阵；$\boldsymbol{R}_{\text{Roll}}(t) =$

$$\begin{bmatrix} \cos[\alpha_{\text{Roll}}(t)] & 0 & -\sin[\alpha_{\text{Roll}}(t)] \\ 0 & 1 & 0 \\ \sin[\alpha_{\text{Roll}}(t)] & 0 & \cos[\alpha_{\text{Roll}}(t)] \end{bmatrix}$$，为侧滚角 Roll 构成的旋转矩阵；$\boldsymbol{R}_{\text{Yaw}}(t) =$

$$\begin{bmatrix} \cos[\alpha_{\text{Yaw}}(t)] & -\sin[\alpha_{\text{Yaw}}(t)] & 0 \\ \sin[\alpha_{\text{Yaw}}(t)] & \cos[\alpha_{\text{Yaw}}(t)] & 0 \\ 0 & 0 & 1 \end{bmatrix}$$，为偏航角 Yaw 构成的旋转矩阵。

### 7.1.3 物方坐标系

#### 1. 地心地固坐标系

地心地固坐标系 $O_E - X_E Y_E Z_E$ 是与地球固连在一起的地心直角坐标系，又称为协议地球坐标系（conventional terrestrial system，CTS），符号为 $S_E$。其原点位于地球质心，$Z_E$ 轴指向国际协议原点（conventional international origin，CIO），此时的地球赤道面称为平赤道面，$X_E$ 轴指向格林尼治子午面和平赤道面的交点，$Y_E$ 轴由右手定则确定，位于平赤道面内。在航天遥感影像定位中，应用最为广泛的地心地固坐标系是 WGS84 坐标系（和我国的 CGCS2000 坐标系非常类似，一般情况下可以忽略两者的差异），其 $Z$ 轴指向国际时间局（BIH）1984.0 定义的协议地极方向（conventional terrestrial pole，CTP），$X$ 轴指向 BIH1984.0 的格林尼治子午面和 CTP 赤道的交点，$Y$ 轴由右手定则确定。

在时刻 $t$，从轨道坐标 $(X_O, Y_O, Z_O)$ 转换为地心地固坐标 $(X_E, Y_E, Z_E)$ 可按式(7.5)进行：

$$\begin{bmatrix} X_E \\ Y_E \\ Z_E \end{bmatrix} = \begin{bmatrix} X_{E(t)} \\ Y_{E(t)} \\ Z_{E(t)} \end{bmatrix} + \boldsymbol{R}_O^E(t) \begin{bmatrix} X_O \\ Y_O \\ Z_O \end{bmatrix}, \quad 即 P_E = S(t) + \boldsymbol{R}_O^E(t) P_O \tag{7.5}$$

式中，$\boldsymbol{R}_O^E(t) = \begin{bmatrix} X_O & Y_O & Z_O \end{bmatrix} = \begin{bmatrix} (X_O)_X & (Y_O)_X & (Z_O)_X \\ (X_O)_Y & (Y_O)_Y & (Z_O)_Y \\ (X_O)_Z & (Y_O)_Z & (Z_O)_Z \end{bmatrix}$，为轨道坐标转换为地心地固

坐标的旋转矩阵；$Z_O = \dfrac{S(t)}{S(t)}$；$Y_O = \dfrac{Z_O \times V(t)}{Z_O \times V(t)}$；$X_O = \dfrac{Y_O \times Z_O}{Y_O \times Z_O}$；$S(t)$、$V(t)$ 分别为卫星在时刻 $t$ 的位置和速度，可由卫星运行的星历数据内插得到。

#### 2. 大地坐标系

大地坐标系 $O{-}LBH$ 是以参考椭球面为基准面建立的坐标系，符号为 $S_D$。其坐标面为起始大地子午面和赤道面，地面点 $P$ 的位置用大地经度 $L$、大地纬度 $B$ 和大地高 $H$ 来表示。如图 7-6(a) 所示，$PK$ 为过 $P$ 的法线，$P_0$ 为 $P$ 沿法线在椭球面上的投影，则 $P$ 点所在的大地子午面 $NP_0S$ 与起始子午面 $NGS$ 之间的夹角 $L$ 即为 $P$ 点的大地经度；法线 $PK$

与赤道面的夹角 $B$ 即为 $P$ 点的大地纬度；$P$ 点沿法线方向到参考椭球面的距离 $PP_0$ 即为 $P$ 点的大地高，大地高不直接测量得到，而是通过投影计算得到。

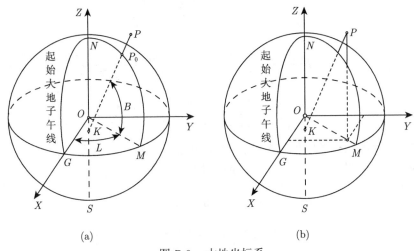

(a)　　　　　　　　　　　　　(b)

图 7-6　大地坐标系

与大地坐标系相应的还有一种空间直角坐标系，称为大地空间直角坐标系 $O\text{-}XYZ$，符号为 $S_z$，如图 7-6(b) 所示，其坐标原点为椭球中心 $O$，以起始大地子午面和赤道面的交线为 $X$ 轴，以赤道面上与 $X$ 轴正交的直线为 $Y$ 轴，以椭球的短轴为 $Z$ 轴，构成右手坐标系。地面点 $P$ 的位置，其大地空间直角坐标用 $(X, Y, Z)$ 表示。

**3. 局部切（割）面坐标系**

在高分辨率卫星影像定位中，局部切（割）面坐标系 $m\text{-}X_m Y_m Z_m$ 是一种过渡坐标系，符号为 $S_m$，相当于摄影测量中的地面辅助坐标系。其原点通常位于中央某测站点对应参考椭球的法线上，$Z_m$ 轴与原点法线重合且指向椭球外，$X_m Y_m$ 面与 $Z_m$ 轴垂直，$Y_m$ 轴在原点的大地子午面内与 $Z_m$ 轴正交且指向北方向，$X_m$ 轴由右手定则确定。

**4. 平面直角坐标系**

平面直角坐标系，是将地球椭球面投影到平面或可展开曲面上获得的坐标系，通常用到的投影方式有横轴墨卡托投影、高斯投影等。我国的平面直角坐标系一般采用的是高斯投影，是一种左手空间坐标系，具体参见 4.3 节。

# 7.2　基于严密成像模型的目标定位

## 7.2.1　基于共线方程的传感器模型

线阵 CCD 传感器采用推扫式成像，获得连续的影像条带。每一扫描行影像与被摄物体之间具有严格的中心投影关系，并且都有各自的外方位元素。以扫描行方向为 $x$ 方向，飞行方向为 $y$ 方向，建立瞬时像平面坐标系，设第 $i$ 扫描行的外方位元素为 $X_{Si}, Y_{Si}, Z_{Si}, \varphi_i, \omega_i, \kappa_i,$

则瞬时构像方程式为

$$\begin{bmatrix} x_i \\ 0 \\ -f \end{bmatrix} = \frac{1}{\lambda} \boldsymbol{M}_i^{\mathrm{T}} \begin{bmatrix} X - X_{Si} \\ Y - Y_{Si} \\ Z - Z_{Si} \end{bmatrix} \tag{7.6}$$

或者

$$\left. \begin{aligned} x_i &= -f \frac{a_1(X-X_{Si}) + b_1(Y-Y_{Si}) + c_1(Z-Z_{Si})}{a_3(X-X_{Si}) + b_3(Y-Y_{Si}) + c_3(Z-Z_{Si})} \\ y_i &= 0 = -f \frac{a_2(X-X_{Si}) + b_2(Y-Y_{Si}) + c_2(Z-Z_{Si})}{a_3(X-X_{Si}) + b_3(Y-Y_{Si}) + c_3(Z-Z_{Si})} \end{aligned} \right\} \tag{7.7}$$

式中，$(X,Y,Z)$ 为地面点的空间坐标；$\lambda$ 为比例因子；$\boldsymbol{M}_i$ 为由第 $i$ 扫描行外方位角元素 $\varphi_i, \omega_i, \kappa_i$ 构成的旋转矩阵；$a_1, a_2, \cdots, c_3$ 是 $\boldsymbol{M}_i$ 中的各元素，具体公式为

$$\left. \begin{aligned} a_1 &= \cos\varphi_i \cos\kappa_i - \sin\varphi_i \sin\omega_i \sin\kappa_i \\ a_2 &= -\cos\varphi_i \sin\kappa_i - \sin\varphi_i \sin\omega_i \cos\kappa_i \\ a_3 &= -\sin\varphi_i \cos\omega_i \\ b_1 &= \cos\omega_i \sin\kappa_i \\ b_2 &= \cos\omega_i \cos\kappa_i \\ b_3 &= -\sin\omega_i \\ c_1 &= \sin\varphi_i \cos\kappa_i + \cos\varphi_i \sin\omega_i \sin\kappa_i \\ c_2 &= -\sin\varphi_i \sin\kappa_i + \cos\varphi_i \sin\omega_i \cos\kappa_i \\ c_3 &= \cos\varphi_i \cos\omega_i \end{aligned} \right\} \tag{7.8}$$

线阵 CCD 影像各扫描行的外方位元素随时间变化，并且存在很强的相关性，把每一扫描行的外方位元素都作为独立参数来求解既不可能，也没必要。星载 CCD 传感器受外界阻力小，飞行轨道平稳，姿态变化率小，因此在一定范围内，可以近似认为外方位元素随时间线性变化。假设每幅影像的像平面坐标原点在中央扫描行的中点，则可认为各扫描行的外方位元素随 $y$ 值线性变化，这样就可将外方位元素表示为

$$\left. \begin{aligned} X_{Si} &= X_{S0} + \dot{X}_S \cdot y \\ Y_{Si} &= Y_{S0} + \dot{Y}_S \cdot y \\ Z_{Si} &= Z_{S0} + \dot{Z}_S \cdot y \\ \varphi_i &= \varphi_0 + \dot{\varphi} \cdot y \\ \omega_i &= \omega_0 + \dot{\omega} \cdot y \\ \kappa_i &= \kappa_0 + \dot{\kappa} \cdot y \end{aligned} \right\} \tag{7.9}$$

式中，$X_{S0}, Y_{S0}, Z_{S0}, \varphi_0, \omega_0, \kappa_0$ 为中央扫描行的外方位元素；$\dot{X}_S, \dot{Y}_S, \dot{Z}_S, \dot{\varphi}, \dot{\omega}, \dot{\kappa}$ 为外方位元素的一阶变化率，共计 12 个参数，这样就将解算所有扫描行影像的外方位元素问题简化为求解这 12 个定向参数的问题。

### 7.2.2　严密传感器模型的解算

**1. 空间后方交会**

**1）解算定向参数的误差方程**

将式(7.8)、式(7.9)代入式(7.7)，按照泰勒公式展开至一次项，得误差方程：

$$\left.\begin{aligned}
V_x ={}& a_{11}\Delta X_{S0} + a_{12}\Delta Y_{S0} + a_{13}\Delta Z_{S0} + a_{14}\Delta\varphi_0 + a_{15}\Delta\omega_0 + a_{16}\Delta\kappa_0 \\
& + a_{11}y\Delta\dot{X}_S + a_{12}y\Delta\dot{Y}_S + a_{13}y\Delta\dot{Z}_S + a_{14}y\Delta\varphi + a_{15}y\Delta\omega + a_{16}y\Delta\kappa - l_x \\
V_y ={}& a_{21}\Delta X_{S0} + a_{22}\Delta Y_{S0} + a_{23}\Delta Z_{S0} + a_{24}\Delta\varphi_0 + a_{25}\Delta\omega_0 + a_{26}\Delta\kappa_0 \\
& + a_{21}y\Delta\dot{X}_S + a_{22}y\Delta\dot{Y}_S + a_{23}y\Delta\dot{Z}_S + a_{24}y\Delta\varphi + a_{25}y\Delta\omega + a_{26}y\Delta\kappa - l_y
\end{aligned}\right\} \tag{7.10}$$

令

$$\boldsymbol{V} = \begin{bmatrix} V_x \\ V_y \end{bmatrix}, \boldsymbol{L} = \begin{bmatrix} L_x \\ L_y \end{bmatrix}$$

$$\boldsymbol{\Delta} = \begin{bmatrix} a_{11} & a_{12} & \cdots & a_{16} & a_{11}y & a_{12}y & \cdots & a_{16}y \\ a_{21} & a_{22} & \cdots & a_{26} & a_{21}y & a_{22}y & \cdots & a_{26}y \end{bmatrix}$$

则式(7.10)可表示为

$$\boldsymbol{V} = \boldsymbol{A}\boldsymbol{\Delta} - \boldsymbol{L} \tag{7.11}$$

式中，$a_{11}$、$a_{12}$、$\cdots$、$a_{26}$ 的具体表示式为

$$\left.\begin{aligned}
a_{11} &= (a_1 f + a_3 z)/\bar{Z} \\
a_{12} &= (b_1 f + b_3 z)/\bar{Z} \\
a_{13} &= (c_1 f + c_3 z)/\bar{Z} \\
a_{14} &= -(f + x^2/f)\cdot b_2 \\
a_{15} &= -(f + x^2/f)\cdot\sin\kappa \\
a_{16} &= 0
\end{aligned}\right\}, \left.\begin{aligned}
a_{21} &= (a_2 \cdot f)/\bar{Z} \\
a_{22} &= (b_2 \cdot f)/\bar{Z} \\
a_{23} &= (c_2 \cdot f)/\bar{Z} \\
a_{24} &= f b_1 + x b_3 \\
a_{25} &= -f\cos\kappa \\
a_{26} &= -x
\end{aligned}\right\} \tag{7.12}$$

$l_x$、$l_y$ 是常数项

$$l_x = x + \frac{f\cdot\bar{X}}{\bar{Z}}, l_y = y + \frac{f\cdot\bar{Y}}{\bar{Z}}$$

其中，

$$
\left.
\begin{aligned}
\bar{X} &= a_1(X - X_{S0}) + b_1(Y - Y_{S0}) + c_1(Z - Z_{S0}) \\
\bar{Y} &= a_2(X - X_{S0}) + b_2(Y - Y_{S0}) + c_2(Z - Z_{S0}) \\
\bar{Z} &= a_3(X - X_{S0}) + b_3(Y - Y_{S0}) + c_3(Z - Z_{S0})
\end{aligned}
\right\}
$$

误差方程中总共有 12 个未知参数，每个地面控制点可以列 2 个方程，因此至少需要 6 个地面控制点才能反算这些定向参数。

大量试验表明，星载 CCD 传感器飞行高度很高，摄影视场角很小，造成共线方程的 12 个定向参数之间存在很强的相关性，如 $X_{S0}$ 与 $\varphi_0$、$Y_{S0}$ 与 $\omega_0$ 等，从而导致误差方程系数矩阵的列向量之间存在近似的线性关系，即回归分析中的复共线性。在复共线性存在的情况下，最小二乘估计的均方差较大，不再是最优估计。

2）定向参数相关性的克服方法

为克服定向参数之间的强相关性，摄影测量学者提出了多种解决方案，代表性的有以下几种。

（1）增加虚拟误差方程。利用卫星轨道星历或姿态参数列出附加的观测方程，可以提高定向参数的独立性，但加大了法方程的系数矩阵规模。

（2）合并强相关项，但合并项的几何意义难以阐明。

（3）定向参数的线元素、角元素分开求解。先按照画幅式中心投影计算出定向参数的初始值，然后分别固定线元素和角元素，解答未固定的线元素和角元素，迭代进行便得到稳定解。试验证明这种方法的收敛速度较快，但在数学上不严密。

（4）岭估计，即采用有偏估计的方法计算外方位元素，可在很大程度上克服定向参数之间的相关性。这种方式是在最小二乘法的基础上进行的，解决过程和传统方法非常类似，是应用最为广泛的方法，以下进行重点介绍。

3）利用岭估计解算定向参数

高斯-马尔可夫 (Gauss-Markov) 定理表明，如果误差服从正态分布，则在所有线性无偏估计中最小二乘估计具有最小的方差。但是，当待定参数之间存在近似线性关系时，其最小二乘估计的方差虽然在线性无偏估计中最小，其值却很大。

设误差方程(7.11)中系数矩阵 $\boldsymbol{A}$ 的秩为 $t$，对应法方程系数矩阵 $\boldsymbol{A}^{\mathrm{T}}\boldsymbol{A}$ 的特征值记为 $\lambda_1 \geqslant \lambda_2 \geqslant \cdots \geqslant \lambda_t > 0$，则可将定向参数 $\boldsymbol{A}$ 最小二乘估计的均方差表示为

$$
\mathrm{MSE}(\boldsymbol{\Delta}) = \sigma_0^2 \sum_i^t 1/\lambda_i \tag{7.13}
$$

在存在复共线性的情况下，$\boldsymbol{A}^{\mathrm{T}}\boldsymbol{A}$ 呈病态，甚至奇异，即 $\lambda_t \approx 0$，则由式(7.13)知 $\mathrm{MSE}(\boldsymbol{\Delta})$ 将变得很大，此时观测值微小的误差都容易引起定向参数解的很大扰动，最小二乘估计不再是最优估计。为了改进最小二乘估计，许多学者提出了新的估计方法，其中很重要的一类是有偏估计，在众多有偏估计中影响较大的是岭估计。

岭估计分为广义岭估计和狭义岭估计两种方法，一般情况下广义岭估计能够达到比狭义岭估计更低的均方误差。岭估计是用 $\boldsymbol{A}^{\mathrm{T}}\boldsymbol{A} + K\boldsymbol{I}(K > 0)$ 取代 $\boldsymbol{A}^{\mathrm{T}}\boldsymbol{A}$，其中 $\boldsymbol{I}$ 是 $t$ 阶单位阵。

将原法方程系数矩阵的最小特征根由 $\lambda_t$ 提高到 $\lambda_t + K$, 以达到降低均方误差 MSE($\boldsymbol{\Delta}$) 的目的。广义岭估计 $K$ 为对角阵 $\boldsymbol{K} = \text{diag}(k_1, k_2, \cdots, k_t)$, 且 $k_i \neq k_j$。

**2. 空间前方交会**

在足够数量控制点的支持下, 利用空间后方交会分别计算出线阵 CCD 立体像对左右影像的定向参数之后, 即可根据同名像点的影像坐标求得相应的地面坐标。与画幅式中心投影影像的前方交会不同的是, 对每一对同名点都要重新计算旋转矩阵 $\boldsymbol{R}_{左}$, $\boldsymbol{R}_{右}$ 和基线分量 $B_X$, $B_Y$, $B_Z$。设某一对同名像点 $p_i$ 和 $p_i'$ 的影像坐标分别为 $(x_1, y_1)$ 和 $(x_2, y_2)$, 则计算相应地面点 $P_i$ 坐标 $(X_i, Y_i, Z_i)$ 的具体步骤如下。

(1) 由 $y_1$, $y_2$ 按照式(7.9)分别计算出 $p_i$, $p_i'$ 对应的外方位元素 $(X_{S1}, Y_{S1}, Z_{S1}, \varphi_1, \omega_1, \kappa_1)$ 及 $(X_{S2}, Y_{S2}, Z_{S2}, \varphi_2, \omega_2, \kappa_2)$, 按照式(7.8)计算出旋转矩阵 $\boldsymbol{R}_{左}$ 和 $\boldsymbol{R}_{右}$。

(2) 按照式(7.14)计算 $p_i$ 和 $p_i'$ 的变换坐标 $(X_1, Y_1, Z_1)$ 及 $(X_2, Y_2, Z_2)$:

$$\begin{bmatrix} X_1 \\ Y_1 \\ Z_1 \end{bmatrix} = \boldsymbol{R}_{左} \begin{bmatrix} x \\ 0 \\ -f \end{bmatrix}, \begin{bmatrix} X_2 \\ Y_2 \\ Z_2 \end{bmatrix} = \boldsymbol{R}_{右} \begin{bmatrix} x \\ 0 \\ -f \end{bmatrix} \tag{7.14}$$

(3) 计算投影系数 $N_1$ 和 $N_2$:

$$\left. \begin{aligned} N_1 &= \frac{B_X Z_2 - B_Z X_2}{X_1 Z_2 - X_2 Z_1} \\ N_2 &= \frac{B_X Z_1 - B_Z X_1}{X_1 Z_2 - X_2 Z_1} \end{aligned} \right\} \tag{7.15}$$

其中,

$$\left. \begin{aligned} B_X &= X_{S2} - X_{S1} \\ B_Y &= Y_{S2} - Y_{S1} \\ B_Z &= Z_{S2} - Z_{S1} \end{aligned} \right\} \tag{7.16}$$

(4) 计算地面坐标 $(X_i, Y_i, Z_i)$:

$$\left. \begin{aligned} X_i &= N_1 X_1 + X_{S1} \\ Y_i &= N_1 Y_1 + Y_{S1} \\ Z_i &= N_1 Z_1 + Z_{S1} \end{aligned} \right\} \tag{7.17}$$

**3. CCD 影像的光束法平差**

1) 物方坐标系的选择

航天影像的覆盖范围较大, 当采用高斯直角坐标系表示地面点的坐标时是以平面代替球面, 此时地球曲率的影响明显, 高斯投影面与地面的差异产生了较大的系统性误差。航天摄影测量一般采用真正的大地空间坐标系——地心坐标系, 但地心直角坐标数值很大, 实际计算一般通过坐标系转换将其变换到局部切(割)面坐标系中。其中涉及的坐标系有: 高斯坐标（$X_T$，$Y_T$）和高程 $h$（正常高）；大地坐标系，用大地经度 $L$、大地纬度 $B$ 和大地高 $H$ 表示；地心直角坐标（$X_心$，$Y_心$，$Z_心$）；切面直角坐标（$X_切$，$Y_切$，$Z_切$）。

平差时采用切面坐标系，控制点的坐标需要转换到该坐标系中，转换顺序为

$$(X_T, Y_T, h) \to (L, B, H) \to (X_心, Y_心, Z_心) \to (X_切, Y_切, Z_切)$$

测图在高斯坐标系中进行，需要计算所有定向点的高斯坐标，顺序为

$$(X_切, Y_切, Z_切) \to (X_心, Y_心, Z_心) \to (L, B, H) \to (X_T, Y_T, h)$$

**2）误差方程式的组成**

星载 CCD 影像光束法平差的误差方程有以下三类。

（1）像点观测值的误差方程式。在误差方程式(7.10)中加入地面点坐标的改正数，则对第 $i$ 点有

$$
\left.
\begin{aligned}
V_x =& a_{11}\Delta X_{S0} + a_{12}\Delta Y_{S0} + a_{13}\Delta Z_{S0} + a_{14}\Delta\varphi_0 + a_{15}\Delta\omega_0 + a_{16}\Delta\kappa_0 \\
&+ a_{11}y\Delta\dot X_S + a_{12}y\Delta\dot Y_S + a_{13}y\Delta\dot Z_S + a_{14}y\Delta\varphi + a_{15}y\Delta\omega + a_{16}y\Delta\kappa \\
&- a_{11}\Delta X_i - a_{12}\Delta Y_i - a_{13}\Delta Z_i - l_x \\
V_y =& a_{21}\Delta X_{S0} + a_{22}\Delta Y_{S0} + a_{23}\Delta Z_{S0} + a_{24}\Delta\varphi_0 + a_{25}\Delta\omega_0 + a_{26}\Delta\kappa_0 \\
&+ a_{21}y\Delta\dot X_S + a_{22}y\Delta\dot Y_S + a_{23}y\Delta\dot Z_S + a_{24}y\Delta\varphi + a_{25}y\Delta\omega + a_{26}y\Delta\kappa \\
&- a_{21}\Delta X_i - a_{22}\Delta Y_i - a_{23}\Delta Z_i - l_y
\end{aligned}
\right\}
\tag{7.18}
$$

（2）控制点观测方程式。当控制点作为带权观测值时，若地面点坐标近似值取该点已知值，则对第 $i$ 点有

$$
\begin{bmatrix} V_{Xi} \\ V_{Yi} \\ V_{Zi} \end{bmatrix} = \begin{bmatrix} \Delta X_i \\ \Delta Y_i \\ \Delta Z_i \end{bmatrix} - \begin{bmatrix} 0 \\ 0 \\ 0 \end{bmatrix}, \text{权为} P_{Ti}
\tag{7.19}
$$

（3）"伪观测值"的误差方程。为保证在定向参数高度相关的情况下解的稳定性，对定向参数有必要引进如下"伪观测值"，这在计算有轨道星历和卫星姿态的近似值时尤为必要。

$$
X_{S0} = X_{S0}^{(0)}, Y_{S0} = Y_{S0}^{(0)}, Z_{S0} = Z_{S0}^{(0)}, \varphi_0 = \varphi_0^{(0)}, \omega_0 = \omega_0^{(0)}, \kappa_0 = \kappa_0^{(0)}
$$
$$
\dot X_S = \dot X_{S0}^{(0)}, \dot Y_S = \dot Y_{S0}^{(0)}, \dot Z_S = \dot Z_{S0}^{(0)}, \dot\varphi = \dot\varphi_0^{(0)}, \dot\omega = \dot\omega_0^{(0)}, \dot\kappa = \dot\kappa_0^{(0)}
\tag{7.20}
$$

把这些"伪观测值"作为带权观测值，且取近似值为伪观测值，有

$$
\begin{bmatrix} V_{\varphi_0} \\ V_{\omega_0} \\ \vdots \\ V_{\dot Z i} \end{bmatrix} = \begin{bmatrix} \Delta\varphi_0 \\ \Delta\omega_0 \\ \vdots \\ \Delta\dot Z_S \end{bmatrix} - \begin{bmatrix} 0 \\ 0 \\ \vdots \\ 0 \end{bmatrix}, \text{权为} P_{Si}
\tag{7.21}
$$

综合以上三类观测值，即可得总的误差方程：

$$\boldsymbol{V}_{xy} = \boldsymbol{A}_1 X_1 + \boldsymbol{A}_2 X_2 + \boldsymbol{A}_3 X_3 - \boldsymbol{L}_{xy}, \qquad 权为 P_{xy}$$

$$\boldsymbol{V}_{XYZ_G} = \boldsymbol{B}_1 X_2 - \boldsymbol{O}, \qquad 权为 P_{Ti} \qquad (7.22)$$

$$\boldsymbol{V}_{\varphi_0 - \dot{Z}_S} = \boldsymbol{B}_2 X_1 - \boldsymbol{O}, \qquad 权为 P_{Si}$$

式中，$X_1$ 为定向参数；$X_2$ 为控制点坐标的改正数；$X_3$ 为未知地面点的坐标改正数。

总的形式为

$$\boldsymbol{V} = \boldsymbol{C}X - \boldsymbol{L}, 权为 P \qquad (7.23)$$

解得

$$X = (\boldsymbol{C}^{\mathrm{T}} P \boldsymbol{C})^{-1} \boldsymbol{C}^{\mathrm{T}} P \boldsymbol{L} \qquad (7.24)$$

## 7.3　基于通用成像模型的目标定位

由于严密的物理传感器模型描述了真实的物理成像关系，这种传感器模型在理论上是严密的。这类模型的建立涉及传感器物理构造、成像方式以及各种成像参数。在这类模型中，每个定向参数都有严格的物理意义，并且彼此是相互独立的。这类传感器模型适用于传统的空中三角测量处理，并且可以产生很高的定向精度。物理传感器模型是与传感器紧密相关的，因此不同类型的传感器需要不同的传感器模型。

随着各种新型航空和航天传感器的出现，从工程应用的角度，为了处理这些新型传感器的遥感影像数据，用户需要改变他们已熟练应用的专业软件，或者在系统中增加新的传感器模型，这给用户带来诸多不便。另外，物理传感器模型并非总能得到。物理传感器模型的建立需要传感器的物理构造及成像方式等信息，但是为了技术保密，一些高性能传感器的镜头构造、成像方式及卫星轨道等信息并未被公开，因而用户不可能建立这些传感器的严密成像模型。传感器参数的保密性、成像几何模型的通用性以及更高的处理速度均要求使用与具体传感器无关的、形式简单的通用传感器模型取代物理传感器模型完成摄影测量处理及其目标定位等任务。

在通用传感器模型中，目标空间和影像空间的转换关系可以通过一般的数学函数来描述，并且这些函数的建立不需要传感器成像的物理模型信息。这些函数可用多种不同的形式（如多项式、直接线性变换以及有理函数等）来表示。显然通用传感器模型更能适应传感器成像方式多样化的发展要求。用通用的传感器模型代替严格的传感器模型的研究已经有十余年的历史，它最早应用在美国的军事部门，另外这种方法在一些数字摄影测量系统中也出现过。

### 7.3.1　多项式模型方法

多项式模型是一种简单的通用成像传感器模型，其原理直观明了，并且计算较为简单，特别是对地面相对平坦的情况，具有较好的精度。

这种方法的基本思想是回避成像的几何过程,而直接对影像的变形本身进行数学模拟。把航天遥感图像的总体变形看作平移、缩放、旋转、偏扭、弯曲,以及更高层次的基本变形综合作用的结果。因而,纠正前后影像相应点之间的坐标关系可以用一个适当的多项式来进行表达。该方法尽管有不同程度的近似性,但对各种类型的传感器都是普遍适用的,特别是在对精度要求不高的情况下,经常采用这种方法。

常用的多项式模型有二维多项式和三维多项式两种:

$$\left. \begin{aligned} x = \sum_{i=0}^{m} \sum_{j=0}^{n} a_{ij} X^i Y^j \\ y = \sum_{i=0}^{m} \sum_{j=0}^{n} b_{ij} X^i Y^j \end{aligned} \right\} \tag{7.25}$$

$$\left. \begin{aligned} x = \sum_{i=0}^{m} \sum_{j=0}^{n} \sum_{k=0}^{p} a_{ij} X^i Y^j \\ y = \sum_{i=0}^{m} \sum_{j=0}^{n} \sum_{k=0}^{p} b_{ij} X^i Y^j \end{aligned} \right\} \tag{7.26}$$

式中,$x$,$y$ 为像点坐标;$X$,$Y$ 为地面坐标。这里多项式的阶数一般不大于三次,因为更高阶的多项式往往不能提高精度反而会引起参数的强相关,形成“过拟合”的问题,从而造成模型定向精度的降低。

由于二维的多项式函数不能真实描述影像形成过程中的误差来源以及地形起伏引起的变形,因此,其应用只限于变形很小的图像,如垂直下视影像、小覆盖范围影像或者平坦地区的图像。三维多项式模型是二维多项式的扩展,即在多项式中增加与地形起伏相关的 $Z$ 坐标。多项式传感器模型的定向精度与地面控制点的精度、分布和数量及实际地形有关。采用这种模型定向时,在控制点上拟合很好,但在其他点的内插值可能有明显的偏离,而与相邻控制点不协调,即在某些点处产生振荡现象。更有甚者,处理后的影像可能会造成明显的变形,如奇怪弯曲的水库大坝、夸张扭曲的公路桥梁等。

## 7.3.2 直接线性变换模型方法

直接线性变换 (direct linear transformation,DLT) 是直接建立像点坐标和空间坐标关系的一种数学变换式。这是一种典型的通用传感器模型。它不需要内外方位元素,具有表达形式简单、解算简便、无需初始值等特点,广泛用于近景摄影测量和摄影像片解析定位中。随着线阵 CCD 推扫式传感器的面世,许多学者又开始将 DLT 引入星载 CCD 传感器的定向中。Manadili 等采用 DLT 模型对 SPOT 影像进行精纠正,用少量的控制点就可达到子像元的定位精度;Savopol 等用 DLT 模型对印度卫星 IRS-1C 影像进行处理,在没有考虑系统误差的情况下定位误差也在一个像元之内。

**1. 扩展型直接线性变换模型**

直接线性变换的基本表达式为

$$x = \frac{L_1X + L_2Y + L_3Z + L_4}{L_9X + L_{10}Y + L_{11}Z + 1} \left.\begin{matrix}\\\\\\\end{matrix}\right\}$$

$$y = \frac{L_5X + L_6Y + L_7Z + L_8}{L_9X + L_{10}Y + L_{11}Z + 1} \qquad (7.27)$$

这可根据画幅式中心投影关系由共线方程严格推导得出。针对航天 CCD 阵列传感器的投影性质，可对式(7.27) 进行修改，提出扩展型直接线性变换 (extended direct linear transformation，EDLT) 模型：

$$x = \frac{L_1X + L_2Y + L_3Z + L_4}{L_9X + L_{10}Y + L_{11}Z + 1} + L_{12}x^2 \left.\begin{matrix}\\\\\\\end{matrix}\right\}$$

$$y = \frac{L_5X + L_6Y + L_7Z + L_8}{L_9X + L_{10}Y + L_{11}Z + 1} + L_{13}xy \qquad (7.28)$$

将式(7.28)线性化，得到求解待定系数的误差方程为

$$v_x = -\frac{1}{A}(L_1X + L_2Y + L_3Z + L4 - xXL_9 - xYL_{10} - xZL_{11} + Ax^2L_{12} - x) \left.\begin{matrix}\\\\\end{matrix}\right\}$$

$$v_y = -\frac{1}{A}(L_5X + L_6Y + L_6Z + L8 - yXL_9 - yYL_{10} - yZL_{11} + AxyL_{12} - y) \qquad (7.29)$$

式中，$A = L_9X + L_{10}Y + L_{11}Z + 1$。

**2. 自检校型直接线性变换模型**

以 CCD 扫描影像的严格几何模型为基础，推导出了一种新的 CCD 影像定位模型，称为自检校型直接线性变换 (self-calibration direct linear transformation，SDLT) 模型。SDLT 模型不需要任何传感器参数，如内方位元素、侧视角和星历信息，也不需要对原始影像进行几何预纠正，因而适合处理一些未公开传感器和星历信息的高分辨率遥感影像，如 IKONOS 等。

如以影像 $y$ 坐标方向表示飞行方向，因为星载 CCD 传感器飞行平稳，所以常把传感器的外方位元素近似表示成

$$\begin{aligned}X_S &= X_{S0} + k_1 \cdot y + \cdots\\Y_S &= Y_{S0} + k_2 \cdot y + \cdots\\Z_S &= Z_{S0} + k_3 \cdot y + \cdots\\\varphi &= \varphi_0 + k_4 \cdot y + \cdots\\\Omega &= \Omega_0 + k_5 \cdot y + \cdots\\\kappa &= \kappa_0 + k_6 \cdot y + \cdots\end{aligned} \qquad (7.30)$$

令 $\boldsymbol{R} = \boldsymbol{R}_0\boldsymbol{R}$，$\boldsymbol{R}_0 = \boldsymbol{R}(\omega_0)\boldsymbol{R}(\varphi_0)\boldsymbol{R}(\kappa_0)$，

$$\Delta \boldsymbol{R} = \boldsymbol{R}(\Delta\omega)\boldsymbol{R}(\Delta\varphi)\boldsymbol{R}(\Delta\kappa) = \begin{bmatrix} 1 & -\Delta\kappa & \Delta\varphi \\ \Delta\kappa & 1 & -\Delta\omega \\ -\Delta\varphi & \Delta\omega & 1 \end{bmatrix} \tag{7.31}$$

则共线条件方程可表示为

$$\begin{bmatrix} X \\ Y \\ Z \end{bmatrix} = \lambda \boldsymbol{R}_0 \Delta \boldsymbol{R} \begin{bmatrix} x \\ 0 \\ -f \end{bmatrix} + \begin{bmatrix} X_S \\ Y_S \\ Z_S \end{bmatrix} = \lambda \boldsymbol{R}_0 (\boldsymbol{E} + \boldsymbol{K}_y) \begin{bmatrix} x \\ 0 \\ -f \end{bmatrix} + \begin{bmatrix} X_0 \\ Y_0 \\ Z_0 \end{bmatrix} + \begin{bmatrix} k_1 \\ k_2 \\ k_3 \end{bmatrix} \cdot y \tag{7.32}$$

式中，$\boldsymbol{E}$ 为单位矩阵；$\boldsymbol{K}_y = \begin{bmatrix} 0 & -k_6 & k_5 \\ k_6 & 0 & -k_4 \\ -k_5 & k_4 & 0 \end{bmatrix}$。

由于 CCD 传感器在飞行方向上为平行投影，$y$ 坐标正比于沿飞行方向的径向距离，如图 7-7所示，于是有

$$\begin{bmatrix} X_S \\ Y_S \\ Z_S \end{bmatrix} = \begin{bmatrix} X_0' \\ Y_0' \\ Z_0' \end{bmatrix} + \begin{bmatrix} k_1' \\ k_2' \\ k_3' \end{bmatrix} \cdot (X\cos\alpha + Y\sin\alpha) \tag{7.33}$$

式中，$(X_0', Y_0', Z_0')$ 与 $k_1', k_2', k_3'$ 为表示 $(X_0, Y_0, Z_0)$ 和 $(k_1, k_2, k_3)$ 的常量。综合式(7.32)和式(7.33)，得

$$\lambda \begin{bmatrix} x - k_5 f y \\ k_4 f y - k_6 xy \\ -f - k_5 xy \end{bmatrix} = \begin{bmatrix} l_1 X + l_2 Y + l_3 Z + l_4 \\ l_5 X + l_6 Y + l_7 Z + l_8 \\ l_9 X + l_{10} Y + l_{11} Z + l_{12} \end{bmatrix} \tag{7.34}$$

式中，$(l_1, l_2, \cdots, l_{12})$ 为常数。一般卫星在侧视成像获取旁向立体的过程中，传感器的侧视角度基本不变，因此式(7.34)中 $k_5$ 的影响可以忽略不计。

像点的像素坐标 $(x_p, y_p)$ 和像平面坐标 $(x, y)$ 的关系可描述为

$$\left.\begin{array}{l} x = S_x x_p + x_0 \\ y = S_y y_p + y_0 \end{array}\right\} \tag{7.35}$$

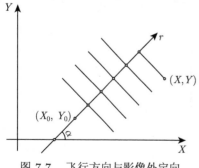

图 7-7　飞行方向与影像外定向

式中，$(S_x, S_y)$ 为 CCD 单元的尺寸；$(x_0, y_0)$ 为坐标原点的偏移量。将式(7.35)代入式(7.34)，并忽略 $k_5$，得到

$$\left.\begin{array}{l} x_p = \dfrac{L_1 X + L_2 Y + L_3 Z + L_4}{L_9 X + L_{10} Y + L_{11} Z + 1} \\[2mm] y_p = \dfrac{L_5 X + L_6 Y + L_7 Z + L_8}{L_9 X + L_{10} Y + L_{11} Z + 1} + L_{12} x_p y_p \end{array}\right\} \tag{7.36}$$

式(7.36)直接建立了像点像素坐标 $(x_p, y_p)$ 与相应地面点坐标 $(X, Y, Z)$ 的变换关系,与常规的 DLT 模型相比,它增加了对像点坐标的改正,因此可称为自检校型 DLT 模型。式(7.36)的线性化结果为

$$
\left.
\begin{aligned}
v_x &= -\frac{1}{A}(L_1 X + L_2 Y + L_3 Z + L_4 - xXL_9 - xYL_{10} - xZL_{11} - x) \\
v_y &= -\frac{1}{A}(L_5 X + L_6 Y + L_6 Z + L_8 - yXL_9 - yYL_{10} - yZL_{11} + AxyL_{12} - y)
\end{aligned}
\right\}
\tag{7.37}
$$

式中, $A = L_9 X + L_{10} Y + L_{11} Z + 1$。

以式(7.37)为基础,利用已知控制点可以解算定位参数 $L_i(i = 1, 2, \cdots, 12)$,然后即可利用像片上的未知点的像坐标 $(x, y)$ 计算对应地面的三维位置 $(X, Y, Z)$。需要注意的是,单张像片的像点坐标 $(x, y)$ 只有两个已知数,还不能直接计算出三个位置未知数 $(X, Y, Z)$,需要利用多张像对或 DEM 数据才能完成三维坐标的解算。

### 7.3.3　有理函数模型方法

#### 1. 有理函数的定义

有理函数模型 (rational function model,RFM) 是将像点坐标 $(r, c)$ 表示为以相应地面点空间坐标 $(X, Y, Z)$ 为自变量的多项式的比值,即

$$
\left.
\begin{aligned}
r_n &= \frac{p_1(X_n, Y_n, Z_n)}{p_2(X_n, Y_n, Z_n)} \\
c_n &= \frac{p_3(X_n, Y_n, Z_n)}{p_4(X_n, Y_n, Z_n)}
\end{aligned}
\right\}
\tag{7.38}
$$

式中, $(r_n, c_n)$ 和 $(X_n, Y_n, Z_n)$ 分别为像素坐标 $(r, c)$ 和地面点坐标 $(X, Y, Z)$ 经平移和缩放后的标准化坐标,取值位于 $-1.0 \sim +1.0$,其变换关系为

$$
X_n = \frac{X - X_0}{X_S}, Y_n = \frac{Y - Y_0}{Y_S}, Z_n = \frac{Z - Z_0}{Z_S}
$$
$$
r_n = \frac{r - r_0}{r_S}, c_n = \frac{c - c_0}{c_S}
\tag{7.39}
$$

式中, $X_0, Y_0, Z_0, r_0, c_0$ 为标准化的平移参数; $X_S, Y_S, Z_S, r_S, c_S$ 为标准化的比例参数。RFM 采用标准化坐标的目的是减少计算过程中由于数据数量级差别过大引入的舍入误差,从而提高定位精度。

多项式中每一项的各个坐标分量 $X, Y, Z$ 的幂最大不超过 3,每一项各个坐标分量的幂的总和也不超过 3 (通常有 1,2,3 三种取值)。另外,分母项 $p_2$ 和 $p_4$ 的形式可以有两种情况: $p_2 = p_4$ (可以是一个多项式,也可以是常量 1) 和 $p_2 \neq p_4$。

每个多项式 $p_i(i = 1, 2, 3, 4)$ 的形式如下:

$$p = \sum_{i=0}^{m_1} \sum_{j=0}^{m_2} \sum_{k=0}^{m_3} = a_0 + a_1 Z + a_2 Y + a_3 X + a_4 ZY + a_5 ZX + a_6 YX$$
$$+ a_7 Z^2 + a_8 Y^2 + a_9 X^2$$
$$+ a_{10} ZYX + a_{11} Z^2 Y + a_{12} Z^2 X + a_{13} Y^2 Z \tag{7.40}$$
$$+ a_{14} Y^2 X + a_{15} X^2 Z + a_{16} X^2 Y$$
$$+ a_{17} Z^3 + a_{18} Y^3 + a_{19} X^3$$

式中，$a_i (i = 0, 1, \cdots, 19)$ 为多项式的系数。式(7.40)也可写为

$$\left. \begin{array}{l} r = \dfrac{(1 \ Z \ Y \ X \ \cdots \ Y^3 \ X^3) \cdot (a_0 \ a_1 \ \cdots \ a_{19})^{\mathrm{T}}}{(1 \ Z \ Y \ X \ \cdots \ Y^3 \ X^3) \cdot (1 \ b_1 \ \cdots \ b_{19})^{\mathrm{T}}} \\[4mm] r = \dfrac{(1 \ Z \ Y \ X \ \cdots \ Y^3 \ X^3) \cdot (c_0 \ c_1 \ \cdots \ c_{19})^{\mathrm{T}}}{(1 \ Z \ Y \ X \ \cdots \ Y^3 \ X^3) \cdot (1 \ d_1 \ \cdots \ d_{19})^{\mathrm{T}}} \end{array} \right\} \tag{7.41}$$

式中，多项式的系数称为有理函数的系数 (rational function coefficient，RFC)。Space Imaging 公司称包含 RFCs 的文件为 RPC（rapid positioning capability 或 rational polynomial coefficient）文件。RFCs 一般表示为 LINE_NUM_COEF_$n$，LINE_DEN_COEF_$n$，SAMP_NUM_COEF_$n$，SAMP_DEN_COEF_$n(n = 1, 2, \cdots, 20)$ 的形式。

在模型中由光学投影引起的畸变表示为一阶多项式，而像地球曲率、大气折射及镜头畸变等改正，可由二阶多项式趋近。高阶部分的其他未知畸变可用三阶多项式模拟。式(7.38)是 RFM 的正解形式，其反解的公式为

$$\left. \begin{array}{l} X_n = \dfrac{p_5(r_n, c_n, Z_n)}{p_6(r_n, c_n, Z_n)} \\[4mm] Y_n = \dfrac{p_7(r_n, c_n, Z_n)}{p_8(r_n, c_n, Z_n)} \end{array} \right\} \tag{7.42}$$

式中，多项式 $p_i (i = 5, 6, 7, 8)$ 的形式为

$$p_i(r, c, Z) = a_0 + a_1 Z + a_2 c + a_3 r + a_4 Zc + a_5 Zr + a_6 cr + a_7 Z^2 + a_8 c^2 + a_9 r^2$$
$$+ a_{10} Zcr + a_{11} Z^2 c + a_{12} Z^2 r + a_{13} c^2 Z + a_{14} c^2 r + a_{15} r^2 Z + a_{16} r^2 c \tag{7.43}$$
$$+ a_{17} Z^3 + a_{18} c^3 + a_{19} r^3$$

不同于共线条件方程，RFM 只能提供物方到像方或像方到物方之中的某一个方向变换，反变换需要对正变换模型线性化，通过一定初始值下的迭代过程来完成。

RFM 实质上是多项式模型的扩展形式。在引入 RFM 之前，先来回顾一下传统的共线条件方程。

共线条件方程作为一种物理传感器模型，它描述了投影中心、地面点和相应像点共线的几何关系，因此需考虑成像时的几何条件：传感器的姿态与投影中心的位置。传统的框幅式

影像成像的共线方程为

$$
\left.
\begin{aligned}
x &= -f\frac{a_1(X - X_S) + b_1(Y - Y_S) + c_1(Z - Z_S)}{a_3(X - X_S) + b_3(Y - Y_S) + c_3(Z - Z_S)} \\
y &= -f\frac{a_2(X - X_S) + b_2(Y - Y_S) + c_2(Z - Z_S)}{a_3(X - X_S) + b_3(Y - Y_S) + c_3(Z - Z_S)}
\end{aligned}
\right\}
\tag{7.44}
$$

以 SPOT 为例,线阵列 CCD 推扫式图像的每一行影像的外方位元素是随时间变化的,通常可以用时间的多项式来描述。由于卫星在太空飞行时不再考虑大气干扰,加上采用惯性平台、跟踪恒星的姿态控制系统等先进技术,其姿态变化可认为是相当平稳的。假设每一幅图像的像平面坐标原点在中央扫描行的中点,则可认为每一扫描行的外方位元素是随着 $x$ 值(飞行方向)变化的,其构像方程可描述为

$$
\left.
\begin{aligned}
x_i &= 0 = -f\frac{a_1(X - X_{Si}) + b_1(Y - Y_{Si}) + c_1(Z - Z_{Si})}{a_3(X - X_{Si}) + b_3(Y - Y_{Si}) + c_3(Z - Z_{Si})} \\
y_i &= -f\frac{a_2(X - X_{Si}) + b_2(Y - Y_{Si}) + c_2(Z - Z_{Si})}{a_3(X - X_{Si}) + b_3(Y - Y_{Si}) + c_3(Z - Z_{Si})}
\end{aligned}
\right\}
\tag{7.45}
$$

$$
\left.
\begin{aligned}
X_{Si} &= X_{S0} + \dot{X}_S \cdot x \\
Y_{Si} &= Y_{S0} + \dot{Y}_S \cdot x \\
Z_{Si} &= Z_{S0} + \dot{Z}_S \cdot x \\
\varphi_i &= \varphi_0 + \dot{\varphi} \cdot x \\
\omega_i &= \omega_0 + \dot{\omega} \cdot x \\
\kappa_i &= \kappa_0 + \dot{\kappa} \cdot x
\end{aligned}
\right\}
\tag{7.46}
$$

式中,$(X_{S0}, Y_{S0}, Z_{S0}, \varphi_0, \omega_0, \kappa_0)$ 为中央扫描行的外方位元素;$(\dot{X}_S, \dot{Y}_S, \dot{Z}_S, \dot{\varphi}, \dot{\omega}, \dot{\kappa})$ 为外方位元素的一阶变化率。从式(7.44)可以推导出 DLT 的公式:

$$
\left.
\begin{aligned}
x &= \frac{A_1X + B_1Y + C_1Z + D_1}{A_3X + B_3Y + C_3Z + 1} \\
y &= \frac{A_2X + B_2Y + C_2Z + D_2}{A_3X + B_3Y + C_3Z + 1}
\end{aligned}
\right\}
\tag{7.47}
$$

将式(7.46)代入式(7.45),然后将外方位元素按泰勒级数展开,取一次项即可以得出

$$
\left.
\begin{aligned}
x &= A_1X + B_1Y + C_1Z + D_1 \\
y &= \frac{A_2X + B_2Y + C_2Z + D_2}{A_3X + B_3Y + C_3Z + 1}
\end{aligned}
\right\}
\tag{7.48}
$$

从式(7.42)、式(7.47)及式(7.48)中可以发现 RFM 的雏形。另外，当式(7.38) 中的 $p_2 = p_4 = 1$ 时，RFM 也就变为一般的多项式模型了。

与常用的多项式模型比较，RFM 实际上是多种传感器模型的一种更通用的表达方式（或者可以理解为数学意义下更通用的拟合公式），它适用于各类传感器，包括最新的航空和航天传感器模型。基于 RFM 的传感器模型并不要求了解传感器的实际构造和成像过程，因此它适用于不同类型的传感器，而且新型传感器只是改变了获取参数这一部分，应用上却独立于传感器的类型。

根据以上特点，很多卫星影像数据供应商把 RFM 作为影像传递的标准，这种通用的传感器模型通常是用严格的传感器模型变换得到的。据报道，IKONOS 影像数据供应商首先解算出严格的传感器模型参数，然后利用严格模型的定向结果反求出 RFM 的参数，最后将 RFM 作为影像元数据的一部分提供给用户，这样用户可以在不知道精确传感器模型的情况下进行影像纠正以及后续的影像数据处理，在某种意义上也对卫星及其传感器的参数进行了保密处理。与严格的传感器模型不同，RFM 不需要了解每一种类型成像传感器的物理特性，如轨道参数和平台的定向参数，因此可以说 RFM 是一种通用的传感器模型。

在目标定位的具体实践环节，获得的卫星影像数据一般都带有有理函数模型的各个参数，因此可以利用这些参数完成目标点的定位解算。

**2. RFM 参数的解答**

为了采用最小二乘原理求解 RFM，需要将式(7.38)线性化得出误差方程：

$$
\begin{aligned}
v_r &= \left[ \frac{1}{B} \quad \frac{Z}{B} \quad \frac{Y}{B} \quad \frac{X}{B} \quad \cdots \quad \frac{X^3}{B} \quad \frac{-rZ}{B} \quad \cdots \quad \frac{-rX^3}{B} \right] \cdot \boldsymbol{J} - \frac{r}{B} \\
v_c &= \left[ \frac{1}{D} \quad \frac{Z}{D} \quad \frac{Y}{D} \quad \frac{X}{D} \quad \cdots \quad \frac{X^3}{D} \quad \frac{-rZ}{D} \quad \cdots \quad \frac{-rX^3}{D} \right] \cdot \boldsymbol{K} - \frac{r}{D}
\end{aligned}
\tag{7.49}
$$

式中，$B = ([1 \ Z \ Y \ X \ldots \ Y^3 \ X^3]) \cdot (1 \ b_1 \cdots \ b_{19})^{\mathrm{T}}$；$\boldsymbol{J} = (a_0 \ a_1 \cdots \ a_{19})^{\mathrm{T}}$；$D = ([1 \ Z \ Y \ X \cdots \ Y^3 \ X^3]) \cdot (1 \ d_1 \cdots \ d_{19})^{\mathrm{T}}$；$\boldsymbol{K} = (c_0 \ c_1 \cdots \ c_{19})^{\mathrm{T}}$。

写成矩阵形式为

$$
\boldsymbol{V}_r = \boldsymbol{M}\boldsymbol{J} - \boldsymbol{R}
\tag{7.50}
$$

即

$$
\begin{bmatrix} B_1 v_{r_1} \\ B_2 v_{r_2} \\ \vdots \\ B_n v_{r_n} \end{bmatrix}
\begin{bmatrix}
1 & Z & \ldots & X_1^3 & -r_1 Z_1 & \cdots & -r_1 X_1^3 \\
1 & Z & \ldots & X_2^3 & -r_2 Z_2 & \cdots & -r_2 X_2^3 \\
\vdots & \vdots & & \vdots & \vdots & & \vdots \\
1 & Z & \ldots & X_n^3 & -r_n Z_n & \cdots & -r_n X_n^3
\end{bmatrix}
\cdot \boldsymbol{J} -
\begin{bmatrix} r_1 \\ r_2 \\ \vdots \\ r_n \end{bmatrix}
\tag{7.51}
$$

法方程则为

$$
\boldsymbol{M}^{\mathrm{T}} \boldsymbol{W}_r \boldsymbol{M} \boldsymbol{J} - \boldsymbol{M}^{\mathrm{T}} \boldsymbol{W}_r \boldsymbol{R} = 0
\tag{7.52}
$$

式中，

$$
\boldsymbol{W}_r = \begin{bmatrix} \dfrac{1}{B_1^2} & 0 & \cdots & 0 \\ 0 & \dfrac{1}{B_2^2} & 0 & \vdots \\ \vdots & 0 & \ddots & 0 \\ 0 & \cdots & 0 & \dfrac{1}{B_n^2} \end{bmatrix} \tag{7.53}
$$

由于原始方程是非线性的，故最小二乘的解答需要迭代进行，其中，取 $\boldsymbol{W}_r$ 为单位阵可以解算出 $\boldsymbol{J}$ 的初值，然后迭代求解直至各改正数小于限差为止。这是解答行方向的过程，列方向与之类似。行列同时解答误差方程为

$$
\begin{bmatrix} \boldsymbol{V}_r \\ \boldsymbol{V}_c \end{bmatrix} = \begin{bmatrix} \boldsymbol{M} & 0 \\ 0 & \boldsymbol{N} \end{bmatrix} \cdot \begin{bmatrix} \boldsymbol{J} \\ \boldsymbol{K} \end{bmatrix} - \begin{bmatrix} \boldsymbol{R} \\ \boldsymbol{C} \end{bmatrix} \tag{7.54}
$$

法方程为

$$
\boldsymbol{T}^{\mathrm{T}} \boldsymbol{W} \boldsymbol{T} \boldsymbol{I} - \boldsymbol{T}^{\mathrm{T}} \boldsymbol{W} \boldsymbol{G} = 0 \tag{7.55}
$$

式中，

$$
\boldsymbol{W} = \begin{bmatrix} \boldsymbol{W}_r & 0 \\ 0 & \boldsymbol{W}_c \end{bmatrix} \tag{7.56}
$$

整体解答过程：首先取 $\boldsymbol{W}$ 为单位矩阵，求解出 $\boldsymbol{J}$ 的初值，然后由式(7.54)迭代求解直至各改正数小于限差为止。

### 3. 基于正解 RFM 的三维重建算法

立体像对的左右影像分别建立各自正解形式的有理函数模型以后，如何根据同名像点的像坐标计算出相应地面点的空间坐标，这就是基于 RFM 的三维重建问题。目前，虽然在一些商业遥感软件包中已经有基于 RFM 的三维重建模块，如 SOCET SET、ERDAS、OrthoBase、PCI Geomatica 等，但是技术细节并未公布。一些文献中提出了一种在左右影像 RFM 的坐标标准化参数相同的情况下求解地面点坐标的迭代算法。本节将以此为基础，推导出在左右影像的 RFM 具有不同坐标标准化参数的情况下，重建地面三维形态的数学模型。

1）三维重建的数学模型推导

由坐标的标准化式(7.39)，令

$$
X_n = f_X(X) = \frac{X - X_0}{X_S}, Y_n = f_Y(Y) = \frac{Y - Y_0}{Y_S}, Z_n = f_Z(Z) = \frac{Z - Z_0}{Z_S} \tag{7.57}
$$

则有

$$
\frac{\mathrm{d}X_n}{\mathrm{d}X} = f'_X(X) = \frac{1}{X_S}, \frac{\mathrm{d}Y_n}{\mathrm{d}Y} = f'_Y(Y) = \frac{1}{Y_S}, \frac{\mathrm{d}Z_n}{\mathrm{d}Z} = f'_Z(Z) = \frac{1}{Z_S} \tag{7.58}
$$

将 $r_n = \dfrac{r - r_0}{r_S}$，$c_n = \dfrac{c - c_0}{c_S}$ 代入式(7.38)，整理得

$$
\left.
\begin{aligned}
r &= r_S \cdot \frac{p_1(X_n, Y_n, Z_n)}{p_2(X_n, Y_n, Z_n)} + r_0 \\
c &= c_S \cdot \frac{p_3(X_n, Y_n, Z_n)}{p_4(X_n, Y_n, Z_n)} + c_0
\end{aligned}
\right\}
\tag{7.59}
$$

式(7.59)就是求解地面点坐标 $(X, Y, Z)$ 方程。该方程为非线性方程，按照泰勒级数展开到一次项，可以得到待求坐标 $(X, Y, Z)$ 的改正量 $(\Delta X, \Delta Y, \Delta Z)$。

略去具体的推导过程，若某一地面点在两张像片的同名点坐标为 $(r_1, c_1)$，$(r_r, c_r)$，可以列出如式 (7.60) 的四个误差方程：

$$
\begin{bmatrix} v_{r1} \\ v_{rr} \\ v_{c1} \\ v_{cr} \end{bmatrix}
=
\begin{bmatrix}
\dfrac{\partial r_1}{\partial Z} & \dfrac{\partial r_1}{\partial Y} & \dfrac{\partial r_1}{\partial X} \\[6pt]
\dfrac{\partial r_r}{\partial Z} & \dfrac{\partial r_r}{\partial Y} & \dfrac{\partial r_r}{\partial X} \\[6pt]
\dfrac{\partial c_1}{\partial Z} & \dfrac{\partial c_1}{\partial Y} & \dfrac{\partial c_1}{\partial X} \\[6pt]
\dfrac{\partial c_r}{\partial Z} & \dfrac{\partial c_r}{\partial Y} & \dfrac{\partial c_r}{\partial X}
\end{bmatrix}
\begin{bmatrix} \Delta Z \\ \Delta Y \\ \Delta X \end{bmatrix}
-
\begin{bmatrix} r_1 - \hat{r}_1 \\ r_r - \hat{r}_r \\ c_1 - \hat{c}_1 \\ c_r - \hat{c}_r \end{bmatrix}
\tag{7.60}
$$

写成矩阵形式为

$$
\boldsymbol{V} = \boldsymbol{A}\boldsymbol{\Delta} - \boldsymbol{l}
\tag{7.61}
$$

于是坐标改正数 $\boldsymbol{\Delta}$ 的最小二乘解为

$$
\boldsymbol{\Delta} = [\Delta Z \ \Delta Y \ \Delta X]^{\mathrm{T}} = (\boldsymbol{A}^{\mathrm{T}}\boldsymbol{A})^{-1}(\boldsymbol{A}^{\mathrm{T}}\boldsymbol{l})
\tag{7.62}
$$

2）*初始值的确定方法*

由于解算地面点坐标采用的数学模型是线性化模型，获取最优解需要进行迭代。地面坐标的初始值 $(X^{(0)}, Y^{(0)}, Z^{(0)})$ 可以按照以下两种方式获取。

（1）将左右影像对应 RFM 的标准化平移参数平均值作为 $(X^{(0)}, Y^{(0)}, Z^{(0)})$，即

$$
X^{(0)} = \frac{X_{0l} + X_{0r}}{2}, Y^{(0)} = \frac{Y_{0l} + Y_{0r}}{2}, Z^{(0)} = \frac{Z_{0l} + Z_{0r}}{2}
\tag{7.63}
$$

（2）利用 RFM 的一次项求解 $(X^{(0)}, Y^{(0)}, Z^{(0)})$。舍去式(7.38)中多项式的高次项，得

$$
\left.
\begin{aligned}
r_n &= r_S \cdot \frac{a_0 + a_1 Z_n + a_2 Y_n + a_3 X_n}{1 + b_1 Z_n + b_2 Y_n + b_3 X_n} \\
c_n &= c_S \cdot \frac{c_0 + c_1 Z_n + c_2 Y_n + c_3 X_n}{1 + d_1 Z_n + d_2 Y_n + d_3 X_n}
\end{aligned}
\right\}
\tag{7.64}
$$

将 $r_n = \dfrac{r - r_0}{r_S}$，$c_n = \dfrac{c - c_0}{c_S}$ 代入其中，即可以得到像点和地面点之间的关系。即由同名点坐标 $(r_1, c_1)$，$(r_r, c_r)$ 可列出如式 (7.65) 的四个误差方程：

$$\begin{bmatrix} v_{rl} \\ v_{rr} \\ v_{cl} \\ v_{cr} \end{bmatrix} = \begin{bmatrix} m_{1l} & m_{2l} & m_{3l} \\ m_{1r} & m_{2r} & m_{3r} \\ n_{1l} & n_{2l} & n_{3l} \\ n_{1r} & n_{2r} & n_{3r} \end{bmatrix} \begin{bmatrix} Z \\ Y \\ X \end{bmatrix} - \begin{bmatrix} s_l \\ s_r \\ t_l \\ t_r \end{bmatrix} \tag{7.65}$$

也可表示为

$$V = A^{(0)} \Delta^{(0)} - l^{(0)} \tag{7.66}$$

所以

$$\Delta^{(0)} = [Z^{(0)} \ Y^{(0)} \ X^{(0)}]^{\mathrm{T}} = (A^{(0)\mathrm{T}} A^{(0)})^{-1} A^{(0)\mathrm{T}} l^{(0)} \tag{7.67}$$

3）计算步骤

（1）计算地面坐标初始值 $(X^{(0)}, Y^{(0)}, Z^{(0)})$，并分别用左右影像的标准化参数将其转换为对应的标准化坐标 $(X_{nl}^{(0)}, Y_{nl}^{(0)}, Z_{nl}^{(0)})$ 及 $(X_{nr}^{(0)}, Y_{nr}^{(0)}, Z_{nr}^{(0)})$。

（2）分别利用 $(X_{nl}^{(i)}, Y_{nl}^{(i)}, Z_{nl}^{(i)})$ 和 $(X_{nr}^{(i)}, Y_{nr}^{(i)}, Z_{nr}^{(i)})(i = 0, 1, \cdots)$ 计算式(7.60)中的矩阵系数以及 $\hat{r}$ 和 $\hat{c}$，并根据同名点坐标 $(r_1, c_1)$ 和 $(r_r, c_r)$ 组成误差方程式。

（3）将式(7.60)法化并求解，得到坐标改正数 $\Delta Z^{(i)}, \Delta Y^{(i)}, \Delta X^{(i)}(i = 0, 1, \cdots)$。如果改正数超出容许范围，则修正当前的地面坐标值，即令 $X^{(i+1)} = X^{(i)} + \Delta X^i$，$Y^{(i+1)} = Y^{(i)} + \Delta Y^i$，$Z^{(i+1)} = Z^{(i)} + \Delta Z^i$，并计算 $X^{(i+1)}, Y^{(i+1)}, Z^{(i+1)}$ 的左右片标准化坐标 $(X_{nl}^{(i+1)}, Y_{nl}^{(i+1)}, Z_{nl}^{(i+1)})$ 及 $(X_{nr}^{(i+1)}, Y_{nr}^{(i+1)}, Z_{nr}^{(i+1)})$，转回第（2）步迭代进行。否则跳出循环，最终的 $(X^{(i+1)}, Y^{(i+1)}, Z^{(i+1)})$ 即为地面点空间坐标。

### 4. 反解 RFM 的建立与三维重建算法

1）利用反解 RFM 解算地面点坐标的算法

如果立体像对的每幅影像都建立了形如式(7.42)的反解 RFM，则根据立体像对的同名像点坐标可迭代计算出相应地面点的三维空间坐标，数学模型推导如下。

将式(7.39)代入式(7.42)，直接建立原始坐标 $X$、$Y$ 与 $Z$ 之间的关系：

$$\left.\begin{aligned} X &= X_S \cdot \dfrac{p_5(r_n, c_n, Z_n)}{p_6(r_n, c_n, Z_n)} + X_0 \\ Y &= Y_S \cdot \dfrac{p_7(r_n, c_n, Z_n)}{p_8(r_n, c_n, Z_n)} + Y_0 \end{aligned}\right\} \tag{7.68}$$

令

$$\begin{aligned} F(r, c, Z) &= \dfrac{p_5(r_n, c_n, Z_n)}{p_6(r_n, c_n, Z_n)} \\ G(r, c, Z) &= \dfrac{p_7(r_n, c_n, Z_n)}{p_8(r_n, c_n, Z_n)} \end{aligned} \tag{7.69}$$

则式(7.68)可以表示为

$$
\left.\begin{aligned}
X &= X_S \cdot F(r,c,Z) + X_0 \\
Y &= Y_S \cdot G(r,c,Z) + Y_0
\end{aligned}\right\}
\tag{7.70}
$$

如果给定地面点高程的初始值 $Z^{(0)}$，按泰勒级数展开，将平面坐标 $X$、$Y$ 表示为高程改正数 $\Delta Z$ 的线性形式，即

$$
\left.\begin{aligned}
X &\approx \hat{X} + \frac{\partial X}{\partial Z} \cdot \Delta Z = \hat{X} + \frac{X_S}{Z_S} \cdot \frac{\partial F}{\partial Z_n} \cdot \Delta Z \\
Y &\approx \hat{Y} + \frac{\partial Y}{\partial Z} \cdot \Delta Z = \hat{Y} + \frac{Y_S}{Z_S} \cdot \frac{\partial G}{\partial Z_n} \cdot \Delta Z
\end{aligned}\right\}
\tag{7.71}
$$

于是，对于立体像对的一对同名像点 $(r_1,c_1)$ 和 $(r_r,c_r)$ 以及相应地面点的高程初始值 $Z^{(0)}$，有以下关系：

$$
\left.\begin{aligned}
X &\approx \hat{X}_1 + \frac{X_{S1}}{Z_{S1}} \cdot \frac{\partial F_1}{\partial Z_n} \cdot \Delta Z \\
Y &\approx \hat{Y}_1 + \frac{Y_{S1}}{Z_{S1}} \cdot \frac{\partial G_1}{\partial Z_n} \cdot \Delta Z
\end{aligned}\right\}, \quad
\left.\begin{aligned}
X &\approx \hat{X}_r + \frac{X_{Sr}}{Z_{Sr}} \cdot \frac{\partial F_r}{\partial Z_n} \cdot \Delta Z \\
Y &\approx \hat{Y}_r + \frac{Y_{Sr}}{Z_{Sr}} \cdot \frac{\partial G_r}{\partial Z_n} \cdot \Delta Z
\end{aligned}\right\}
\tag{7.72}
$$

对应式相减，消去 $X$ 和 $Y$，得高程改正数 $\Delta Z$ 的误差方程：

$$
\left.\begin{aligned}
V_X &= \left(\frac{X_{Sr}}{Z_{Sr}} \cdot \frac{\partial F_r}{\partial Z_n} - \frac{X_{S1}}{Z_{S1}} \cdot \frac{\partial F_1}{\partial Z_n}\right) \cdot \Delta Z - (\hat{X}_r - \hat{X}_1) \\
V_Y &= \left(\frac{Y_{Sr}}{Z_{Sr}} \cdot \frac{\partial G_r}{\partial Z_n} - \frac{Y_{S1}}{Z_{S1}} \cdot \frac{\partial G_1}{\partial Z_n}\right) \cdot \Delta Z - (\hat{Y}_r - \hat{Y}_1)
\end{aligned}\right\}
\tag{7.73}
$$

依据最小二乘原理将其法化，从中解出 $\Delta Z$：

$$
\Delta Z = \frac{\left(\frac{X_{Sr}}{Z_{Sr}} \cdot \frac{\partial F_r}{\partial Z_n} - \frac{X_{S1}}{Z_{S1}} \cdot \frac{\partial F_1}{\partial Z_n}\right) \cdot (\hat{X}_r - \hat{X}_1) + \left(\frac{Y_{Sr}}{Z_{Sr}} \cdot \frac{\partial G_r}{\partial Z_n} - \frac{Y_{S1}}{Z_{S1}} \cdot \frac{\partial G_1}{\partial Z_n}\right) \cdot (\hat{Y}_r - \hat{Y}_1)}{\left(\frac{X_{Sr}}{Z_{Sr}} \cdot \frac{\partial F_r}{\partial Z_n} - \frac{X_{S1}}{Z_{S1}} \cdot \frac{\partial F_1}{\partial Z_n}\right)^2 + \left(\frac{Y_{Sr}}{Z_{Sr}} \cdot \frac{\partial G_r}{\partial Z_n} - \frac{Y_{S1}}{Z_{S1}} \cdot \frac{\partial G_1}{\partial Z_n}\right)^2}
\tag{7.74}
$$

2）利用反解 RFM 解算地面坐标 $(X,Y,Z)$ 的步骤

（1）给定地面点高程的初始值 $Z^{(0)}$，一般取覆盖区的平均高程值，并计算 $Z^{(0)}$ 对应的左右标准化坐标 $Z_{n1}^{(0)}$ 和 $Z_{nr}^{(0)}$。

（2）利用 $Z_{n1}^{(0)}, r_1, c_1$ 和 $Z_{nr}^{(0)}, r_r, c_r$，按照式(7.74)计算高程改正值 $\Delta Z$，并用其修正高程 $Z$，即 $Z^{(i+1)} = Z^{(i)} + \Delta Z$，$i = 0,1,2,\cdots$，并计算 $Z^{(i+1)}$ 的左右标准化坐标 $Z_{n1}^{(i+1)}$ 和 $Z_{nr}^{(i+1)}$。

（3）重复第（2）步，不断更新 $Z$ 值，直到 $\Delta Z$ 达到给定的限差或迭代到一定的次数。

（4）将最后的高程 $Z$ 和像点 $(r_1,c_1)$ 和 $(r_r,c_r)$ 代入方程(7.42)，计算出 $(X_1,Y_1)$ 和 $(X_r,Y_r)$，最后得到的地面坐标为 $X = \frac{(X_1+X_r)}{2}$，$Y = \frac{(Y_1+Y_r)}{2}$。

## 练习和思考题

1. 简述航天遥感定位常用的坐标及其定义方式。
2. 什么是航天传感器严密成像模型？简述利用该模型进行定位的基本原理。
3. 简述多项式模型和直接线性变换模型的特点。
4. 阐述有理函数模型的基本原理，并详细讨论其特点。

# 第 8 章　卫星导航定位

卫星导航定位是采用导航卫星对地面、海洋、空中和空间用户进行导航定位的技术。利用太阳、月球和其他自然天体进行导航已有数千年历史，而由人造天体进行导航的设想虽然早在 19 世纪后半期就有人提出，但直到 20 世纪 60 年代才实现。卫星导航定位继承了传统导航定位系统的优点，不但能提供全球和近地空间的连续立体覆盖、高精度三维定位和测速，而且抗干扰能力强，可以实现各种天气条件下的高精度被动式导航定位。

## 8.1　卫星导航系统简介

目前，正在提供服务的卫星导航系统主要有中国北斗系统、美国 GPS 系统、俄罗斯 GLONASS 系统和欧盟 Galileo 系统。

### 8.1.1　中国北斗系统

北斗卫星导航系统（BeiDou navigation satellite system，BDS）简称北斗系统，是中国正在实施的自主发展、独立运行的全球卫星导航系统，与美国 GPS 系统、俄罗斯 GLONASS 系统、欧洲建设中的 Galileo 系统构成全球四大导航系统。北斗系统空间段采用三种轨道卫星组成的混合星座，与其他卫星导航系统相比高轨卫星更多，抗遮挡能力更强，尤其在低纬度地区性能特点更为明显。北斗系统还提供了多个频点的导航信号，能够通过多频信号组合使用等方式提高服务精度。此外，北斗系统创新融合了导航与通信能力，具有实时导航、快速定位、精确授时、精准位置报告和短报文通信服务五大功能。北斗系统的基本组成包括空间段、地面控制段和用户段。

**1. 空间段**

北斗卫星导航系统空间段采用混合星座，即由多个轨道类型的卫星组成导航星座，包括地球静止轨道（geostationary orbit，GEO）卫星、倾斜地球同步轨道（inclined geosynchronous orbit，IGSO）卫星和地球中圆轨道（medium earth orbit，MEO）卫星。北斗三号基本空间星座由 3 颗 GEO 卫星、3 颗 IGSO 卫星和 24 颗 MEO 卫星组成，并根据星座运行情况部署在轨备份卫星。其中，GEO 卫星轨道高度为 35786km，分别定点于 80°E、110.5°E 和 140°E；IGSO 卫星轨道高度为 35786km，轨道倾角为 55°；MEO 卫星轨道高度为 21528km，轨道倾角为 55°。

**2. 地面控制段**

地面控制段负责系统导航任务的运行控制，主要由主控站、时间同步 / 注入站、监测站等组成。主控站是北斗系统的运行控制中心，主要任务包括以下几方面。

（1）收集各时间同步 / 注入站、监测站的导航信号监测数据，进行数据处理，生成导航电文等。

（2）负责任务规划与调度和系统运行管理与控制。

（3）负责星地时间观测比对，向卫星注入导航电文参数。

（4）卫星有效载荷监测和异常情况分析等。

时间同步／注入站主要负责完成星地时间同步测量，向卫星注入导航电文参数。监测站对卫星导航信号进行连续观测，为主控站提供实时观测数据。

### 3. 用户段

多种类型的北斗用户终端，包括与其他导航系统兼容的终端。用户设备部分主要功能是捕获按一定卫星截止角所选择的待测卫星，并跟踪这些卫星的运行。当接收机捕获到跟踪的卫星信号后，即可测量出接收天线至卫星的伪距离和距离的变化率，解调出卫星轨道参数等数据。根据这些数据，接收机中的微处理计算机就可按定位解算方法进行定位计算，计算出用户所在地理位置的经纬度、高度、速度、时间等信息。

## 8.1.2 美国 GPS 系统

GPS 是美国的卫星导航系统，自 1978 年首次发射卫星，1994 年完成 24 颗地球中圆轨道（MEO）卫星组网，至今 GPS 已发展到第三代。GPS 系统由空间星座部分、地面监控部分和用户设备部分组成。

### 1. 空间星座部分

GPS 空间星座部分由 24 颗卫星组成（其中 3 颗备用），分布在 6 个轨道面上，每颗卫星可覆盖全球 38% 的面积。每个轨道面有 4 颗卫星，按等间隔分布，可保证在地球上任何地点、任何时间，在卫星高度角大于 $15°$ 的情况下能同时观测到 4 颗以上卫星。

卫星上安装有高精度原子钟（铷钟和铯钟），并发布两个频率的载波无线电信号。第一个载波频率 L1 为 1575.42MHz，其上带有 1.023MHz 的伪随机噪声码（又称 C/A 码，即粗码，coarse/acquisition code）和 10.23MHz 的伪随机噪声码（又称 P 码，即精码，precise code），以及每秒 50bit 的导航电文。第二个载波频率 L2 为 1227.6MHz，该载波上只调制精码和导航电文。

### 2. 地面监控部分

监控部分包括一个主控站、3 个注入站和 5 个监控站。监控站的主要任务是监控卫星运行和服务状态，接收卫星下行信号并传送给主控站。主控站的任务是根据监控站观测资料，计算每颗卫星的轨道参数和卫星时钟改正数，推算一天以上的卫星星历和钟差，并转化为导航电文发给注入站。3 个注入站的任务是在每颗卫星运行到上空时，把卫星星历、轨道纠正信息和卫星钟差纠正信息等控制参数和指令注入到卫星存储器。

### 3. 用户设备部分

用户设备由天线、主机、电源等部分组成。天线安放在整置于控制点的脚架上，接收卫星信号，在控制显示器上获得的是天线相位中心的三维坐标。目前大多数接收机为一体机。用户接收机的主要功能是接收卫星发射的信号和导航电文，根据导航电文提供的卫星位置和钟差信息计算接收机的位置。接收机的种类很多，按接收频率可分为单频接收机和双频接收机；按定位功能可分为导航型接收机和定位型接收机等。双频接收机一般用于静态大地测量和高精度动态测量，也就是定位型接收机。目前，接收机正向多功能、广用途、全跟踪、微型化、功耗小、精度高等方向发展。

### 8.1.3  俄罗斯 GLONASS 系统

随着美国 GPS 计划的开展，苏联看到了卫星导航存在的巨大潜力和 GPS 对其构成的军事威胁，于 20 世纪 70 年代启动了全球导航卫星系统（global navigation satellite system, GLONASS）的建设。苏联解体后，GLONASS 由俄罗斯继续建设，并在 1996 年初宣布建成。GLONASS 系统的组成与 GPS 类似，也是由空间星座部分、地面监控部分和用户设备部分组成。

**1. 空间星座部分**

GLONASS 空间星座由 24 颗卫星组成，分布在 3 个轨道面上，升交点赤经相互间隔 120°。每一个轨道面有 8 颗卫星，这 8 颗卫星彼此相距 45°。相邻轨道面上卫星之间相位差为 15°，卫星倾角为 64.8°，在长半径为 26510km 的圆轨道上，轨道周期约为 675.8min。

**2. 地面监控部分**

GLONASS 系统的地面监控部分由 1 个地面控制中心、4 个指令测量站、4 个激光测量站和 1 个监测网组成。

地面控制中心包括 1 个轨道计算中心、1 个计划管理中心和 1 个坐标时间保障中心，主要任务是接收处理来自各指令测量站和激光测量站的数据，完成精密轨道计算，产生导航电文，提供坐标时间保障，并发送对卫星上行数据的注入和遥控指令，实现对整个导航系统的管理和控制。4 个指令测量站均布设在俄罗斯境内，每站设有 C 波段无线电测量设备，跟踪测量视野内的 GLONASS 卫星，接收卫星遥测数据，并将所测得的数据送往地面控制中心进行处理。同时指令测量站将来自地面控制中心的导航电文和遥控指令发送至卫星。4 个激光测量站中有两个与指令测量站并址，另两个分别设在乌兹别克斯坦和乌克兰境内，激光测量站跟踪测量视野内的 GLONASS 卫星，并将所测得的数据送往地面控制中心进行处理，主要用于校正轨道计算模型和提供坐标时间保障。系统还建有 GPS/GLONASS 监测网，该监测网独立工作，主要用于监测 GPS/GLONASS 系统的工作状态和完好性。

**3. 用户设备部分**

GLONASS 用户设备（接收机）能接收卫星发射的导航信号，并测量其伪距和伪距变化率，同时从卫星信号中提取并处理导航电文。接收机处理器对上述数据进行处理并计算出用户所在的位置、速度和时间信息。GLONASS 系统提供军用和民用两种服务。GLONASS 系统的绝对定位精度在水平方向为 16m，在垂直方向为 25m。目前，GLONASS 系统的主要用途是导航定位，当然，与 GPS 系统一样，也可以广泛应用于各种等级和种类的定位、导航和时频服务领域等。

### 8.1.4  欧盟 Galileo 系统

Galileo 系统在功能上类似于 GPS 和 GLONASS 系统，由空间段、地面段和用户段组成。

**1. 空间段**

空间段由分布在 3 个轨道上的 30 颗中等高度轨道卫星构成。空间段的 30 颗卫星均匀分布在 3 个中高度圆形地球轨道上，轨道高度为 23616km，轨道倾角为 56°，轨道升交点在赤道上相隔 120°，卫星运行周期为 14.4h，每个轨道面上有 1 颗备用卫星。某颗工作卫星失效后，备份卫星将迅速进入工作位置，代替其工作，而失效卫星将被转移到高于正常轨道 300km 的轨道上。

**2. 地面段**

地面段包括全球地面控制段、全球地面任务段、全球域网、导航管理中心、地面支持设施、地面管理机构。地面段由完好性监控系统、轨道测控系统、时间同步系统和系统管理中心组成。Galileo 系统的地面段主要由两个位于欧洲的 Galileo 控制中心和 29 个分布于全球的 Galileo 传感器站组成，另外还有分布于全球的 5 个 S 波段上行站和 10 个 C 波段上行站，用于控制中心与卫星之间的数据交换。控制中心与传感器站之间通过冗余通信网络相连。

**3. 用户段**

用户段是用户接收机及其等同产品，Galileo 系统考虑与 GPS、GLONASS 的导航信号一起组成复合型卫星导航系统，因此用户接收机是多用途、兼容性接收机。

## 8.2　定位误差源分析

在卫星导航定位中，影响定位精度的主要误差来源可分为三类。第一是与卫星有关的误差，主要包括卫星星历误差和卫星钟误差。第二是与信号传播有关的误差。卫星发出的导航信号传播到接收机需要穿过大气层，大气层对信号传播的影响表现为大气延迟，主要包括电离层延迟和对流层延迟。此外，在信号进入接收机天线前，导航信号被天线周围的建筑物或水面等反射，造成多路径效应。第三是与接收机及测站有关的误差，主要包括接收机噪声、天线相位中心偏移等误差。

### 8.2.1　与卫星有关的误差

卫星的星历和钟差是地面运控系统主控站根据监测站的观测数据，进行轨道参数和钟差参数估计，然后利用估计值进行预报得到的结果。因此，卫星的星历和钟差既包含参数估计不准确引入的误差，也包含预报模型的不精确引入的误差。这些误差包含在导航电文中，用户在不修正的情况下，直接用于定位，必然导致定位结果出现偏差。与卫星有关的误差主要包括卫星星历误差和卫星钟误差。

**1. 卫星星历误差**

由卫星星历计算得到的卫星轨道与实际轨道之间的差值称为星历误差。目前，广播星历的精度大约为 2.5m，与卫星升起再降落的过程吻合，是轨道误差在视线方向的投影，并且每一小时或者两小时有一个跳变，与星历更新频度相关。在导航定位中，根据不同的要求，处理卫星轨道误差的方法原则上有以下 3 种。

（1）忽略轨道误差。这种情况下认为由导航电文所获知的卫星轨道信息是不含误差的。很明显，此时卫星轨道实际存在的误差，将成为影响定位精度的主要因素之一。这种方法广泛地应用于实时单点定位工作。

（2）采用轨道改进法处理观测数据。这种方法的基本思想是，在数据处理过程中引入表征卫星轨道偏差的改正参数，并假设在短时间内这些参数为常量，将其作为待估量与其他未知参数一并求解。轨道改进法一般用于精度要求较高的定位工作，需要在观测完成后才能进行处理。

（3）同步观测值求差。该方法是在两个或多个观测站上，对同一可见卫星的同步观测值求差，以减弱卫星轨道误差的影响。因为同一卫星的位置误差对不同观测站同步观测量的影响具有系统性质，所以通过求差方法，可以明显地减弱卫星轨道误差的影响，尤其当基线较短时，其有效性更为明显。

**2. 卫星钟误差**

尽管卫星上安装有高精度原子钟，但是它们与理想的原子时仍存在偏差或漂移。卫星钟的偏差一般用二阶多项式来表示，即

$$t = \alpha_0 + \alpha_1 \left( t - t_{\text{toc}} \right) + \alpha_2 \left( t - t_{\text{toc}} \right)^2$$

式中，$\alpha_0$ 为卫星钟在参考历元 toc 的钟差；$\alpha_1$ 为卫星钟的钟速；$\alpha_2$ 为卫星钟的钟漂（即钟速变化率）。这些参数由主控站测定并通过卫星的导航电文发送给用户。卫星钟差通过多项式模型修正后，仍不可避免地存在误差。利用钟差参数计算得到的钟差与实际钟差存在差别，通过广播星历改正的卫星钟差精度为 $5 \sim 10 \text{ns}$，在相对定位中，可通过测站间的观测量求差来消除。

## 8.2.2　与信号空间传播有关的误差

信号在空间中传播的主要误差有电离层延迟误差、对流层延迟误差和多路径效应误差。

**1. 电离层延迟误差**

导航卫星信号的载波频率（> 1GHz）属于特高频段，在穿过电离层时，受到电离层折射效应的影响，测距码和载波相位的速度发生改变，信号的传播路径发生弯曲，产生几米甚至几十米的时延效应，称为电离层延迟误差。这种时延误差给卫星导航定位造成了严重的精度损失，成为卫星导航定位、授时、测速等应用中最主要的误差源之一。

**2. 对流层延迟误差**

对流层是最接近地球表面的一层大气，也是大气的最下层，密度是大气层中最大的。当卫星导航信号从中穿越时，会改变信号的传播速度和传播路径，这一现象称为对流层延迟。对流层延迟对导航信号的影响在天顶方向为 1.9~2.5m。随着高度角不断减小，对流层延迟将增加至 20~80m。在天顶方向，各种模型的延迟改正结果误差都在 20mm 以内。

**3. 多路径效应误差**

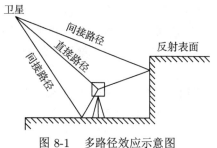

图 8-1　多路径效应示意图

多路径现象指的是接收机天线除了接收到一个从卫星发射后经直线传播的电磁波信号，还可能接收到一个或多个由该电磁波经周围地物反射后的信号，而每个反射信号又可能是经过一次或多次反射后到达天线的，如图 8-1 所示。接收机天线接收一个直射波和一个经一次反射后的反射波。事实上，多路径与光的反射属于同一种现象。对于处于 L 波段上的载波信号而言，金属和水面等均是良好的反射体。

这种由多路径引起的使接收机对信号的测量值产生误差和对信号的跟踪造成困难的影响，称为多路径效应。不同强度、时延与相位状态的反射波会引起不同程度的多路径效应。多路径效应误差不同于其他类型的观测误差，它不仅与接收机天线周围反射物体的介质和远近距离有关，而且会随时间发生改变。因此多路径效应误差具有时变的复杂多样性，在实际应用中，也很难用统一的模型进行描述。

### 8.2.3　与接收机相关的误差

**1. 接收机噪声**

接收机噪声主要源于天线噪声和环路噪声。天线噪声由客体噪声和背景噪声组成，客体噪声是由各种电机火花放电，以及电台、电视和雷达的高频射电而致。背景噪声不仅包括因雷电和大气涨落引起的天电干扰噪声，而且包括银河噪声和太阳噪声。到达接收天线的卫星信号弱达 $3.5 \times 10^{-16}$W，极易受到天线噪声的干扰，形成一个被噪声干扰的卫星信号而进入后续电路，予以放大和测量。环路噪声是指接收机的伪随机码跟踪环路和载波跟踪环路等电路因信号电流在其内的流通及变换而产生热噪声与磁起伏噪声，其中以热噪声为主。

**2. 天线相位中心误差**

在北斗导航定位中，无论伪距观测值还是载波相位观测值，都是以接收机天线的相位中心位置为准的，而天线的相位中心与其几何中心，在理论上应保持一致。可是，实际上天线的相位中心位置随着信号输入的强度和方向不同而有所变化，即观测时相位中心的瞬时位置与理论上的相位中心位置将有所不同。天线相位中心的偏移对相对定位结果的影响根据天线性能的好坏可达数毫米至数厘米。因此对于精密相对定位来说，由天线相位中心偏移造成的误差也是不容忽视的。

### 8.2.4　其他误差

除上述 3 类误差外，还有其他一些可能的误差来源，如相对论效应以及地球自转效应的影响。

**1. 相对论效应**

卫星导航信号测量中的相对论效应是由卫星钟和接收机钟在惯性空间中的运动速度不同以及这两台钟所处位置的地球引力位的不同而引起的。前者称为狭义相对论效应，后者称为广义相对论效应。由于卫星钟安置在高速运动的卫星上，按照狭义相对论的观点，会产生时间膨胀的现象。

**2. 地球自转效应**

假设卫星信号发射时刻为 $t$，接收机接收到信号的时刻为 $t+\tau$，由于地球自转，信号发射时刻和信号接收时刻处于空间上不再重合的地固坐标系中。信号在传输时间 $\tau$ 内由地球自转引起的距离改变称为地球自转改正效应。若不考虑该改正项，所能引起的定位误差在 30m 左右。

## 8.3　卫星导航定位基本原理

卫星导航定位系统通过空间分布的卫星及卫星与地面间距离交会出地面点位置的方法，就是利用了测量学中的测距交会的原理。假定有 3 颗卫星，且它们的位置是已知的，通过一定的方法准确测定出地面点 $A$ 至卫星的距离，那么点 $A$ 一定位于以卫星为中心，以所测得的距离为半径的圆球上。若能同时测得点 $A$ 至 3 颗卫星的距离，则该点一定处在 3 个圆球相交的点上。另外，因为卫星是分布在 20000 多千米高空的运动载体，需要再同步测定 3 个距离才可定位，要实现同步必须具有统一的时间基准，所以卫星导航定位还需要一个实现时间同步的未知数，即至少通过测定到 4 颗卫星的距离才能完成定位。

在卫星导航定位中，导航卫星是高速运动的卫星，其坐标值随时间在快速变化着，需要实时地通过卫星信号测量出测站至卫星的距离，实时地由卫星的导航电文解算出卫星的坐标值，并进行测站点的定位。依据测距的原理，其定位原理与方法主要有伪距法定位、载波相位测量定位以及差分定位等。对于待定点来说，根据其运动状态可以将卫星导航定位分为静态定位和动态定位。静态定位指的是对于固定不动的待定点，将接收机安置于其上，观测数分钟乃至更长的时间，以确定该点的三维坐标，又称为绝对定位。若以两台 GNSS 接收机分别置于两个固定不变的待定点上，则通过一定时间的观测，可以确定两个待定点之间的相对位置，又称为相对定位。而动态定位则至少有一台接收机处于运动状态，测定的是各观测时刻（观测历元）运动中的接收机的点位（绝对点位或相对点位）。

### 8.3.1 伪距测量

伪距法定位是由 GNSS 接收机在某一时刻测得四颗以上 GNSS 卫星的伪距以及已知的卫星位置，采用距离交会的方法求定接收机天线所在点的三维坐标。所测伪距就是由卫星发射的测距码信号到达 GNSS 接收机的传播时间乘以光速所得出的测量距离。因为卫星钟、接收机钟的误差以及无线电信号经过电离层和对流层中的延迟，实际测出的距离 $\rho'$ 与卫星到接收机的几何距离 $\rho$ 有一定差值，所以一般称测量出的距离为伪距。

GNSS 卫星依据自己的时钟发出某一结构的测距码，该测距码经过 $\Delta t$ 时间的传播后到达接收机。接收机在自己的时钟控制下产生一组结构完全相同的测距码——复制码，并通过时延器使其延迟时间 $\tau$ 将这两组测距码进行相关处理，若自相关系数 $R(\tau) \neq 1$，则继续调整延迟时间 $\tau$，直至自相关系数 $R(\tau) = 1$ 为止。使接收机所产生的复制码与接收到的 GNSS 卫星测距码完全对齐，那么其延迟时间 $\tau$ 即为 GNSS 卫星信号从卫星传播到接收机所用的时间 $\Delta t$。GNSS 卫星信号的传播是一种无线电信号的传播，其速度等于光速 $c$，卫星至接收机的距离即为 $\tau$ 与 $c$ 的乘积。

伪距测量原理如图 8-2 所示，自相关系数 $R(\tau)$ 的测定由接收机锁相环中的相关器和积分器来完成。由卫星时钟控制的测距码 $a(t)$ 在 GNSS 时间 $t$ 时刻自卫星天线发出，穿过电离层、对流层经时间延迟 $\Delta \tau$ 到达 GNSS 接收机，接收机所接收到的信号为 $a(t - \Delta t)$。由接收机时钟控制的本地码发生器产生一个与卫星发出的测距码相同的本地码 $a(t + \delta t)$，$\delta t$ 为接收机时钟与卫星时钟的钟差。经过码移位电路将本地码延迟 $\tau$，并送至相关器与所接收到的卫星信号进行相关运算，经过积分器后，即可得到自相关系数 $R(\tau)$：

$$R(\tau) = \frac{1}{T} \int_T a(t - \Delta \tau) \, a(t + \delta t - \tau) \, \mathrm{d}t \tag{8.1}$$

式中，$T$ 表示测距码的周期。

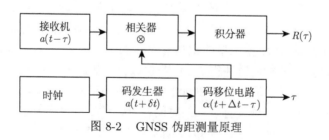

图 8-2　GNSS 伪距测量原理

GNSS 卫星发射出的测距码是按照某一规律排列的，在一个周期内每个码对应某一特定的时间。用每个码的某一标志即可推算出时延值 $\tau$ 进行伪距测量。但实际上每个码在产生过程中都带有随机误差，并且信号经过长距离传送后也会产生变形。所以根据码的某一标志来推算时延值 $\tau$ 就会产生比较大的误差。因此采用码相关技术在自相关系数 $R(\tau)$ 达到最大的情况下来确定信号的传播时间 $\tau$，就排除了随机误差的影响，实质上就是采用了多个码特征来确定 $\tau$ 的方法。因为测距码和复制码在产生的过程中均不可避免地带有误差，所以自相关系数也不可避免地带有误差，而且测距码在传播过程中还会由于各种外界干扰而产生变形，因而自相关系数往往不可能达到"1"，只能在自相关系数为最大的情况下来确定伪距，也就是本地码与接收码基本上对齐，这样就可以最大幅度地消除各种随机误差的影响，达到提高精度的目的。

## 8.3.2 载波相位测量

利用测距码进行伪距测量是全球定位系统的基本测距方法。然而由于测距码的码元长度较大，对于一些高精度应用来讲，其测距精度还显得过低，无法满足需要。如果观测精度均取至测距码波长的百分之一，则伪距测量对 P 码而言测量精度为 30cm，对 C/A 码而言为 3m 左右。而如果把载波作为测量信号，由于载波的波长短，$\lambda_{L1} = 19\text{cm}$，$\lambda_{L2} = 24\text{cm}$，因此可达到很高的精度。目前的大地型接收机的载波相位测量精度一般为 $1 \sim 2\text{mm}$，有的精度更高。但载波信号是一种周期性的正弦信号，而相位测量又只能测定其不足一个波长的部分，因而存在着整周数不确定性的问题，使解算过程变得比较复杂。

在 GNSS 信号中，因为已用相位调整的方法在载波上调制了测距码和导航电文，所以接收到的载波相位已不再连续。因此在进行载波相位测量以前，首先要进行解调工作，设法将调制在载波上的测距码和卫星电文去掉，重新获取载波，这一工作称为重建载波。重建载波一般可采用两种方法，一种是码相关法，另一种是平方法。采用前者，用户可同时提取测距信号和卫星电文，但用户必须知道测距码的结构；采用后者，用户无须掌握测距码的结构，但只能获得载波信号而无法获得测距码和卫星电文。

### 1. 载波相位测量原理

载波相位测量的观测量是 GNSS 接收机所接收的卫星载波信号与接收机本身参考信号的相位差。以 $\varphi_k^j(t_k)$ 表示 $k$ 接收机在接收机钟面时刻 $t_k$ 时所接收到的 $j$ 卫星载波信号的相位值，$\varphi_k(t_k)$ 表示 $k$ 接收机在钟面时刻 $t_k$ 时所产生的本地参考信号的相位值，则 $k$ 接收机在接收机钟面时刻 $t_k$ 时观测 $j$ 卫星所取得的相位观测量可写为

$$\Phi_k^j(t_k) = \varphi_k(t_k) - \varphi_k^j(t_k) \tag{8.2}$$

通常的相位或相位差测量只是测出一周以内的相位值。实际测量中，如果对整周进行计数，则自某一初始取样时刻（$t_0$）以后就可以取得连续的相位测量值。

如图 8-3所示，在初始 $t_0$ 时刻，测得小于一周的相位差为 $\Delta\varphi_0$，其整周数为 $N_0^j$，此时包含整周数的相位观测值应为

$$\begin{aligned}\Phi'(t_0) &= \Delta\varphi_0 + N_0^j \\ &= \varphi_k^j(t_0) - \varphi_k(t_0) + N_0^j\end{aligned} \tag{8.3}$$

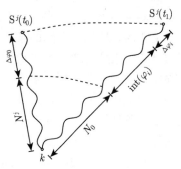

图 8-3　载波相位测量原理

接收机继续跟踪卫星信号，不断测定小于一周的相位差 $\Delta\varphi(t)$，并利用整波计数器记录 $t_0 \sim t_1$ 时间的整周数变化量 $\mathrm{Int}(\varphi)$，只要卫星 $S^j$ 在 $t_0 \sim t_1$ 时间卫星信号没有中断，则初始时刻整周模糊度 $N_0^j$ 就为常数，这样，任一时刻 $t$ 卫星 S 到 $k$ 接收机的相位差为

$$\Phi'(t_i) = \varphi_k(t_i) - \varphi_k^j(t_i) + N_0^j + \mathrm{int}(\varphi) \quad (8.4)$$

式(8.4)说明，从第一次开始，在以后的观测中，其观测量包括了相位差的小数部分和累计的整周数。

### 2. 载波相位测量的观测方程

载波相位观测量是接收机（天线）和卫星位置的函数，只有得到了它们之间的函数关系，才能从观测量中求解接收机（或卫星）的位置。

设在标准时刻 $T_a$（卫星钟面时刻 $t_a$），卫星 $S^j$ 发射的载波信号相位为 $\varphi(t_a)$，经传播延迟 $\Delta\tau$ 后，在标准时刻 $T_b$（接收机钟面时刻 $t_b$）到达接收机。

根据电磁波传播原理，$T_b$ 时接收到的和 $T_a$ 时发射的相位不变，即 $\varphi^j(T_b) = \varphi^j(t_a)$，而在 $T_b$ 时，接收机本身产生的载波相位为 $\varphi(t_b)$，由式(8.2)可知，在 $T_b$ 时，载波相位观测量为

$$\Phi = \varphi(t_b) - \varphi^j(t_a) \tag{8.5}$$

考虑到卫星钟差和接收机钟差，有 $T_a = t_a + \delta t_a$，$T_b = t_b + \delta t_b$，则

$$\Phi = \varphi(T_b - \delta t_b) - \varphi^j(T_a - \delta t_a) \tag{8.6}$$

对于卫星钟和接收机钟，其振荡器频率一般稳定良好，所以其信号的相位与频率的关系可表示为

$$\varphi(t + \Delta t) = \varphi(t) + f \cdot \Delta t \tag{8.7}$$

式中，$f$ 为信号频率；$\Delta t$ 为微小时间间隔；$\varphi$ 以 $2\pi$ 为单位。

设 $f^j$ 为 $j$ 卫星发射的载波频率，$f_i$ 为接收机本身产生的固定参考频率，且 $f_i = f^j = f$，同时考虑到 $T_b = T_a + \Delta\tau$，则有

$$\varphi(T_b) = \varphi^j(T_a) + f \cdot \Delta\tau \tag{8.8}$$

顾及式(8.7)和式(8.8)，式(8.6)可改写为

$$\begin{aligned}\Phi &= \varphi(T_b) - f \cdot \delta t_b - \varphi^j(T_a) + f \cdot \delta t_a \\ &= f \cdot \Delta\tau - f \cdot \delta t_b + f \cdot \delta t_a\end{aligned} \tag{8.9}$$

传播延迟 $\Delta\tau$ 中考虑到电离层和对流层的影响 $\delta\rho_1$ 和 $\delta\rho_2$，则有

$$\Delta\tau = \frac{1}{c}(\rho - \delta\rho_1 - \delta\rho_2) \tag{8.10}$$

式中，$c$ 为电磁波传播速度；$\rho$ 为卫星至接收机的几何距离。代入式(8.9)，有

$$\Phi = \frac{f}{c}(\rho - \delta\rho_1 - \delta\rho_2) + f \cdot \delta t_a - f \cdot \delta t_b \tag{8.11}$$

考虑到式(8.4)，即顾及载波相位整周数 $N_k^j = N_0^j + \text{int}(\varphi)$ 后，有

$$\Phi_k^j = \frac{f}{c}\rho + f \cdot \delta t_a - f \cdot \delta t_b - \frac{f}{c}\delta\rho_1 - \frac{f}{c}\delta\rho_2 + N_k^j \tag{8.12}$$

式(8.12)即为接收机 $k$ 对卫星 $j$ 的载波相位测量的观测方程。

**3. 整周未知数 $N_0$ 的确定**

确定整周未知数 $N_0$ 是载波相位测量的一项重要工作。常用的方法有下列几种。

**1）伪距法**

伪距法是在进行载波相位测量的同时又进行了伪距测量，将伪距观测值减去载波相位测量的实际观测值（转化为以距离为单位）后即可得到 $\lambda \cdot N_0$。但因为伪距测量的精度较低，所以要有较多的 $\lambda \cdot N_0$ 取平均值后才能获得正确的整波段数。

**2）将整周未知数当作平差中的待定参数——经典方法**

把整周未知数当作平差计算中的待定参数来加以估计和确定有两种方法。

（1）整数解。整周未知数从理论上讲应该是一个整数，利用这一特性能提高解的精度，短基线定位时一般采用这种方法。具体步骤如下。首先根据卫星位置和修复了周跳后的相位观测值进行平差计算，求得基线向量和整周未知数。由于各种误差的影响，解得的整周未知数往往不是一个整数，称为实数解。然后将其固定为整数（通常采用四舍五入法），并重新进行平差计算。在计算中，整周未知数采用整周值，并视为已知数，以求得基线向量的最后值。

（2）实数解。当基线较长时，误差的相关性将降低，许多误差消除得不够完善。所以无论是基线向量还是整周未知数，均无法估计得很准确。在这种情况下，再将整周未知数固定为某一整数往往无实际意义，所以通常将实数解作为最后解。

采用经典方法解算整周未知数时，为了能正确求得这些参数，往往需要一小时甚至更长的观测时间，从而影响了作业效率，所以只有在高精度定位领域中才应用。

**3）多普勒法（三差法）**

因为连续跟踪的所有载波相位测量观测值中均含有相同的整周未知数 $N_0$，所以将相邻两个观测历元的载波相位相减，就可以将该未知参数消去，从而直接解出坐标参数。这就是多普勒法。但两个历元之间的载波相位观测值之差受到此期间接收机钟及卫星钟的随机误差的影响，所以精度不太高，往往用来解算未知参数的初始值。三差法可以消除许多误差，所以使用较广泛。

**4）快速确定整周未知数法**

1990 年 Frei 和 Beutler 提出了利用快速模糊度（即整周未知数）解算法进行快速定位的方法。采用这种方法进行短基线定位时，利用双频接收机只需观测一分钟便能成功地确定整周未知数。

这种方法的基本思路是：利用初始平差的解向量（接收机点的坐标及整周未知数的实数解）及其精度信息（单位权中误差和方差协方差阵），以数理统计理论的参数估计和统计假设检验为基础，确定在某一置信区间整周未知数可能的整数解的组合，然后依次将整周未知数的每一组合作为已知值，重复地进行平差计算。其中，使估值的验后方差或方差和为最小的一组整周未知数，即为整周未知数的最佳估值。

实践表明，这一快速解算整周未知数的方法，在基线长小于 15km 时，根据数分钟的双频观测结果，便可精确地确定整周未知数的最佳估值，使相对定位的精度达到厘米级。这一方法已在快速静态定位中得到了广泛应用。

### 8.3.3 绝对定位和相对定位

绝对定位也称为单点定位，即利用 GNSS 卫星和用户接收机之间的距离观测值直接确定用户接收机天线在大地坐标系中相对于坐标系原点——地球质心的绝对位置。绝对定位又分为静态绝对定位和动态绝对定位。因为受到卫星轨道误差、钟差以及信号传播误差等因素的影响，静态绝对定位的精度约为米级，而动态绝对定位的精度为 $10 \sim 40\text{m}$。这一精度只能用于一般导航定位中，远不能满足目标精密定位的要求。

相对定位是至少用两台 GNSS 接收机，同步观测相同的 GNSS 卫星，确定两台接收机天线之间的相对位置（坐标差）。它是目前 GNSS 定位中精度最高的一种定位方法，广泛应用于大地测量、精密工程测量、地球动力学的研究和精密导航。

本节将分别介绍绝对定位和相对定位的原理和方法。

**1. 静态绝对定位**

接收机天线处于静止状态下，确定观测站坐标的方法称为静态绝对定位。这时，可以连续地在不同历元同步观测不同的卫星，测定卫星至观测站的伪距，获得充分的多余观测量。测后通过数据处理求得观测站的绝对坐标。

1）伪距观测方程的线性化

在不同历元对不同卫星同步观测的伪距观测方程式中，有观测站坐标和接收机钟差 4 个未知数。令 $(X_0, Y_0, Z_0)$、$(\delta_x, \delta_y, \delta_z)$ 分别为观测站坐标的近似值与改正数，将伪距定位的观测方程按泰勒级数展开，并令

$$\left.\begin{aligned}
(\mathrm{d}\rho/\mathrm{d}x)_{x_0} &= (X_s^j - X_0)/\rho_0^j = l^j \\
(\mathrm{d}\rho/\mathrm{d}y)_{y_0} &= (Y_s^j - Y_0)/\rho_0^j = m^j \\
(\mathrm{d}\rho/\mathrm{d}z)_{z_0} &= (Z_s^j - Z_0)/\rho_0^j = n^j
\end{aligned}\right\} \tag{8.13}$$

式中，$\rho_0^j = [(X_s^j - X_0)^2 + (Y_s^j - Y_0)^2 + (Z_s^j - Z_0)^2]^{1/2}$，取至一次微小项的情况下，伪距观测方程的线性化形式为

$$\rho_0^j - [l^j \ m^j \ n^j] \begin{bmatrix} \delta x \\ \delta y \\ \delta z \end{bmatrix} - c\delta t_k = \rho'^j + \delta\rho_1^j + \delta\rho_2^j - c\delta t^j \tag{8.14}$$

2）伪距法绝对定位的解算

对于任一历元 $t_i$，由观测站同步观测 4 颗卫星，则 $j = 1, 2, 3, 4$，式(8.14)为一方程组，令 $c\delta t_k = \delta\rho$，则方程组形式（为书写方便，省略时间 $t_i$）为

$$\begin{bmatrix} \rho_0^1 \\ \rho_0^2 \\ \rho_0^3 \\ \rho_0^4 \end{bmatrix} - \begin{bmatrix} l^1 & m^1 & n^1 & -1 \\ l^2 & m^2 & n^2 & -1 \\ l^3 & m^3 & n^3 & -1 \\ l^4 & m^4 & n^4 & -1 \end{bmatrix} \begin{bmatrix} \delta x \\ \delta y \\ \delta z \\ \delta\rho \end{bmatrix} = \begin{bmatrix} \rho'^1 + \delta\rho_1^1 + \delta\rho_2^1 - c\delta t^1 \\ \rho'^2 + \delta\rho_1^2 + \delta\rho_2^2 - c\delta t^2 \\ \rho'^3 + \delta\rho_1^3 + \delta\rho_2^3 - c\delta t^3 \\ \rho'^4 + \delta\rho_1^4 + \delta\rho_2^4 - c\delta t^4 \end{bmatrix} \tag{8.15}$$

令

$$\boldsymbol{A}_i = \begin{bmatrix} l^1 & m^1 & n^1 & -1 \\ l^2 & m^2 & n^2 & -1 \\ l^3 & m^3 & n^3 & -1 \\ l^4 & m^4 & n^4 & -1 \end{bmatrix} \begin{cases} \delta\boldsymbol{X} = [\delta x\ \delta y\ \delta z]^{\mathrm{T}} \\ L^j = \rho'^j + \delta\rho_1^j + \delta\rho_2^j - c\delta t^j - \rho_0^j \\ \boldsymbol{L}_i = [L^1\ L^2\ L^3\ L^4]^{\mathrm{T}} \end{cases}$$

式(8.15)可简写为

$$A_i \delta\boldsymbol{X} + \boldsymbol{L}_i = 0 \tag{8.16}$$

当同步观测的卫星数多于 4 颗时，则必须通过最小二乘平差求解，此时式(8.16)可写为误差方程组的形式：

$$\boldsymbol{V_i} = \boldsymbol{A}_i \delta\boldsymbol{X} + \boldsymbol{L}_i \tag{8.17}$$

根据最小二乘平差求解未知数：

$$\delta\boldsymbol{X} = -(\boldsymbol{A}_i^{\mathrm{T}} \boldsymbol{A}_i)^{-1}(\boldsymbol{A}_i \boldsymbol{L}_i) \tag{8.18}$$

在静态绝对定位的情况下，由于观测站固定不动，可以与不同历元同步观测不同的卫星。以 $n$ 表示观测的历元数，忽略接收机钟差随时间变化的情况，由式(8.17)可得相应的误差方程式组：

$$\boldsymbol{V} = A\delta\boldsymbol{X} + \boldsymbol{L} \tag{8.19}$$

式中，

$$\boldsymbol{V} = [V_1\ V_2\ \cdots\ V_n]^{\mathrm{T}}$$

$$\boldsymbol{A} = [A_1\ A_2\ \cdots\ A_n]^{\mathrm{T}}$$

$$\boldsymbol{L} = [L_1\ L_2\ \cdots\ L_n]^{\mathrm{T}}$$

$$\delta\boldsymbol{X} = [\delta x\ \delta y\ \delta z\ \delta\rho]^{\mathrm{T}}$$

按最小二乘法求解得

$$\delta \boldsymbol{X} = -(\boldsymbol{A}^{\mathrm{T}}\boldsymbol{A})^{-1}(\boldsymbol{A}\boldsymbol{L}) \tag{8.20}$$

如果观测的时间较长，接收机钟差的变化往往不能忽略。这时可将钟差表示为多项式的形式，把多项式的系数作为未知数在平差计算中一并求解。也可以对不同观测历元引入不同的独立钟差参数，在平差计算中一并解算。在用户接收机安置在运动的载体上并处于动态的情况下，确定载体瞬时绝对位置的定位方法称为动态绝对定位。此时，一般同步观测 4 颗以上的卫星，利用式(8.18)即可求解出任一瞬间的实时解。

3）应用载波相位观测值进行静态绝对定位

应用载波相位观测值进行静态绝对定位，其精度高于伪距法静态绝对定位。在载波相位静态绝对定位中，应注意对观测值加入电离层、对流层等各项改正，防止和修复整周跳变，以提高定位精度。整周未知数解算后，不再为整数，可将其调整为整数，解算出的观测站坐标称为固定解，否则称为实数解。载波相位静态绝对定位解算的结果可以为相对定位的参考站（或基准站）提供较为精密的起始坐标。

**2. 静态相对定位**

相对定位是用两台接收机分别安置在基线的两端，同步观测相同的 GNSS 卫星，以确定基线端点的相对位置或基线向量。同样，多台接收机安置在若干条基线的端点，通过同步观测 GNSS 卫星可以确定多条基线向量。在一个端点坐标已知的情况下，可以用基线向量推求另一待定点的坐标。

1）观测值的线性组合

在两个观测站或多个观测站同步观测相同卫星的情况下，卫星的轨道误差、卫星钟差、接收机钟差以及电离层和对流层的折射误差等对观测量的影响具有一定的相关性，利用这些观测量的不同组合（求差）进行相对定位，可有效地消除或减弱相关误差的影响，从而提高相对定位的精度。

载波相位观测值可以在卫星间求差，在接收机间求差，也可以在不同历元间求差。各种求差法都是观测值的线性组合。

将观测值直接相减的过程称为求一次差，所获得的结果被当作虚拟观测值，称为载波相位观测值的一次差或单差。常见的求一次差是在接收机间求一次差。设测站 1 和测站 2 分别在 $t_i$ 和 $t_{i+1}$ 时刻对卫星 $k$ 和卫星 $j$ 进行了载波相位观测，如图 8-4 所示，$t_i$ 时刻在测站 1 和测站 2 对卫星 $k$ 的载波相位观测值为 $\Phi_1^k(t_i)$ 和 $\Phi_2^k(t_i)$，对 $\Phi_1^k(t_i)$ 和 $\Phi_2^k(t_i)$ 求差，得到接收机间（站间）对卫星 $k$ 的一次差分观测值为

$$\mathrm{SD}_{12}^k(t_i) = \Phi_2^k(t_i) - \Phi_1^k(t_i) \tag{8.21}$$

同样地，对卫星 $j$，其 $t_i$ 时刻站间一次差分观测值为

$$\mathrm{SD}_{12}^j(t_i) = \Phi_2^j(t_i) - \Phi_1^j(t_i) \tag{8.22}$$

对另一时刻 $t_{i+1}$，同样可以列出类似的差分观测值。

对载波相位观测值的一次差分观测值继续求差，所得的结果仍可以被当作虚拟观测值，称为载波相位观测值的二次差或双差。常见的求二次差是在接收机间求一次差后再在卫星间求二次差，称为星站二次差分。例如，对在 $t_i$ 时刻卫星 $k$、$j$ 观测值的站间单差观测值 $\mathrm{SD}_{12}^k(t_i)$ 和 $\mathrm{SD}_{12}^j(t_i)$ 求差，得到星站二次差分 $\mathrm{DD}_{12}^{kj}(t_i)$，即双差观测值：

$$\mathrm{DD}_{12}^{kj}(t_i) = \mathrm{SD}_{12}^j(t_i) - \mathrm{SD}_{12}^k(t_i)$$
$$= \varPhi_2^j(t_i) - \varPhi_1^j(t_i) - \varPhi_2^k(t_i) + \varPhi_1^k(t_i) \tag{8.23}$$

同样地，在 $t_{i+1}$ 时刻，对卫星 $k$、$j$ 的站间单差观测值求差也可求得双差观测值。

对二次差继续求差称为求三次差，所得结果称为载波相位观测值的三次差或三差。常见的求三次差是在接收机、卫星和历元之间求三次差。例如，将 $t_i$ 时刻接收机 1、2 对卫星 $k$、$j$ 的双差观测值 $\mathrm{DD}_{12}^{kj}(t_i)$ 与 $t_{i+1}$ 时刻接收机 1、2 对卫星 $k$、$j$ 的双差观测值 $\mathrm{DD}_{12}^{kj}(t_{i+1})$ 再求差，即对不同时刻的双差观测值求差，便得到三次差分观测值 $\mathrm{TD}_{12}^{kj}(t_i\, t_{i+1})$，即三差观测值：

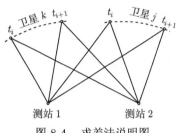

图 8-4　求差法说明图

$$\mathrm{TD}_{12}^{kj}(t_i\, t_{i+1}) = \mathrm{DD}_{12}^{kj}(t_{i+1}) - \mathrm{DD}_{12}^{kj}(t_i) \tag{8.24}$$

上述各种差分观测值模型能够有效地消除各种偏差项。单差观测值可以消除与卫星有关的载波相位及其钟差项，双差观测值可以消除与接收机有关的载波相位及其钟差项，三差观测值可以消除与卫星和接收机有关的初始整周模糊度项 $N$。因而差分观测值模型是 GNSS 测量应用中广泛采用的平差模型。特别是双差观测值，即星站二次差分模型，更是大多数 GNSS 基线向量处理软件包中必选的模型。

2）观测方程的线性化及平差模型

为了求解观测站之间的基线向量，首先应将观测方程线性化，然后列出相应的误差方程式，应用最小二乘平差原理求解观测站之间的基线向量。为此，设观测站待定坐标近似值向量为 $\boldsymbol{X}_{k0} = (x_{k0}\ y_{k0}\ z_{k0})$，其改正数向量为 $\delta\boldsymbol{X}_k = (\delta x_k\ \delta y_k\ \delta z_k)$，对于式(8.12)中的 $\rho_k^j(t)$ 项，即观测站 $k$ 至所测卫星 $j$ 的距离 $\rho_k^j(t)$，按泰勒级数展开并取其一次微小项，参考式(8.13)，有

$$\rho_k^j(t) = \rho_{k0}^j(t) - [l_k^j(t) m_k^j(t) n_k^j(t)] \begin{bmatrix} \delta x_k \\ \delta y_k \\ \delta z_k \end{bmatrix} \tag{8.25}$$

式中，各项含义同式(8.13)。

（1）单差观测方程的误差方程式模型。对于单差观测值模型，取两观测站为 1、2，将式(8.12)代入式(8.22)有

$$\begin{aligned}
\mathrm{SD}_{12}^j(t) =&\, \varPhi_2^j(t) - \varPhi_1^j(t) \\
=&\, -(f/c)[\rho_2^j(t) - \rho_1^j(t)] + f[\delta t_2(t) - \delta t_1(t)] + (N_2^j - N_1^j) \\
&- [\varphi_2(t) - \varphi_1(t)] + (f/c)[\delta\rho_{12}(t) - \delta\rho_{11}(t)] \\
&+ (f/c)[\delta\rho_{22}(t) - \delta\rho_{21}(t)]
\end{aligned} \tag{8.26}$$

令

$$\Delta t(t) = \delta t_2(t) - \delta t_1(t)$$

$$\Delta N^j = N_2^j(t_0) - N_1^j(t_0)$$

$$\Delta \rho_1(t) = \rho_{12}(t) - \rho_{11}(t)$$

$$\Delta \rho_2(t) = \rho_{22}(t) - \rho_{21}(t)$$

则单差观测方程为

$$\mathrm{SD}_{12}^j(t) = -(f/c)[\rho_2^j(t) - \rho_1^j(t)] + \Delta t(t) + \Delta N^j$$
$$+ (f/c)[\Delta \rho_2(t) + \Delta \rho_1(t)] \tag{8.27}$$

式中，消除了卫星钟差的影响，$\Delta t$ 为两观测站接收机相对钟差，最后一项为对流层和电离层的影响，如果利用模型或双频观测技术进行了修正，则为修正后的残差对相位观测值的影响。单差观测方程可简化为

$$\mathrm{SD}_{12}^j(t) = -(f/c)[\rho_2^j(t) - \rho_1^j(t)] + \Delta t(t) + \Delta N^j \tag{8.28}$$

在两观测站中，以测站 1 为已知参考点，测站 2 为待定点，应用式(8.25)和式(8.28)可得单差观测方程线性化的形式：

$$\mathrm{SD}_{12}^j(t) = -(f/c)[l_2^j(t) m_2^j(t) n_2^j(t)] \begin{bmatrix} \delta x_2 \\ \delta y_2 \\ \delta z_2 \end{bmatrix} + f\Delta t(t) - \Delta N^j$$
$$+ (f/c)[\rho_2^j(t) - \rho_1^j(t)] \tag{8.29}$$

式中，$\rho_1^j(t)$ 为由观测站 1 至卫星 $j$ 的距离。

单差观测方程的误差方程为

$$\Delta V^j(t) = -(f/c)[l_2^j(t) m_2^j(t) n_2^j(t)] \begin{bmatrix} \delta x_2 \\ \delta y_2 \\ \delta z_2 \end{bmatrix} + f\Delta t(t) - \Delta N^j + \Delta L^j(t) \tag{8.30}$$

式中，$\Delta L^j(t) = (f/c)[\rho_2^j(t) - \rho_1^j(t)] - \mathrm{SD}_{12}^j(t)$。在两站同步观测 $n$ 个卫星的情况下，可以列出 $n$ 个误差方程：

$$\boldsymbol{V}(t) = [\Delta V^1(t)\ \Delta V^2(t)\ \cdots\ \Delta V^n(t)]^{\mathrm{T}} \tag{8.31}$$

设同步观测同一组卫星的历元数为 $n_t$，则相应的误差方程组为

$$\boldsymbol{V} = [\boldsymbol{V}(t_1), \boldsymbol{V}(t_2), \cdots, \boldsymbol{V}(t_n)]^{\mathrm{T}} \tag{8.32}$$

组成法方程后，便可解算出待定点坐标改正数、钟差等未知参数。

（2）双差观测方程的误差方程式模型。设两观测站同步观测的卫星为 $S^j$ 和 $S^k$，以 $S^j$ 为参考卫星，应用式(8.23)和式(8.25)可得双差观测方程式(8.23)的线性化形式：

$$
\mathrm{DD}_{12}^{kj}(t) = -(f/c)[\Delta l_2^k(t), \Delta m_2^k(t), \Delta n_2^k(t)] \begin{bmatrix} \delta x_2 \\ \delta y_2 \\ \delta z_2 \end{bmatrix} - \Delta\Delta N^k \tag{8.33}
$$

$$
+ (f/c)[\rho_2^k(t) - \rho_1^k(t) - \rho_2^j(t) + \rho_1^j(t)]
$$

式(8.33)消去了接收机钟差等有关项，可简化为

$$
\mathrm{DD}_{12}^{jk}(t) = \mathrm{SD}_{12}^k(t) - \mathrm{SD}_{12}^j(t)
$$

$$
\begin{bmatrix} \Delta l_2^k(t) \\ \Delta m_2^k(t) \\ \Delta n_2^k(t) \end{bmatrix} = \begin{bmatrix} l_2^k(t) - l_2^j(t) \\ m_2^k(t) - m_2^j(t) \\ n_2^k(t) - n_2^j(t) \end{bmatrix}
$$

$$
\Delta\Delta N_2^k(t) = \Delta N^k - \Delta N^j
$$

令

$$
\Delta\Delta L^K(t) = (f/c)[\rho_2^k(t) - \rho_1^k(t) - \rho_2^j(t) + \rho_1^j(t)] - \mathrm{DD}_{12}^{jk} \tag{8.34}
$$

则式(8.33)的误差方程形式为

$$
V^k(t) = -(f/c)[\Delta l_2^k(t)\Delta m_2^k(t)\Delta n_2^k(t)] \begin{bmatrix} \delta x_2 \\ \delta y_2 \\ \delta z_2 \end{bmatrix} - \Delta\Delta N^k + \Delta\Delta L^k(t) \tag{8.35}
$$

当两站同步观测的卫星数为 $n$ 时，误差方程组为

$$
\boldsymbol{V}(t) = \boldsymbol{A}(t)\delta\boldsymbol{X}_2 + \boldsymbol{B}(t)\Delta\Delta\boldsymbol{N} + \Delta\Delta\boldsymbol{L}(t) \tag{8.36}
$$

式中，

$$
\boldsymbol{V}(t) = [V^1(t), V^2(t), \cdots, V^{n-1}(t)]^{\mathrm{T}}
$$

$$
\boldsymbol{A}(t) = -(f/c) \begin{bmatrix} \Delta l_1(t)^1 & \Delta m_2^1(t) & \Delta n_2^1(t) \\ \Delta l_2(t)^1 & \Delta m_2^2(t) & \Delta n_2^2(t) \\ \vdots & \vdots & \vdots \\ \Delta l_{n-1}(t)^1 & \Delta m_2^{n-1}(t) & \Delta n_2^{n-1}(t) \end{bmatrix}
$$

$$\boldsymbol{B} = \begin{bmatrix} 1 & 0 & \cdots & 0 \\ 0 & 1 & \cdots & 0 \\ \vdots & \vdots & & \vdots \\ 0 & 0 & \cdots & 1 \end{bmatrix}$$

$$\Delta\Delta\boldsymbol{N} = (\Delta\Delta N^1 \ \Delta\Delta N^2 \ \cdots \ \Delta\Delta N^{n-1})^{\mathrm{T}}$$

$$\Delta\Delta\boldsymbol{L} = [\Delta\Delta L^1(t), \Delta\Delta L^2(t), \cdots, \Delta\Delta L^{n-1}(t)]^{\mathrm{T}}$$

$$\delta\boldsymbol{X}_2 = (\delta x_2, \delta y_2, \delta z_2)^{\mathrm{T}}$$

如果在基线两端对同一组卫星观测的历元数为 $n$，相应的误差方程组为

$$\boldsymbol{V} = (\boldsymbol{A} \ \boldsymbol{B}) \begin{bmatrix} \delta\boldsymbol{X}_2 \\ \Delta\Delta\boldsymbol{N} \end{bmatrix} + \boldsymbol{L} \tag{8.37}$$

式中，

$$\boldsymbol{A} = [A(t_1), A(t_2), \cdots, A(t_n)]^{\mathrm{T}}$$

$$\boldsymbol{B} = [B(t_1), B(t_2), \cdots, B(t_n)]^{\mathrm{T}}$$

$$\boldsymbol{L} = [\Delta\Delta L(t_1), \Delta\Delta L(t_2), \cdots, \Delta\Delta L(t_n)]^{\mathrm{T}}$$

$$\boldsymbol{V} = [V(t_1), V(t_2), \cdots, V(t_n)]^{\mathrm{T}}$$

相应的法方程式为

$$\boldsymbol{N}\Delta\boldsymbol{X} + \boldsymbol{U} = 0 \tag{8.38}$$

式中，

$$\Delta\boldsymbol{X} = (\delta\boldsymbol{X}_2, \Delta\Delta\boldsymbol{N})^{\mathrm{T}}$$

$$\boldsymbol{N} = (\boldsymbol{AB})^{\mathrm{T}}\boldsymbol{P}(\boldsymbol{AB})$$

$$\boldsymbol{U} = (\boldsymbol{AB})^{\mathrm{T}}\boldsymbol{PL}$$

$\boldsymbol{P}$ 为双差观测值的权阵。

与单差观测值不同的是，双差观测值之间有相关性，这里的权阵 $\boldsymbol{P}$ 不再是对角阵。如在一次观测中对 $n$ 个卫星进行了相位测量，可以组成 $n-1$ 个双差观测值。形成这些双差观测值时，有的单差观测值被使用多次，因而双差观测值是相关的。为使权阵形式较为简洁，可以选择一个参考卫星，其他卫星的观测值都与参考卫星的单差观测值组成双差。例如，选择卫星 1 作为 $t_i$ 观测历元的参考卫星，则观测历元 $t_i$ 时，$n_j-1$ 个双差观测值的相关系数为

1/2，其协因数阵为

$$\boldsymbol{Q}_i = \begin{bmatrix} 2 & 1 & \cdots & 1 \\ 1 & 2 & \cdots & 1 \\ \vdots & \vdots & & \vdots \\ 1 & 1 & \cdots & 2 \end{bmatrix} \tag{8.39}$$

不同观测历元所取得的双差观测值彼此不相关。在一段时间内（$n_t$ 个历元）取得的双差观测值，其协因数阵是一个分块对角阵：

$$\boldsymbol{Q} = \boldsymbol{P}^{-1} \begin{bmatrix} Q_1 & & \cdots & 1 \\ & Q_2 & \cdots & 1 \\ \vdots & \vdots & & \vdots \\ 0 & & \cdots & Q_{n_t} \end{bmatrix} \tag{8.40}$$

这样，双差观测模型的基线解为

$$\Delta \boldsymbol{X} = -\boldsymbol{N}^{-1}\boldsymbol{U} \tag{8.41}$$

对于三差模型，模型中消除了整周不定参数，通过列立误差方程、法方程，可以直接解出基线解，在此不再赘述。

### 8.3.4 差分 GNSS 定位原理

差分技术很早就为人们所应用。例如，相对定位中，在一个测站上对两个观测目标进行观测，将观测值求差；或在两个测站上对同一个目标进行观测，将观测值求差；或在一个测站上对一个目标进行两次观测求差，其目的是消除公共误差，提高定位精度。利用求差后的观测值解算两观测站之间的基线向量，这种差分技术已经用于静态相对定位。本节讲述的差分 GNSS 定位技术是将一台 GNSS 接收机安置在基准站上进行观测。根据基准站已知精密坐标，计算出基准站到卫星的距离改正数，并由基准站实时地将这一改正数发送出去。用户接收机在进行 GNSS 观测的同时，也接收到基准站的改正数，并对其定位结果进行改正，从而提高定位精度。

GNSS 定位中存在着三部分误差；一是多台接收机公有的误差，如卫星钟误差、星历误差；二是传播延迟误差，如电离层误差、对流层误差；三是接收机固有的误差，如内部噪声、通道延迟、多路径效应。采用差分定位，可完全消除第一部分误差，可大部分消除第二部分误差（消除程度取决于基准站至用户的距离）。差分 GNSS 可分为单基准站差分、具有多个基准站的局部区域差分和广域差分三种类型。

**1. 单基准站差分**

单站差分按基准站发送的信息方式来分，可分为位置差分、伪距差分和载波相位差分三种，其工作原理大致相同。

1）位置差分原理

设基准站的精密坐标为 $(X_0, Y_0, Z_0)$，在基准站上的 GNSS 接收机测出的坐标为 $(X, Y, Z)$（包含轨道误差、时钟误差、人为干扰影响、大气影响、多路径效应及其他误差），即可按

式(8.42)求出其坐标改正数:

$$\left.\begin{aligned} \Delta X &= X_0 - X \\ \Delta Y &= Y_0 - Y \\ \Delta Z &= Z_0 - Z \end{aligned}\right\} \tag{8.42}$$

基准站用数据链将这些改正数发送出去, 用户接收机在解算时加入以上改正数

$$\left.\begin{aligned} X_P &= X_P' + \Delta X \\ Y_P &= Y_P' + \Delta Y \\ Z_P &= Z_P' + \Delta Z \end{aligned}\right\} \tag{8.43}$$

式中, $X_P'$、$Y_P'$、$X_P'$ 为用户接收机自身观测结果; $X_P$、$Y_P$、$Z_P$ 为经过改正后的坐标。顾及用户接收机位置改正值的瞬时变化, 式(8.43)可进一步写为

$$\left.\begin{aligned} X_P &= X_P' + \Delta X + \frac{\mathrm{d}\delta X}{\mathrm{d}t}(t - t_0) \\ Y_P &= Y_P' + \Delta Y + \frac{\mathrm{d}\delta Y}{\mathrm{d}t}(t - t_0) \\ Z_P &= Z_P' + \Delta Z + \frac{\mathrm{d}\delta Z}{\mathrm{d}t}(t - t_0) \end{aligned}\right\} \tag{8.44}$$

这样, 经过改正后的用户坐标就消去了基准站与用户站共同的误差。这种方法的优点是: 计算简单, 适用于各种型号的 GNSS 接收机; 缺点是: 基准站与用户必须观测同一组卫星, 这在近距离可以做到, 但距离较长时很难满足。故位置差分只适用于 100km 以内。

2) 伪距差分原理

在基准站上, 观测所有卫星, 根据基准站已知坐标 $(X_0, Y_0, Z_0)$ 和测出的各卫星的地心坐标 $(X^j, Y^j, Z^j)$, 按式(8.45)求出每颗卫星每一时刻到基准站的真正距离 $R^j$:

$$R^j = [(X^j - X_0)^2 + (Y^j - Y_0)^2 + (Z^j - Z_0)^2]^{1/2} \tag{8.45}$$

其伪距为 $\rho_0^j$, 则伪距改正数为

$$\Delta\rho^j = R^j - \rho_0^j \tag{8.46}$$

其变化率为

$$\mathrm{d}\rho^j = \Delta\rho^j / \Delta t \tag{8.47}$$

基准站将 $\Delta\rho^j$ 和 $\mathrm{d}\rho^j$ 发送给用户, 用户在测出的伪距 $\rho^j$ 上加改正, 求出经改正后的伪距:

$$\rho_p^j(t) = \rho^j(t) + \Delta\rho^j(t) + \mathrm{d}\rho^j(t - t_0) \tag{8.48}$$

并按式(8.49)计算坐标:

$$\rho_p^j = [(X^j - X_p)^2 + (Y^j - Y_p)^2 + (Z^j - Z_p)^2]^{1/2} + c \cdot \delta t + V_1 \qquad (8.49)$$

式中, $\delta t$ 为钟差; $V_1$ 为接收机噪声。

伪距差分的优点是: 基准站提供所有卫星的改正数, 用户接收机观测任意 4 颗卫星就可完成定位。因提供的是 $\Delta p$ 和 $\mathrm{d}p$ 改正数, 可满足国际海事无线电技术委员会第 104 专业委员会 (RTCM SC-104) 的标准。缺点是: 差分精度随基准站到用户的距离增加而降低。

3) 载波相位差分原理

位置差分和伪距差分能满足米级定位精度, 已广泛应用于导航、水下测量等。而载波相位差分可使实时三维定位精度达到厘米级。

载波相位差分 (real time kinematic, RTK) 技术是实时处理两个测站载波相位观测量的差分方法。载波相位差分方法分为两类: 一类是修正法, 另一类是差分法。修正法即将基准站的载波相位修正值发送给用户, 改正用户接收到的载波相位, 再解求坐标。差分法即将基准站采集的载波相位发送给用户, 进行求差, 解算坐标。可见修正法为准 RTK, 差分法为真正 RTK。将式(8.49)写成载波相位观测量的形式即可得出相应的方程式:

$$R_0^j + \lambda(N_{p0}^j - N_0^j) + \lambda(N_p^j - N^j) + \varphi_p^j - \varphi_0^j$$
$$= [(X^j - X_p)^2 + (Y^j - Y_p)^2 + (Z^j - Z_p)^2]^{1/2} + \Delta\mathrm{d}\rho \qquad (8.50)$$

式中, $N_{p0}^j$ 为用户接收机起始相位模糊度; $N_0^j$ 为基准点接收机起始相位模糊度; $N_p^j$ 为用户接收起始历元至观测历元相位整周数; $N^j$ 为基准点接收机起始历元至观测历元相位整周数; $\varphi_p^j$ 为用户接收机测量相位的小数部分; $\varphi_0^j$ 为基准点接收机测量相位的小数部分; $\Delta\mathrm{d}\rho$ 为同一观测历元各项残差; 其他符号同前。

这里关键是求解起始相位模糊度。求解起始相位模糊度通常用以下几种方法: 删除法、模糊度函数法、FARA 法、消去法。用某种方法时, 式(8.50)应作相应的改变。RTK 技术可应用于海上精密定位、地形测图和地籍测绘。RTK 技术也同样受到基准站至用户距离的限制, 为解决此问题, 发展出局部区域差分和广域差分定位技术。差分定位的关键技术是高比特率数据传输的可靠性和抗干扰问题。

单站差分 GNSS 系统结构和算法简单, 技术上较为成熟, 主要用于小范围的差分定位工作。对于较大范围的区域, 应用局部区域差分技术; 对于一个国家或几个国家范围的广大区域, 应用广域差分技术。

## 2. 局部区域差分

在局部区域应用差分 GNSS 技术, 应该在区域中布设一个差分 GNSS 网, 该网由若干个差分 GNSS 基准站组成, 通常还包含一个或数个监控站。位于该局部区域的用户根据多个基准站所提供的改正信息, 经平差后求得自己的改正数。这种差分定位系统称为局部区域差分 GNSS 系统。

局部区域差分 GNSS 技术通常采用加权平均法或最小方差法对来自多个基准站的改正信息 (坐标改正数或距离改正数) 进行平差计算, 以求得自己的坐标改正数或距离改正数。其系统的构成为: 有多个基准站, 每个基准站与用户之间均有无线电数据通信链。用户与基准站之间的距离一般在 500km 以内才能获得较好的精度。

### 3. 广域差分

广域差分 GNSS 的基本思想是对 GNSS 观测量的误差源加以区分，并单独对每一种误差源分别加以"模型化"，然后将计算出的每一误差源的数值，通过数据链传输给用户，以对用户 GNSS 定位的误差加以改正，达到削弱这些误差源、改善用户 GNSS 定位精度的目的。

广域差分 GNSS 系统就是为削弱这三种主要误差源而设计的一种工程系统。该系统一般由一个中心站、几个监测站及其相应的数据通信网络组成，另外还有覆盖范围内的若干用户。根据系统的工作流程，可以分解为如下 5 个步骤。

（1）在已知坐标的若干监测站上，跟踪观测 GNSS 卫星的伪距、相位等信息。

（2）将监测站上测得的伪距、相位和电离层延时的双频测量结果全部传输到中心站。

（3）中心站在区域精密定轨计算的基础上，计算出三项误差改正，即卫星星历误差改正、卫星钟差改正及电离层时间延迟改正。

（4）将这些误差改正用数据通信链传输到用户站。

（5）用户利用这些误差改正自己观测到的伪距、相位和星历等，计算出高精度的 GPS 定位结果。

广域差分 GNSS 技术区分误差的目的就是最大限度地降低监测站与用户站间定位误差的时空相关，克服区域差分 GNSS 对时空的强依赖性，改善和提高区域差分 GNSS 中实时差分定位的精度。

## 8.3.5  CORS 技术

连续运行参考站系统（continuous operation reference system，CORS），也称为连续运行卫星定位服务系统，是利用 GNSS 卫星导航定位、计算机、数据通信和互联网络（LAN/WAN）等技术，在一个城市、一个地区或一个国家根据需求按一定距离建立起来的长年连续运行的由若干个固定 GNSS 基准站组成的网络系统。

CORS 有一个或多个数据处理中心，各个基准站与数据处理中心之间具有网络连接，数据处理中心从基准站采集数据，利用基准站网软件进行处理，然后向用户自动发布不同类型的卫星导航原始数据和各种类型的误差改正数据。CORS 能够全年 365 天、每天 24h 连续不断地运行，全面取代常规大地测量控制网。用户只需一台 GNSS 接收机即可进行毫米级、厘米级、分米级、米级实时、准实时的快速定位、事后定位；全天候地支持各种类型的 GNSS 测量、定位、形变监测和放样作业；可满足覆盖区域内各种地面、空中和水上交通工具的导航、调度、自动识别和安全监控等功能，服务于高精度中短期天气状况的数值预报、变形监测、地震监测、地球动力学等。CORS 还可以构成国家新型大地测量动态框架体系和城市地区新一代动态基准站网体系。它们不仅能满足各种测绘、基准需求，还能满足环境变迁动态信息监测等需求。目前，发达国家基本上每几十千米就有一个基准站，发展中国家也在陆续地建立自己的参考站系统。

# 8.4  GNSS 测量的作业模式

近几年来，随着 GNSS 定位后处理软件的发展，为确定两点之间的基线向量，已有多种测量方案可供选择。这些不同的测量方案也称为 GNSS 测量的作业模式。目前，在

GNSS 接收系统硬件和软件的支持下，较为普遍采用的作业模式主要有经典静态相对定位、快速静态相对定位、准动态定位、动态相对定位和实时动态测量（real-time kinematic，RTK）等。

### 1. 经典静态相对定位模式

采用两台或两台以上的接收设备，分别安置在一条或数条基线的端点上，同步观测一组卫星一定时间段。这是 GNSS 定位测量应用范围最广，使用最普遍的一种模式。它的优点是定位精度高。

### 2. 快速静态相对定位模式

在测区中部选择一个基准站，并安置一台接收设备连续跟踪所有可见卫星，另一台接收机依次到各点流动设站，每点观测数分钟，如图 8-5所示。优点是作业速度快，精度高；但只有两台接收机，不能构成闭合图形，可靠性相对较低。

### 3. 准动态定位模式

在测区选择一个基准点，安置一台接收机连续跟踪所有可见卫星；将另一台接收机先安置在 1 号点观测，在保持对所有卫星连续跟踪且不失锁的情况下，将流动接收机分别在 2、3、4、…，各观测数秒钟，如图 8-6所示。此方法主要用于工程定位、线路测量、碎部测量等。

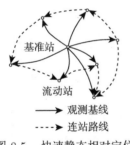

图 8-5　快速静态相对定位

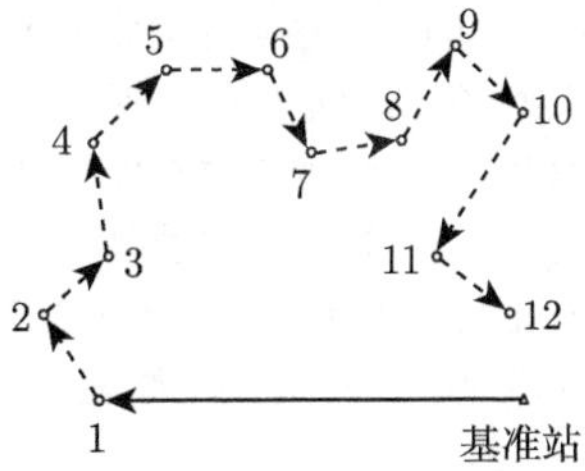

图 8-6　准动态定位

### 4. 动态相对定位模式

建立一个基准点安置接收机连续跟踪所有可见卫星，流动接收机先在出发点上静态观测数分钟，然后从出发点开始连续运动，按指定的时间间隔自动测定运动载体的实时位置，如图 8-7所示。此方法主要用于运动目标轨迹的测定、线路的中桩和边桩测量、碎部测量等。以上四种测量模式都需要在外业完成测量后用专门的软件对测量数据进行处理。

### 5. 实时动态测量

在一个固定位置安置一台 GNSS 接收机 (基准站)，另一台或几台 GNSS 接收机 (流动站) 流动工作，基准站和流动站同时接收相同的

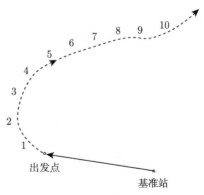

图 8-7　动态相对定位

GNSS 卫星发射的信号，基准站实时地将测得的载波相位观测值、伪距观测值、基准站坐标等信息用无线电传送给运动中的流动站，流动站通过无线电接收基准站发射的信息，将载波

相位观测值实时进行差分处理，得到基准站和流动站基线向量 $(\Delta X, \Delta Y, \Delta Z)$，基线向量加上基准站坐标得到流动站每个点的 WGS84 坐标，通过坐标转换得到流动站每个点的平面坐标 $(x, y)$ 和高程 $H$，这个过程称为实时动态测量，通常又称为 GNSS 实时动态测量定位技术，主要用于运动物体的精密导航、地形测量和工程放样等。

由于实时动态测量技术是建立在流动站与基准站误差相关这一假设的基础上的，随着基准站和流动站间距离的增加，误差相关性越来越差，定位精度就越来越低，而且数据通信也受传输设备的性能、可靠性及传输软件功能的限制，只能在有限的距离范围 $(10 \sim 15\text{km})$ 内应用。

网络实时动态测量技术是在某个地区设置多个固定的基准站，固定基准站实时采集 GNSS 卫星观测数据并传输给网络控制中心，控制中心接收各个固定基准站发来的数据，也接收从流动站发来的概略坐标，然后根据用户位置，选定一组最佳的固定基准站数据，整体改正 GNSS 轨道误差、电离层、对流层和大气折光引起的误差。将经过改正后的高精度差分信号通过无线电发送给流动站，这就相当于在移动站附近设置了一个虚拟基准站，不仅解决了实时动态测量作业距离上的限制，也极大地提高了流动站的定位精度。

## 练习和思考题

1. GPS 由哪几部分组成？各部分的功能和作用是什么？
2. GPS 采用的坐标系是如何定义的？
3. 简述 GNSS 伪距定位的原理。
4. 什么是 GNSS 绝对定位？什么是 GNSS 相对定位？
5. 什么是 GNSS 相对定位的单差、双差和三差？
6. 在目标定位定位中，常用的 GNSS 作业模式有哪些？
7. 简述 GNSS RTK 的测量原理。

# 第 9 章　大地天文测量定位

依靠太阳、月球和其他自然天体进行目标定位是一项既经典又充满时代气息的技术，从大航海时代水手们依靠星空定位，到现在如果出现卫星导航定位信号被完全屏蔽的极端场景，都会需要这种完全自主的定位手段。大地天文测量定位的主要任务是天文定位与天文定向，即通过观测天体在某一瞬间的天球坐标，来确定目标点或地面测站在地球上的位置和对某个方向的天文方位角。

## 9.1　发展现状

大地天文测量（astronomical geodetic measurement）就是通过观测恒星位置以确定地面点的天文经纬度，或者确定两点间天文方位角的测量工作。它是一种隐蔽、可靠的定位定向手段，具有不受电磁干扰、自主工作、被动探测的特点，并且在所有测量中其定向精度较高，定位精度仅次于卫星定位。因此无论是在大地网起始点、边的数据测定，还是在国防建设和科技领域中，大地天文测量都有着不可替代的作用。

### 9.1.1　传统的天文测量

传统的大地天文测量往往通过接收天文台发布的时号来确定时刻，用计时器记录时刻，观测中使用 WILD T4 全能经纬仪或 60° 等高仪。其中，WILD T4 全能经纬仪（以下简称 T4）由瑞士威特公司生产，是我国 20 世纪 50 年代以来一等、二等大地天文测量中的常用仪器，主要由望远镜、目镜接触测微器、水准器、轴系、度盘及读数设备、电源及照明设备和附件组成。

在利用 T4 进行野外天文作业过程中，常采用太尔各特法测定一等天文纬度，采用东西星等高法（金格尔法）测定钟差，进而测定一等天文经度，并采用北极星任意时角法测定天文方位角；或利用 60° 等高仪（由 T3 加上 60° 棱镜等组成），采用多星等高法同时测定二等、三等、四等以及等外天文经纬度。传统的天文测量，借助光学测量仪器高精度的特性，可以获得较为精确的观测数据，在早期国家构建天文大地网，进行国防军事建设中发挥了重要作用。到了 20 世纪 80 年代，在全国天文大地网整体平差后，通过对大地天文测量实测统计结果进行分析，得到一等天文点纬度、经度、方位角的中误差均方值分别为 $\pm 0.19''$、$\pm 0.189''$、$\pm 0.29''$，二等天文点纬度、经度、方位角的中误差均方值分别为 $\pm 0.29''$、$\pm 0.385''$、$\pm 0.46''$。

然而，传统的大地天文测量存在诸多局限，例如，在传统大地天文测量中都是人工寻找待测恒星，耗时较长，相邻 2 颗待测恒星观测时间间隔应大于 3 min。此外，在观测过程中，时常会出现星位分布很好，但因时间相距较近而要舍去一颗恒星的情况，这势必要再等待较近位置的下一颗恒星，导致整个测量效率下降。不仅如此，传统的测量仪器过于庞大笨重，不易携带；设备操作复杂，观测的准备和程序多而杂；观测操作技术要求高，需要测量人员进行专业的技术培训，尤其是收时、读表的操作，观测员劳动量大，需要全程用人眼寻星和观测目标；计算工作量大，数据记录和解算完全需要人工完成。尽管该仪器设计精密，测量精度高，但是因为其测量效率低下，T4 已在 20 世纪停产，我国一直使用其进行大地天文测量至 21 世纪初，近年已基本停止使用。在现代大地天文测量中，T4 逐渐被其他仪器所取代。

## 9.1.2 基于电子经纬仪的大地天文测量

智能计算机和全站仪等测量仪器在大地天文测量中的广泛应用，从根本上改善了传统大地天文测量的不足，使得大地天文测量快速化、简易化成为了可能。基于电子经纬仪开发的天文大地测量系统 Y/JGT-01 具备了小型化、快速化、半自动化等满足现代测量需求的特点，相较于传统大地天文测量，大大提高了作业效率。在 Y/JGT-01 系统中，得益于卫星定位技术，使用了卫星计时器代替以往的计时器进行更精准的授时；采用计算机进行数据记录和数据解算，测量解算结果更加容易获得，同时采用了先进的徕卡系列全站仪及自动寻星软件，使得在待测星即将到来时，计算机驱动仪器将望远镜自动指向待测星的预计到达位置，大大减少了人眼观测的时间。另外，在测量中仅要求相邻 2 颗观测恒星的时间间隔大于 30s 即可，放宽了对恒星选择的要求，极大地方便了观测，提高了效率。根据全站仪的特点采用多星近似等高法，每颗星可采集几到十几个数据（操作规定中定为 10 次），观测灵活，观测条件较以前大为放宽，观测数据量增加十倍以上。并且，在数据解算时，可以将电子经纬仪的指标差等误差及大气折射改正的残余项一并解出。实际作业证明，其测量定位结果完全满足野外一等天文测量精度要求。目前已有基于徕卡 TS30 系列智能测量机器人的天文测量系统及其应用研究。

## 9.1.3 基于 CCD 技术的自动大地天文测量

实现天文大地定位测量仪器的自动化观测，进一步提高大地天文测量作业效率，特别是消除传统大地天文测量中人仪差影响的全自动测量，是现代天文大地测量发展的方向。目前，大地天文测量正在以 CCD 数字摄影技术为依托，以不断深入开发的测绘仪器为平台向自动化、智能化发展。其定位基本原理是通过 CCD 相机获取恒星的数字影像，通过数字化可将恒星影像转换为数字信息，利用数字图像处理技术，对恒星数字影像进行坐标测量和数学处理，再加上配有高精度守时记时设备及相关恒星星表，最终获得测站点的天文经纬度。整个观测过程使用 CCD 的客观记录来代替人眼的主观观测，不仅克服了人仪差的影响，而且进一步提高了作业效率。

利用装有 CCD 芯片的天顶摄影仪获得天顶天区恒星图像，通过对图像进行处理，自动获得恒星位置，进行快速精确亚像素定位，这在天文大地测量中具有重要的应用价值。德国汉诺威大学自 20 世纪 80 年代已经开始研究天顶仪，但由于当时技术水平不够，模拟数字天顶仪自动化程度非常低，精度最高为 $0.5''$ 左右。随着 CCD 的广泛应用，先后有慕尼黑大学等多所研究机构开始研究数字天顶仪技术，但精度普遍不高，多在 $1'' \sim 2''$。直到 2004 年左右，德国汉诺威大学在原模拟天顶摄影仪 TZK2 和 TZK3 的基础上研制了数字天顶仪，使精度可达 $0.1'' \sim 0.3''$。后来汉诺威大学与瑞士苏黎世联邦理工学院大地测量学和地球动力学实验室合作研制了另一套更高自动化水平的数字天顶仪系统，用 CCD 传感器代替摄影底片，分别研制了数字式天顶相机系统 TZK2-D 和 DIADEM。目前，这两所研究机构对数字天顶仪的研究最为全面和成熟。奥地利维也纳工业大学也研制了小型的 CCD 天顶相机系统 ZCG1，其在欧洲和北美洲的许多发达国家被用于局部和区域大地水准面确定及其他地球物理学研究，但是造价昂贵。我国对数字天顶仪的研究也取得了很好的成果，最高精度已经优于 $0.5''$。

# 9.2　天　球

在地面上进行目标定位，目的是测定地面目标点的天文经度、纬度和某一方向的天文方位角。本节首先建立天球的相关概念，认识天球的特性，在天球上建立相应坐标系来描述天体的位置及其运动，为进一步用数学方法建立天体与地面观测站位置之间的关系式，以及利用观测天体的结果计算地面测站的天文经度、纬度和方位角打下基础。

## 9.2.1　天球的基本概念

天体和观测者之间的距离与观测者随地球在空间移动的距离相比要大得多，因此，通常情况下，观测者只能辨别天体的方向而无法区分它们距离的远近，就好像所有的天体都散布在以观测者为中心的一个半径无穷大的圆球的内球面上（实际上是天体沿着视线方向的投影）。为了便于对天体位置和运动状况进行研究，人们称这个半径无穷大的圆球为天球。天球是依据人们直观视觉所做的科学抽象，是研究问题的辅助工具，而不是客观存在的实体。

根据所选择天球中心的不同，有太阳系质心天球、地心天球和站心天球之分。天球具有圆球的所有几何性质，但由于天球的半径可视为无穷大，空间中任何有限距离与天球的半径相比，都可以小到忽略不计。因此可以认为，相距有限距离的所有平行直线，向同一方向延长，与天球相交于同一点；相距有限距离的所有平行平面，与天球相交于同一大圆。需要注意的是，天体离人们的距离总是有限的，观测者在天体之间所处的位置发生了变化，观测者至天体的视方向就要改变，因而它们在天球上的位置也将会发生变化。

在天文学的一些应用中，都用天体投影在天球上的点和点之间的大圆弧来表示它们之间的位置关系。

## 9.2.2　天球上的标识

地面上的观测者可通过天轴和本地铅垂线来对天体进行大致定向。将地球自转轴无限延长，所得到的直线称为天轴，当然，天轴也是一根假想的轴。天轴与天球的交点称为天极，和地球上北极所对应的那一点称为北天极，或天球北极；和地球上南极对应的那一点称为南天极，或天球南极。通过地心并且与地球自转轴垂直的平面称为天球赤道面，天球赤道面与天球相交的大圆称为天球赤道。在天球上通过南、北天极的大圆称为时圈，平行于天球赤道的小圆称为赤纬平行圈或天球纬圈（图 9-1）。

本地铅垂线的延长线与天球的交点定义了天顶（上）与天底（下）。经过观测者（或地心）并且与铅垂线垂直的平面称为天球地平面，它与天球相交的大圆称为天球地平圈。包含铅垂线的平面为垂直面，垂直面与天球相交的大圆称为垂直圈。平行于天球地平面的小圆称为地平纬圈或等高圈。恰好包含天轴的垂直面称为天球子午面，它与天球相交的大圆称为天球子午圈，也是通过天顶的时圈。天球子午圈与地平圈相交的两点分别为南点 S 和北点 N。垂直于子午面的面称为卯酉面，它与天球相交的大圆称为卯酉圈。卯酉圈与地平圈相交于东点 E、西点 W，同时也是地平圈与天赤道的两个交点。

设 $S$ 为天球上的某一点，如一颗恒星。由子午线的一段弧长，通过 $S$ 点的时圈的一部分和垂直圈的一段弧长构成了一个球面三角形，称为 $S$ 点的天文三角形或航海三角形（图 9-1）。天文三角形的顶点是观测者的天顶 $Z$、北天极和天体 $S$ 点。

黄道面是由以太阳为中心指向地月系质心的位置和速度矢量，修正了金星和木星引起的周期性扰动项之后所定义的平面。它总是与视太阳的运动路径保持在 $2''$ 之内。通过地心的黄道面法线的延长线与天球的交点称为南、北黄极。通过南、北黄极与 $S$ 点的大圆称为黄经圈。黄道面与天球赤道面的交线包含了二分点（春分点与秋分点），其中，视太阳在黄道上从南半天球向北半天球运行时通过的分点称为春分点。春分点在经典天文学中占有极为重要的地位，它定义了某一赤道坐标系和黄道坐标系的 $z$ 轴的指向。通过春分点的时圈称为二分圈。天球赤道面与黄道面之间的夹角称为黄道倾斜或黄赤交角（图 9-2），其数值约为 $23.5°$。

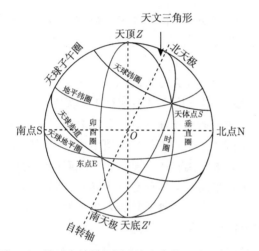

图 9-1　地球自转轴与铅垂线定义的天球上的标识点

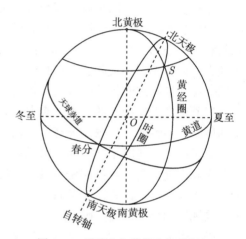

图 9-2　天球上与黄道有关的标识

## 9.2.3　天体的视运动

图 9-3 为夜晚天空的一张长时间曝光照片，可以看到，所有恒星似乎都在绕北天极旋转，这种现象只是地球在宇宙空间中做周日旋转运动的反映。

图 9-3　夜晚天空长时间曝光照片

天极在天空中的位置由观察者所处的纬度决定，天体的周日视运动现象随着观察者位置的不同而异。如果观察者在北极，则北天极位于天顶方向，地平圈与天球赤道重合，恒星沿着与地平圈平行的方向运动 [图 9-4(a)]，而且这些天体也没有东升西落现象，观察者只能看到半个天球上的天体。

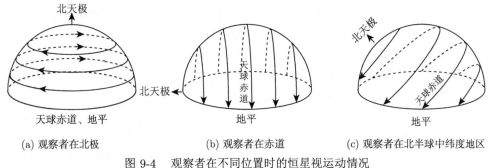

(a) 观察者在北极　　　　　　　(b) 观察者在赤道　　　　　(c) 观察者在北半球中纬度地区

图 9-4　观察者在不同位置时的恒星视运动情况

然而，如果观察者位于赤道上，其纬度为 0°，此时北天极与北点重合，卯酉圈与赤道重合，恒星从东方垂直于地平面升起，经过由北天极与观察者天顶所形成的子午面时达到其最高点，然后在西方再次垂直于地平面落下 [图 9-4(b)]。

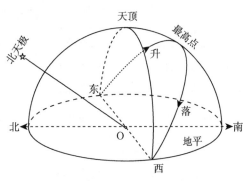

图 9-5　天文观测参考标志

当观察者位于北极与赤道之间的温带地区时 [图 9-4(c)]，北天极以一定的角度出现在地平面以上，这个角度与观察者所处的纬度在数值上是相等的。因为恒星是围绕天轴转动的，所以在北天极附近的一些恒星不会没于地平，总是能被看到，称为拱极星。

对于地面观测者而言，天球上的某一位置可以用简单的坐标值来描述。除了北天极之外，由铅垂线定义的天顶也是天球上的一个重要标志，如图 9-5所示。

## 9.3　空间坐标系

在天文空间参考系中，通常用一个半径为 1 的单位球使这些坐标系可视化，天体（行星、恒星、类星体等）的空间坐标通常由其方向来确定，此时有意义的只是角度信息而不是距离（卫星激光测距和激光测月是例外）。在这种情况下，天体的位置可以很好地在天球上用其投影点来表示。

在天球上一点 $P$ 的位置可由两个角度表示，分别记为 $\mu$ 与 $\nu$，如图 9-6所示。角度 $\mu$ 是在基本参考面内由坐标零点起算量至包含极点与 $P$ 点的参考面的角度；角度 $\nu$ 是在过 $P$ 点的参考面内由基本参考面起算量至 $P$ 点的角度。这两个角度就是 $P$ 点的球面坐标。如果已

知两个球面角度 $\mu$ 与 $\nu$，则单位球上相应的直角坐标（方向余弦）为

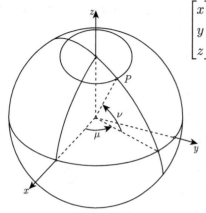

$$\begin{bmatrix} x \\ y \\ z \end{bmatrix} = \begin{bmatrix} \cos\nu\cos\mu \\ \cos\nu\sin\mu \\ \sin\nu \end{bmatrix} \tag{9.1}$$

若已知球面一点的直角坐标 $x$、$y$ 和 $z$，则相应的球面坐标为

$$\begin{bmatrix} \mu \\ \nu \end{bmatrix} = \begin{bmatrix} \arctan(y/x) \\ \arctan(z/\sqrt{x^2+y^2}) = \arcsin z \end{bmatrix} \tag{9.2}$$

基本的经典天文坐标系包括地平坐标系、时角坐标系、赤道坐标系以及黄道坐标系（表 9-1）。

图 9-6　直角坐标系及其相应的球面角

**表 9-1　经典天文坐标系总结**

| 坐标系 | 参考面 | | 坐标值 | |
| --- | --- | --- | --- | --- |
| | 基本面 | 第二参考面 | 第一坐标 | 第二坐标 |
| 地平坐标系 | 天球地平面 | 天球子午面（由南点起算） | 高度角 $-90° \leqslant h \leqslant +90°$ 向上为正 | 方位角 $0° \leqslant A \leqslant 360°$ 向西为正 |
| 时角坐标系 | 天球赤道面 | 天球子午面（由测站天顶所在的一面起算） | 赤纬 $-90° \leqslant \delta \leqslant +90°$ 向北为正 | 时角 0h $\leqslant t \leqslant$ 24h $0° \leqslant t \leqslant 360°$ 向西为正 |
| 赤道坐标系 | 天球赤道面 | 二分圈（由春分点起算） | 赤纬 $-90° \leqslant \delta \leqslant +90°$ 向北为正 | 赤经 0h $\leqslant \alpha \leqslant$ 24h $0° \leqslant \alpha \leqslant 360°$ 向东为正 |
| 黄道坐标系 | 黄道面 | 过二分点的黄经圈（由春分点起算） | 黄纬 $-90° \leqslant \beta \leqslant +90°$ 向北为正 | 黄经 $0° \leqslant l \leqslant 360°$ 向东为正 |

在研究不同天文坐标系之间的关系时，通常假设坐标系的原点与地球质心重合。在这种情况下，天体的位置要做相应的改正。例如，黄道坐标系的原点位于太阳系的质心，但为了便于比较，通常将该坐标系的原点平移至地心。

## 9.3.1　地平坐标系

以观测站为中心、天球地平面为基本面、子午面为辅助面、南点为坐标零点建立地平坐标系（图 9-7）。

在地平坐标系中，纬角称为地平高度，用 $h$ 表示，是由地平圈起沿着通过天体的垂直圈度量至天体的弧距（角度），范围为 $0° \sim \pm90°$，以天顶方向为正。在实际应用中，高度角 $h$ 常用天顶距 $z$ 代替。天顶距 $z$ 是由天顶起沿着通过天体的垂直圈向下量至天体的弧距（角度），

范围为 $0° \sim \pm 180°$，即

$$z = 90° - h \tag{9.3}$$

经角称为地平经度，也称为方位角，用 $A$ 表示，它从南点起算，是沿着地平圈向西方向（顺时针方向）计量至天体所在垂直圈的一段弧距（角度），范围为 $0° \sim \pm 360°$。这说明地平直角坐标系的 $z$ 轴为指向天顶方向的本地铅垂线，$x$ 轴在地平面内指向南点，$y$ 轴指向西点，因此地平坐标系是一个左手系，如图 9-7 所示。

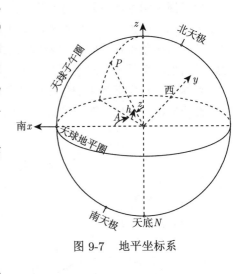

图 9-7　地平坐标系

天体在地平坐标系中的位置可用天顶距 $z$（或高度角 $h$）和方位角 $A$ 来表示，对应的直角坐标为

$$S(h,A) = \begin{bmatrix} x \\ y \\ z \end{bmatrix}_{h,A} = \begin{bmatrix} \cos h \cos A \\ \cos h \sin A \\ \sin h \end{bmatrix} = \begin{bmatrix} \sin z \cos A \\ \sin z \sin A \\ \cos z \end{bmatrix} \tag{9.4}$$

地平坐标系是直接定义的，便于实现，易于进行直接观测。但地平坐标系也有两个不足之处：一是不同的观测者因彼此的天顶不同，同一天体对于不同测站的地平坐标也是不同的；二是天体的地平坐标随周日视运动而变化，并且是非线性的，即在同一测站的不同时刻，同一天体的地平坐标也不相同。这种随测站位置和时间而异的性质使得记录天体位置的各种星表不能采用地平坐标系。

## 9.3.2　时角坐标系

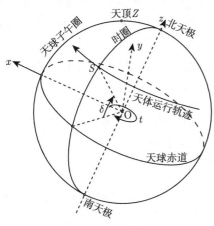

图 9-8　时角坐标系

时角坐标系的基本面为天球赤道面，子午面为其辅助面，赤道面与子午面交点之一的上点为坐标零点。

在时角坐标系中（图 9-8），纬角称为赤纬，用 $\delta$ 表示，是由天球赤道面起算，沿着通过天体的时圈量至天体的一段弧距（角度），以北天极方向为正（$0° \sim 90°$），南天极方向为负（$-90° \sim 0°$）。它的余弧称为极距，用 $p$ 表示。经角称为时角，用 $t$ 表示，是从上点起算，沿着天赤道以顺时针方向量算至天体时圈的一段弧距（角度），即通过天体的时圈与测站子午圈之间的二面角，范围 $0 \sim 24\text{h}$。通常，时角（角度）用"小时""分钟"与"秒"来表

示，它与"角度"单位间的关系如下

$$24\text{h} = 360°, 1\text{h} = 15°, 1\text{min} = 15', 1\text{s} = 15'' \tag{9.5}$$

为了便于阅读和书写，分别用"h""min"和"s"代表小时 (hour)、分钟 (minute) 和秒 (second)，这样便于以六十进制的时间格式来表示角度，如 12h13min59s。

在时角直角坐标系中，$z$ 轴指向北天极，$x$ 轴指向天赤道与子午圈的交点，$y$ 轴指向西点，因此时角坐标系是一个左手系。

天体在时角坐标系中的位置可以用时角 $t$ 和赤纬 $\delta$ 来表示，其中，时角 $t$ 随时间和观测站位置的变化而变化，对应的直角坐标为

$$S(\delta, t) = \begin{bmatrix} x \\ y \\ z \end{bmatrix}_{t,\delta} = \begin{bmatrix} \cos\delta\cos t \\ \cos\delta\sin t \\ \sin\delta \end{bmatrix} \tag{9.6}$$

### 9.3.3  赤道坐标系

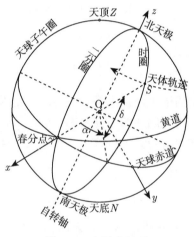

图 9-9  赤道坐标系

赤道坐标系的基极取北天极 $P$，基本面为天球赤道面，次圈为二分圈（通过春分与秋分点的时圈），球面坐标零点为春分点。

在赤道坐标系（图 9-9）中，纬角称为赤纬，用 $\delta$ 表示，其定义与度量方式同时角坐标系。经角称为赤经，用 $\alpha$ 表示，它是从春分点起算，沿着天球赤道以逆时针方向量算至天体时圈的一段弧距（角度），通常以时、分、秒来表示，范围 $0 \sim 24$h。天体在赤道坐标系中的位置可以用赤经 $\alpha$ 和赤纬 $\delta$ 来表示。赤道坐标系与地球自转（时间）无关，与地面观测站位置无关，是编算星表常用的坐标系。各种星表和天文历表中通常列出的都是天体在赤道坐标系中的坐标，以供全球各地观测者使用。

赤道直角坐标系的 $z$ 轴指向北天极，$x$ 轴在赤道面内指向春分点，$y$ 轴指向由右手定则确定，因此赤道坐标系是一个右手系。与天体球面坐标 $\alpha, \delta$ 对应的直角坐标为

$$S(\alpha, \delta) = \begin{bmatrix} x \\ y \\ z \end{bmatrix}_{\alpha,\delta} = \begin{bmatrix} \cos\delta\cos\alpha \\ \cos\delta\sin\alpha \\ \sin\delta \end{bmatrix} \tag{9.7}$$

若令 $t_\gamma$ 表示春分点的时角，由图中可以看出，任何一个恒星的时角 $t$、赤经 $\alpha$ 与 $t_\gamma$ 之间有以下关系

$$t_\gamma = \alpha + t \tag{9.8}$$

即春分点的时角在数值上等于某一天体的赤经与其时角之和。

### 9.3.4　黄道坐标系

黄道坐标系的建立类似于赤道坐标系，它的基极为北黄极，基本面为黄道面，次圈为通过黄极、春分与秋分点的黄经圈，球面坐标零点为春分点。

在黄道坐标系（图 9-10）中，纬角称为黄纬，用 $\beta$ 表示，是由黄道面起算，沿着通过天体的黄经圈量至天体的一段弧距（角度），向北黄极方向为正 $(0° \sim 90°)$，南黄极方向为负 $(-90° \sim 0°)$。经角称为黄经，用 $\ell$ 表示，它是从春分点起算，沿着黄道以逆时针方向量算至天体黄经圈的一段弧距（角度），范围为 $0° \sim 360°$。

天体在黄道坐标系中的位置可以用黄经 $\ell$ 和黄纬 $\beta$ 来表示。黄道坐标系与地球自转和公转无关，与观测站位置无关，通常用来表示太阳系内天体的位置。

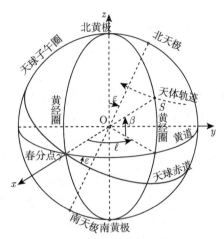

图 9-10　黄道坐标系

黄道直角坐标系的 $z$ 轴指向北黄极，$x$ 轴在黄道面内指向春分点，$y$ 轴指向由右手定则确定，因此黄道坐标系是一个右手系。与天体球面坐标 $\ell$，$\beta$ 对应的直角坐标为

$$S(\ell, \beta) = \begin{bmatrix} x \\ y \\ z \end{bmatrix}_{\ell, \beta} = \begin{bmatrix} \cos\beta\cos\ell \\ \cos\beta\sin\ell \\ \sin\beta \end{bmatrix} \tag{9.9}$$

## 9.4　时间基准

自然界中的一切事物，包括人类社会，都是在一定的时间和空间中生存、发展和消亡的。时间和空间是物质存在的基本形式。时间是基本的物理量之一，它反映了物质运动的顺序性和连续性。人们在日常生活、生产活动和科学研究中都离不开时间，在目标定位中时间也是一个非常重要的物理量。

### 9.4.1　时间的基本概念

时间通常包括时刻和时间间隔（时间段）两种含义。时刻是指某一事件发生的瞬间；时间间隔则表示两个事件之间的时间历程，它描述了事物运动在时间上的连续状况。这两个概念既有严格的区别，又有密切的联系。时刻实际上是一种特殊的（与某一个约定起始点时刻之间的）时间间隔，而时间间隔是指某一事件发生的始末时刻之差。所以，时间间隔测量也称为相对时间测量，时刻测量则被称为绝对时间测量。

客观物质的运动和发展过程是多种多样的，它们之间的差异很大。例如，天体的年龄以百亿年计，而有文字记载的人类社会仅有数千年历史。至于某些基本粒子的寿命，则只有 $10^{-6}\mathrm{s}$（或更短）。因此，根据目前人类对客观物质认识的水平，广义上的时间计量是指 $10^{-24} \sim 10^{30}\mathrm{s}$

这一时间区域的计量，而且也必须根据实际情况，采用不同的时间计量方法。我们通常所说的时间计量，并不是指上述广义的时间计量，而是指较短时期内的高精度时间计量。

时间系统规定了时间计量的标准，包括时刻的参考基准和时间间隔的尺度基准。时间系统框架通过守时、授时和时间频率测量比对技术在某一区域或全球范围内来实现和维持统一的时间系统。

### 1. 时间基准

时间是建立在物质的运动和变化的基础上的。物质的运动和变化又是在时间和空间中进行的。因此，如果脱离了物质，脱离了物质的运动和变化，时间和空间都将毫无意义。为此，时间的计量必须以物质的运动为依据，各种具体的时间计量系统都建立在对某一特定物质运动测量的基础之上。

时间计量需要有一个标准的公共尺度，称为时间基准或时间频率基准。一般来说，任何一个可观测的周期性运动，如果能满足以下条件，都可以作为时间基准。

（1）均匀性，即周期运动的稳定性。通常取作时间测量基准的运动是周期运动，这种运动的周期必须是稳定的。只有稳定的周期运动作为时间单位所计量的时间才是均匀的。

（2）连续性，作为时间测量基准的运动必须是连续不断的。

（3）可测性，作为时间测量基准的运动必须具有复现性，并且是可以测量的。这就要求这种运动在任何时间和地点都可以通过一定的实验或观测予以复制并付诸使用。

自然界中具有上述特性的运动很多，但迄今为止，国际时间计量工作中主要选用过三种物质运动形式作为时间基准。

（1）地球自转运动。以地球自转为基准的时间计量系统是世界时系统，它包括恒星时和太阳时（真太阳时和平太阳时）等多种时间系统。

（2）行星绕太阳的公转运动。以地球公转为基准的时间计量系统是历书时系统。

（3）电子、原子的谐波振荡。以原子内部不同能级间跃迁辐射的频率为基准所建立的时间系统是原子时系统。

### 2. 守时系统

守时系统（钟）被用来建立和维持时间频率基准，确定任一时刻的时间。守时系统还可以通过时间频率测量和比对技术来评价和维持该系统的不同时钟的稳定度和准确度，并据此给予不同的权重，以便用多台钟来共同建立和维持时间系统的框架。

常用的时钟是一种重要的守时工具。利用时钟可以连续地向用户提供任一时刻所对应的时间。因为任何一台时钟都存在误差，所以需要通过定期或不定期地与标准时间进行比对，求出比对时刻的钟差，经过数学处理后估计出任一时刻的钟差来加以改正，以便获得较为准确的时间。

### 3. 授时

确定与保持某种时间基准，并通过一定方式把代表这种基准的时间信息传送出去供用户使用的相关工作称为授时。

随着人类社会的发展和科学技术的进步，授时的规模和质量不断提高。从古代"击鼓报时"到 20 世纪初期出现无线电波，甚至还建立了专门的国际性服务组织，反映了人类活动与科学技术对时间需求的变化。

现在，授时系统可通过电话、网络、无线电、电视、专用长波和短波电台及卫星等设施向用户传递准确的时间信息和频率信息。不同的方法具有不同的传递精度，其方便程度也不相同，以满足不同用户的不同需要。

目前，国际上有许多单位和机构在测定和维持各种时间系统，并通过各种方式将有关的时间和频率的信息发播给用户，这些工作称为时间服务。较为著名的有国际计量局（Bureau International des Poids et Mesures，BIPM，该组织总部位于法国巴黎近郊的塞夫尔）的时间部（提供国际原子时和协调世界时）、美国海军天文台（提供 GPS 时）。我国国内的时间服务是由中国科学院国家授时中心（National Time Service Center，NTSC）提供的。

## 9.4.2　恒星时与太阳时

天体的周日视运动是人类所感受到的最普遍的周期性运动。它是地球自转的反映，对人类的生产、生活有重要的影响。地球自转是一种连续的周期性运动。因为地球自转速率的变化非常微小，早期受到观测精度和计时工具的限制，人们认为这种自转是均匀的，因此被选作时间基准。

恒星时与太阳时都是以地球自转为基准的时间计量系统。由于所选择参考点的不同，形成了不同的时间计量系统。

### 1. 恒星时

恒星在天空中并非静止不动的，它们之间的相对位置会随时间而发生微小变化。为了有一个统一的参考基准，恒星时选择春分点作为基本参考点。

选取春分点为参考点，以其周日视运动为基准所建立的时间计量系统称为恒星时（sidereal time，ST），用 $s$ 表示。春分点连续 2 次经过本地上中天的时间间隔称为 1 恒星日，以恒星日为基础均匀分割而获得恒星时系统中的"小时""分"和"秒"。1 恒星日划分为 24 恒星小时，1 恒星小时分为 60 恒星分，1 恒星分分为 60 恒星秒。

恒星时的起点被定义为春分点在本地上中天的时刻，它是一种地方时。显然，在任一瞬间恒星时在数值上等于春分点的时角，即

$$s = t_\gamma \tag{9.10}$$

式中，$s$ 为地方恒星时（local apparent sidereal times，LAST）；$t_\gamma$ 表示春分点的时角。然而，春分点仅是天球上的一个假想点，在宇宙空间中没有任何标识，不能进行直接观测。因此，恒星时一般是通过观测恒星间接获得。根据天体的时角与赤经 $\alpha$ 之间的关系，即

$$s = t_\gamma = \alpha + t \tag{9.11}$$

当恒星位于上中天时，时角 $t = 0$，因此

$$s = \alpha \tag{9.12}$$

即本地恒星时等于上中天恒星的赤经。

因为恒星时的起点为春分点的上中天时刻，所以经度不同的测站，其地方恒星时也不同。显然，$A$、$B$ 两地的地方恒星时 $s_A$ 与 $s_B$ 之差等于其经度 $\lambda_A$ 与 $\lambda_B$ 之差。

$$s_A - s_B = \lambda_A - \lambda_B \tag{9.13}$$

起始子午线 ($\lambda = 0$) 上的恒星时称为格林尼治视恒星时（Greenwich apparent sidereal time，GAST)，通常用 $S$ 表示。地方恒星时 $s$ 与格林尼治视恒星时 $S$ 之间的关系为

$$s = S + \lambda \tag{9.14}$$

受章动的影响，春分点有真春分点与平春分点之分，相应的恒星时也有真恒星时与平恒星时之分，因此可引入地方平恒星时 (local mean sidereal time，LMST) 与格林尼治平恒星时 (Greenwich mean sidereal time，GMST)。真春分点与平春分点的时角之差称为赤经章动，也称为二分差。

**2. 真太阳时**

太阳的运动与人类生活息息相关，若选取真太阳（太阳视圆面的中心）为基本参考点，以其周日视运动为基准建立的时间计量系统，称为真太阳时，用 $T$ 表示。真太阳时的基本单位是真太阳日。一真太阳日是真太阳连续两次经过本地上中天的时间间隔。以真太阳日为基础均匀分割可得到真太阳时系统的"小时"、"分"和"秒"。

真太阳时的起点是真太阳的上中天时刻，因此，真太阳时在数值上等于真太阳的时角，即

$$T_\odot = t_\odot \tag{9.15}$$

因为地球在自转的同时还绕太阳公转，所以太阳的周日视运动是地球自转及公转运动的共同反映。地球绕太阳公转的轨道为一个椭圆，太阳位于其中的一个焦点上，地球绕太阳公转运动的角速度是不均匀的。另外，地球公转位于黄道面上，而太阳的时角是在赤道面上度量的，因此真太阳时的单位时间长度是不相同的。由观测发现，一年中最长与最短真太阳日相差 51 s 之多。也就是说，真太阳时不具备作为一个时间系统的基本条件。由于真太阳时的不均匀性，人们建立了平太阳时系统。

**3. 平太阳时与世界时**

为了利用太阳的视运动建立合理的时间系统，19 世纪末美国天文学家纽科姆引入了一个假想的参考点——平太阳，并以此建立了平太阳时。

首先在黄道上建立一个匀速运动的辅助点，称为黄道平太阳，它的周年视运动周期等于真太阳的周年视运动周期，其运动速度等于真太阳周年视运动速度的平均值，并且与真太阳同时经过近地点（1月3日前后）和远地点（7月4日前后）。然后在赤道上引入另一个辅助点，它不仅与黄道平太阳运动速度相同，并使其赤经尽量靠近黄道平太阳的黄经，而且两者同时通过春分点和秋分点。这个在天赤道上匀速运动的假想点称为赤道平太阳，简称平太阳。

选取平太阳为参考点，以其周日视运动为基准建立的时间计量系统，称为平太阳时，简称平时，用 $T_\oplus$ 表示。一平太阳日是平太阳连续两次下中天的时间间隔。平太阳时的基本单位为平太阳日。平太阳日也划分为平太阳小时、平太阳分和平太阳秒。

由于平太阳沿着天赤道以均匀的速度自西向东运行，它的周年视运动周期等于真太阳的周年视运动周期（一回归年，等于 365.2422 平太阳日），所以平太阳赤经的每日变化量为

$$\Delta\alpha_\oplus = \frac{360°}{365.2422} = 59'08.3304'' \quad 等价于3min56.5554s \tag{9.16}$$

因此，以匀速运行的平太阳为参考点，若不顾及地球自转本身的不均匀性，平太阳日的长短是相同的，即平太阳时是均匀的。

平太阳时从平太阳下中天（平子夜）时刻起算。因此平太阳时 $T_\oplus$ 与平太阳时角 $t_\oplus$ 之间的关系为

$$T_\oplus = t_\oplus \pm 12\mathrm{h} \tag{9.17}$$

与恒星时一样，平太阳时也具有地方性，因此称为地方平太阳时。两个地方平太阳时之差等于两地经度之差

$$T_{\oplus A} - T_{\oplus B} = \lambda_A - \lambda_B \tag{9.18}$$

因此，只有在同一子午圈上各地的同类时刻是相同的。如果世界各地都采用各自的地方时，势必造成时间上的混乱。1884 年，在美国华盛顿召开的国际经度会议决定采用一种分区统一的时刻，称为区时（也称为标准时）。

在地球表面以相隔 15°（或 1 小时）的经线，把全球分为 24 个区域，这种区域称为时区。划分方法为以格林尼治天文台子午线为中央经线，在其东、西两侧各取 7.5°，这个 15° 的区域称为零时区。然后依次向东、西每隔 15° 划分为一个时区，各时区都以其中央经线的地方平时为标准，称为区时。每隔一个时区，区时相差 1h。由于行政管理的需要，时区的界线照顾到国家或地区的疆界，各国有自己的规定。例如，我国陆地国土范围由西到东横跨东五区到东九区，但全国都用东八区中央经线的地方时间作为标准时间。

起始子午线上的平太阳时（格林尼治平太阳时）称为世界时 (universal time，UT)。经度为 $\lambda$ 处的地方平时与世界时之间的关系为

$$T_\oplus = \mathrm{UT} + \lambda \tag{9.19}$$

### 9.4.3　历书时

世界时是根据地球自转测定的时间。随着科学技术的发展与观测精度的提高，人们发现地球自转速率是不均匀的，它具有以下几种变化。

（1）极移现象。地球自转轴在地球体内的不断变化。

（2）长期变化。受地球表面潮汐摩擦的影响，地球自转的速率在逐渐变慢，平太阳日的长度在 100 年内约增长 0.0016s。

（3）季节性变化。地球大气和洋流的运动使地球自转速率产生季节性变化。这种变化基本上是上半年变得稍慢，下半年变得稍快。此外还有其他一些影响较小的周期性因素，使得一年内平太阳日的长度约有 ±0.001s 的变化。

（4）不规则变化。由于地球物质结构和运动的复杂性，地球自转还存在着许多起因不明的不规则变化，使地球自转速度有时加快，有时变慢。

由于地球自转的不均匀性，以地球自转为基准的时间单位（如秒长）变得不固定了，这就是平太阳时的不均匀性，或者说是世界时的不均匀性。当然，均匀与不均匀只是相对的。同一种时间系统，在某一精度要求下可以认为是均匀的，而在另一种更高精度的要求下可能就是不均匀的了。

为了弥补上述缺陷，从 1956 年起，在世界时中加入各种改正，因此世界时系统还可分为以下三类。

（1）UT0：根据天文观测结果直接计算出来的世界时，未经修正。

（2）UT1：在 UT0 的基础上加上极移改正 $\Delta\lambda$，以消除极移对测站经度的影响。

（3）UT2：在 UT1 的基础上加上地球自转季节性变化改正 $\Delta T_s$。

虽然加入了各项改正，但 UT2 仍然不是一个严格的、均匀的时间系统。由于世界时反映地球自转情况并与太阳时保持密切的关系，因而在天文学和人们日常生活中被广泛采用。但是这种时间系统在许多高科技、高精度的应用领域无法使用。

牛顿运动定律和万有引力定律在数学上是用微分方程表示的，其中，均匀的时间是方程中的独立变量，称为牛顿时。历书时 (ephemeris time，ET) 就是一种以牛顿天体力学定律来确定的均匀时间，它可以理解为太阳系天体运动方程中的自变量。

因为天体的位置与时间 $t$ 相对应，所以根据天体的运动方程可以以时间 $t$ 为引数将天体的位置编制成表。反之，将观测到的天体位置与用历书时计算得到的天体历表进行比较，就能获得观测瞬间的历书时时刻。但是由于天体运行理论的缺陷以及运动方程解中积分常数（由实测确定）的误差，任何一个天体的星历表都只能给出近似的牛顿时。因此，不同天体的星历表所给出的历书时会有微小的差异。经过仔细研究，天文学家选用纽科姆的太阳历表作为历书时定义的基础。

历书时是太阳质心坐标系中的一种均匀时间尺度，它是牛顿运动方程中的独立变量，是太阳、月球、行星星表中的时间引数。但是这种以太阳系内的天体公转为基准的时间系统无论是在理论上还是实践上都存在一些问题。

（1）太阳、月球、行星星表中的位置与一些天文常数有关。每当这些天文常数进行了修改，就会导致历书时不连续。

（2）因为月球的视面积很大，边缘又很不规则，很难精确找准其中心位置，所以求得的历书时比理论精度要差得多。

（3）要经过较长时间的观测和数据处理才能得到准确的时间，实时性差，不能及时满足需要高精度时间部门的要求。

（4）由于星表本身的误差，同一瞬间观测月球与观测行星得出的历书时可能不相同。

因此，1967 年国际计量大会决定用原子时的秒长作为时间计量的基本单位。1976 年，国际天文学联合会又决定从 1984 年起在计算天体位置、编制星历时用力学时取代历书时，并以广义相对论作为时间工作的理论基础。

### 9.4.4　原子时与协调世界时

世界时和历书时都是天文学范畴内的时间计量系统。世界时的根本缺陷是不均匀，历书时的缺陷则是测定精度较低。随着生产力的发展和科学技术水平的提高，人们对时间准确度和稳定度的要求不断提高，以地球自转为基准的恒星时和平太阳时、以行星和月球公转为基准的历书时已难以满足要求，人们把目光从宏观世界转向了微观世界。

**1. 原子时**

20 世纪 50 年代以来，物理实验技术和电子技术飞速发展，利用物质的量子跃迁辐射或吸收的电磁波频率作为时间计量标准成为可能。而这种频率具有很高的稳定性和复现性。1954年，美国的激射型氨分子钟问世，1955 年，英国制成了第一台铯原子钟。从此，时间计量标准由传统的天文学宏观领域过渡到物理学微观领域。

1967 年,第 13 届国际计量大会决定不再使用 1956 年所定义的历书时秒长,而采用原子时秒来定义,即位于大地水准面上的铯原子 $C_s^{133}$ 基态两个超精细能级间在零磁场中跃迁辐射振荡 9192631770 周所持续的时间为 1 原子时秒,称为国际单位制 (international system of units, SI) 秒。由这种时间单位确定的时间尺度称为国际原子时 (temps atomique international, TAI)。

为使原子时与世界时相衔接,原子时以 1958 年 1 月 1 日世界时 (UT1) 零时为起算点,即规定在该瞬间国际原子时与世界时重合。但事后发现上述目标并未达到,实际相差了 0.0039s,即在该瞬间

$$UT1 - TAI = 0.0039s \tag{9.20}$$

**2. 国际原子时**

在历史上,原子时系统经历过三个阶段:1958~1968 年称为 $A_3$,1969~1971 年 9 月称为 AT,1971 年 10 月起称为 TAI。原子时是由原子钟来确定和维持的,但由于电子元器件及外部运行环境的差异,同一瞬间每台原子钟所给出的时间并不严格相同。

为了避免混乱,有必要建立一种更为可靠、更为均匀、能被世界各国所共同接受的统一的时间系统——国际原子时。其定义为:国际原子时是由国际时间局 (BIH) 建立的时间参考坐标,利用分布在世界各有关实验室内连续工作的原子钟的读数计算得到。所用的单位时间是国际单位制中定义的秒。国际原子时 1971 年由国际时间局建立,自 1972 年 1 月 1 日正式启用。从 1988 年 1 月 1 日起,国际时间局的 TAI 和 UT1 两项时间服务分别由国际计量局 (BIPM) 和国际地球自转服务 (IERS) 组织代替。

2012 年,全球有 68 个实验室的大约 400 台原子钟的数据用于实现 TAI。这些钟的数据采用 ALGOS 算法得到自由时间尺度 EAL,再经一些时间频率基准 (time frequency primary standard, PFS) 钟进行频率修正后通过特定算法得到高稳定度、高准确度的“纸面”的时间尺度 TAI。

**3. 协调世界时**

原子时的采用使时间计量工作产生了质的飞跃,它能满足高精确度时间间隔测量的要求,因此被许多部门所采用。但它是一个物理时而不是天文时,与地球自转以及天体运动无关,人们的日常生活以及许多与地球自转相关的科研工作,如大地测量、天文导航、研究地球自转和宇宙飞行器的跟踪、定位等,都离不开以地球自转为基础的世界时。

因为原子时是一种均匀的时间系统,而地球自转存在不断变慢的长期趋势,这就意味着世界时的秒长将变得越来越长,所以原子时和世界时之间的差异将越来越明显。为了兼顾对世界时时刻和原子时秒长两者的需要,1960 年国际无线电咨询委员会和 1961 年国际天文学联合会的会议决定引入协调世界时 (coordinated universal time, UTC) 作为标准时间和频率发布的基础。协调世界时是世界时时刻与原子时秒长折中协调的产物,它采用国际原子时的秒长,在时刻上则尽量与世界时接近。

从 1972 年起规定 UTC 与 UT1 之间的差值保持在 ±0.9s 以内,为此可能在每年的年中(6 月 30 日)或年末(12 月 31 日)做一整秒时刻的调整,增加 1s 称为正跳秒(或正闰秒),减少 1s 称为负跳秒(或负闰秒),具体调整由国际地球自转服务组织根据天文观测资料决定并提前发布。

从 1979 年 12 月起,UTC 已取代世界时作为无线电通信中的标准时间。目前,许多国家均已采用 UTC,并按 UTC 来发播时号。需要使用世界时的用户可根据 UTC 和国际地球

自转服务组织公报中的（UT1-UTC）值来间接获得 UT1。

北京时间是我国使用的标准时间，它在 UTC 的基础上提前了 8h，位于陕西西安临潼的中国科学院国家授时中心负责我国标准时间的产生、保持和发播。

### 9.4.5　大地天文测量定位中的时间工作

在天文测量工作中，观测量与时间密切相关，因此每次观测均要给出测量瞬间所对应的精确时刻，此时刻通常由本地守时系统来提供。本地守时系统的校正及相关参数（钟差、钟速等）的确定，需要通过收录授时中心（或天文台）发播的无线电时号或者接收相关卫星信号以获取正确的时间信息，并且通过时间比对工作来完成。时间比对工作有两方面的含义：一是将本地时钟的时刻调整到与标准时刻一致，即时刻同步；二是只求得本地时钟与标准时刻之差，而不需对它进行调整。

**1. 钟差**

任何一个时钟，总是不能完全地按照正确时刻运行，其在任一瞬间都与标准时刻之间存在一个相应的差值。在某一瞬间，某一时钟的钟面时刻与正确时刻之差，称为这一时钟在这一瞬间的钟差，通常用字母 $u$ 表示。

设某一时钟的钟面时刻为 $t'$，相应于此瞬间的正确时刻为 $t$，则此时的钟差为

$$u = t - t' \tag{9.21}$$

钟差是一个代数值，其值有正有负。$u > 0$ 表示时钟的钟面时比正确时刻滞后了 $u$ 值，$u < 0$ 表示时钟的钟面时比正确时刻超前了 $u$ 值。

**2. 钟速**

由于时钟本身原因及外界条件的变化，钟差不是固定不变的常数，而是处于不断变化之中。钟差在单位时间内的变化称为钟的速率，简称钟速，用 $\omega$ 表示。钟速是描述时钟运行快慢的物理量。

设 $u_1, u_2$ 分别为时钟在钟面时 $x_1, x_2$ 瞬间的钟差，则在 $\Delta x = x_2 - x_1$ 时间段内的钟速为

$$\omega = \frac{u_2 - u_1}{x_2 - x_1} = \frac{u_2 - u_1}{\Delta x} \tag{9.22}$$

式(9.22)表示一段时间内的平均钟速，按照时间段长短的不同，钟速可分为周日钟速、小时钟速、每分钟速等，分别对应 $\Delta x$ 取 1d、1h、1min。

钟速 $\omega$ 表示时钟运行的快慢，有正负之分。$\omega > 0$ 表示时钟的运行速度比正确的速度走得慢，时钟越走越慢；$\omega < 0$ 表示时钟的运行速度比正确的速度走得快，时钟越走越快；$\omega = 0$ 表示时钟的运行速度与正确的速度一致。

判断时钟质量优劣的标准，不是钟差和钟速的大小，而是钟速的稳定性。钟速越稳定，时钟质量越好。大地天文测量工作对本地守时系统的要求为:10h 钟速的最大互差不超过 $5 \times 2^{i-1}$ms（$i$ 为天文测量的等级）。

**3. 任意时刻钟差计算**

天文测量需要正确的时刻，因此观测某一颗天体瞬间所对应的钟面时必须加上相应于此钟面时的钟差，才能得到正确的时刻。

若已知某一时间段内的钟速 $\omega$ 和某一瞬间的钟面时 $x_0$ 的钟差 $u_0$，则可以计算任一瞬间钟面时 $x$ 的钟差 $u$，即

$$u = u_0 + \omega(x - x_0) \tag{9.23}$$

## 9.5　天顶距法测量原理

### 9.5.1　纬度测量

天顶距法测量纬度的方法，就是通过观测天体的天顶距，由天顶 $z$、天极 $P$ 和所观测天体 $S$ 构成定位三角形，根据球面三角形边的余弦公式来求解纬度 $\varphi$：

$$\cos z = \sin \varphi \sin \delta + \cos \varphi \cos \delta \cos t \tag{9.24}$$

式中，天体的赤道坐标 $\alpha, \delta$ 可以通过视位置计算得到。若能观测得到恒星的天顶距 $z$、记录观测瞬间的钟面时 $s'$，并已知钟差 $u$，于是此时恒星的时角 $t$ 为

$$t = s - \alpha = s' + u - \alpha \tag{9.25}$$

因此，只需要通过观测得到天体的天顶距 $z$ 就可以计算出测站的天文纬度 $\varphi$，这就是天体天顶距法（也称单高法）测定纬度的基本原理。

由式(9.24)可知，在计算测站的天文纬度 $\varphi$ 所用的数据时，除了天体的赤经 $\alpha$、赤纬 $\delta$ 作为已知数据不考虑其误差外，其他各量均含有误差。为分析各误差对纬度结果的影响，对式(9.24)进行全微分，有

$$-\sin z \mathrm{d}z = (\cos \varphi \sin \delta - \sin \varphi \cos \delta \cos t)\mathrm{d}\varphi - (\cos \varphi \cos \delta \sin t)\mathrm{d}t \tag{9.26}$$

利用球面三角五元素公式与正弦公式：

$$\begin{aligned} \sin z \cos A &= \cos \varphi \sin \delta - \sin \varphi \cos \delta \cos t \\ \cos \delta \sin t &= -\sin z \sin A \end{aligned} \tag{9.27}$$

将式(9.27)代入式(9.26)进行化简，可得

$$-\sin z \mathrm{d}z = \sin z \cos A \mathrm{d}\varphi + \cos \varphi \sin z \sin A \mathrm{d}t \tag{9.28}$$

以误差量代替微分量，可以得到天体天顶距观测误差 $\Delta z$、钟面时读数误差 $\Delta s'$ 和钟差误差 $\Delta u$ 对测站天文纬度 $\varphi$ 的影响为

$$\Delta\varphi = -\frac{\Delta z}{\cos A} - (\Delta s' + \Delta u)\cos\varphi\tan A \tag{9.29}$$

由式(9.29)可知，当所观测天体的方位角 $A = 0°$ 或 $A = 180°$，即天体在子午圈上时，对它进行观测可以测定纬度。时角误差 $\Delta s' + \Delta u$ 对纬度测量结果没有影响，天顶距观测误差 $\Delta z$ 对纬度测量结果的影响最小。

因此，当天体在子午圈上时对它进行观测，可得到误差最小的纬度值，这就是天体天顶距法测定纬度的最佳选星条件。

北极星距离北天极很近，在一昼夜的任何时刻始终靠近子午圈，其方位角变化在 $\pm 1.5°$ 之间，而且北极星为二等星，亮度适中，因此在中纬度地区观测北极星进行纬度测量既符合测量纬度的最有利条件，又便于观测，并且不受时间限制。所以，通过观测北极星任何时刻的天顶距来测定纬度，都可以得到良好的效果。

### 9.5.2 经度测量

某一地面观测站的天文精度就是该测站子午面与格林尼治天文台子午面之间的夹角。测站的经度等于测站与格林尼治天文台在同一瞬间同类正确时刻之差，因此测定某地经度的问题，实际上就是测定该地与格林尼治天文台在同一瞬间同类地方时刻之差。

对于恒星时而言，通过收录无线电时号或导航卫星信号可得到世界时 $T_0$ 以及测站守时时钟的钟面时 $s'$。钟面时 $s'$ 不是测站地方时，但可由观测天体计算其钟差 $u$，则正确守时时刻为 $s = s' + u$。而正确的世界时 $T_0$ 可通过化算得到其对应的格林尼治恒星时 $S$，即 $S = S_0 + T_0 + T_0\mu$。于是有

$$\lambda = s - S = s' + u - (S_0 + T_0 + T_0\mu) \tag{9.30}$$

因此，测定纬度主要包括收录时号和测定钟差两项工作。设观测瞬间的钟面时为 $s'$，相应观测瞬间的正确恒星时为 $s$，则

$$s = s' + u = \alpha + t \tag{9.31}$$

从而可以得出钟面时 $s'$ 的钟差为

$$u = \alpha + t - s' \tag{9.32}$$

可知，只要求得天体的时角 $t$，即可以得到钟差 $u$。

由公式

$$\cos z = \sin\varphi\sin\delta + \cos\varphi\cos\delta\cos t \tag{9.33}$$

可得

$$\cos t = \frac{\cos z - \sin\delta\sin\varphi}{\cos\delta\cos\varphi} \tag{9.34}$$

因此，只要知道测站纬度 $\varphi$，观测得到恒星的天顶距 $z$，即可以得到时角 $t$，从而得到钟差 $u$，这就是天体天顶距法测定钟差的基本原理。按照全微分的方法，可以得到钟差 $u$ 的误差传播公式为

$$\Delta u = -\frac{1}{\cos\varphi\sin A}\Delta z - \frac{1}{\cos\varphi\tan A}\Delta\varphi - \Delta s' \tag{9.35}$$

由此可以得出纬度误差 $\Delta\varphi$、观测天体天顶距误差 $\Delta z$ 及钟面时刻误差 $\Delta s'$ 对钟差的影响。式(9.35)中的 $\Delta z$、$\Delta\varphi$ 的系数均在方位角 $A = 90°$ 或 $270°$ 时最小，即天体经过卯酉圈时观测其天顶距确定钟差，可以得到误差最小的钟差结果，这就是天顶距测定钟差的最佳选星条件。

在具体实践中往往很难找到卯酉圈上适当高度的天体进行观测，为了加快观测速度，提高效率，一般可以选取在卯酉圈两侧各 25° 范围内的天体进行观测，其精度仍然比较高。

此外，由式 (9.35) 还可以看出，随着地面站纬度 $\varphi$ 的升高，$\cos\varphi$ 值减小，故观测钟差的误差会越来越大，因此这种方法在高纬度地区不太适合。

天顶距误差 $\Delta z$ 大部分是由大气折射和仪器误差造成的，具有系统误差的性质；纬度误差 $\Delta\varphi$ 是采用纬度不精确的误差，也有系统误差的性质。由式 (9.35) 可知，当天体在东方与西方时，$\Delta z$ 和 $\Delta\varphi$ 的系数符号正好相反，故对关于子午圈大致对称的，并靠近卯酉圈且具有同样高度的东、西两天体进行同样次数的观测，并取其钟差中数，便可以抵消大部分的系统误差（$\Delta z$ 和 $\Delta\varphi$ 的影响），从而提高精度。

# 9.6　数字天顶仪

随着 CCD 成像技术和数字图像处理技术的发展，近年来出现了基于摄影成像原理的自动化天文测量设备——数字天顶仪。数字天顶仪不仅可以实现自动化天文定位观测，还能消除传统天文观测中的天文人仪差影响。下面详细介绍数字天顶仪的系统、工作原理、操作方法等内容。

## 9.6.1　系统概述

1669 年，英国科学家胡克 (Hooke) 首创天顶仪，并用它测量太阳的周年视差。20 世纪 50~70 年代，欧洲各国相继出现了光学照相天顶筒 (photographic zenith tube，PZT)，如德国汉诺威大学研制的 TZK1、TZK2、TZK3，但是它们都采用胶片式摄影原理，照相底片处理和数据解算十分烦琐。在卫星大地测量技术的冲击下，20 世纪 80~90 年代，天顶仪的发展近乎停滞。随着 CCD 技术在天文学的应用，构建全自动化观测的数字天顶仪成为可能。

21 世纪初，欧洲一些科研单位参考经典光学照相天顶筒的原理研制了以 CCD 成像技术为基础的小型化数字化天顶摄影定位系统，其中，技术最为成熟的当属德国汉诺威大学的 TZKD-2 型数字天顶仪。此外，瑞士苏黎世联邦理工学院研制了 DIADEM 型数字天顶仪，奥地利、斯洛伐克与匈牙利也联合研制了 ZC-G1、ZC-G2 数字天顶仪。

2011 年，中国科学院国家天文台成功研制了国内首款数字天顶摄影定位系统（DZT 型），并成功应用于垂线偏差测量、垂线长期变化的测量、天文地震研究，以及地球自转参数测定等地球物理大地测量领域。该设备在室内实验室和固定台站环境工作精度较高，未在野外环境开展相关试验应用。2012 年底，中国科学院云南天文台成功研制了基于 CCD 光学望远镜成像系统的多功能天文经纬仪，该设备可以用来测量大气折射改正、监测垂线偏差变化和测定世界时 UT1，但设备体积较大，只能用于固定台站监测。2012 年初，国内另外两家单位联合成功研制车载高精度数字天顶摄影定位系统，并进行了产品定型。

数字天顶仪一般由数字天顶摄影仪、控制守时分系统、数据处理分系统、供电分系统、附属设备等组成。系统结构组成如图 9-11 所示。

### 1. 数字天顶摄影仪

数字天顶摄影仪是系统的核心部件，由光学望远镜、CCD 成像装置、转台及水平调整装置构成。光学望远镜主要用于汇聚进入视场的光线，使得恒星能精确成像在 CCD 图像传感器上。CCD 成像装置主要用于接收天顶星象，并将其数字化为星图，供后续恒星测量与识别使用。水平调整装置及转台用于仪器的精密调平及数字天顶仪的转动，使得仪器能在不同方位对恒星进行成像。

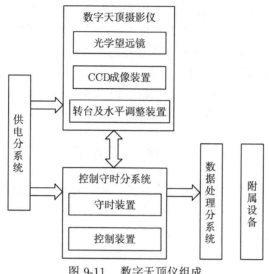

图 9-11    数字天顶仪组成

### 2. 控制守时分系统

控制守时分系统由控制装置和守时装置构成。控制装置主要用于控制主机旋转及调平、快门触发及仪器状态显示，守时装置则是通过接收 GNSS（如 GPS 和北斗系统）信号为控制系统提供时间基准信息。

### 3. 数据处理分系统

数据处理分系统主要由便携式计算机、观测软件及测量数据处理软件等软硬件构成，主要用于观测星表制作、星图处理及识别、测站天文经纬度的精确计算等数据处理及测量成果管理工作。

### 4. 供电分系统

供电分系统由蓄电池组和电源管理模块组成，用于向仪器提供高效、高精度、高稳定的电源输出，并管理多路电源。

### 5. 附属设备

附属设备主要为仪器架设装置，用于稳定架设数字天顶摄影仪主机，确保仪器能稳固地对准天顶进行摄影。

## 9.6.2    工作原理

天顶仪定位原理如图 9-12所示，$O\text{-}XYZ$ 为地球坐标系，$o\text{-}xyz$ 为以观测站本地铅垂线与水平面建立的局部坐标系。在某一时刻，位于测站的天顶仪可拍摄多个天体的影像，并通过数据处理得到此时这些天体在本地局部坐标系的位置（方向）；同时，通过天体视位置计算也可得到这些所拍摄天体此时在地心坐标系下的位置（方向）。因此通过这些天体可以计算得出两个坐标系之间的关系，即观测站在地球坐标系中的位置。

　　数字天顶摄影仪是整个系统的核心部分，整个
系统工作涉及恒星位置表示、星图成像、星点提取、
星图识别、经纬度解算等各方面，下面阐述其工作
原理。

**1. 恒星位置表示**

　　除 9.3 节介绍的天球坐标系之外，数字天顶摄
影定位系统的解算过程中恒星位置表示还涉及地
球坐标系、切平面坐标系、图像平面坐标系等。

　　1）恒星的天球位置

　　所观测恒星的初始位置在星表中以对应于星
表历元的天球赤道坐标 $(\alpha_0, \delta_0)$ 的形式给出，经
过视位置计算得到对应于观测瞬间的天球位置 $(\alpha, \delta)$。

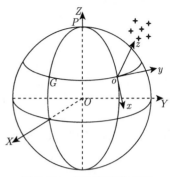

图 9-12　天顶仪定位原理

　　2）恒星的地球位置

　　恒星和地心的连线与地球表面交点的天文经纬度 $(\lambda, \varphi)$ 即为恒星的地球位置。国际地球
参考系 (ITRS) 的空间姿态由国际地球自转服务组织给出的地球自转参数和地球运动模型确
定。在观测历元，从国际天球参考系至国际地球参考系的坐标变换为

$$[\text{ITRS}] = \boldsymbol{W}^{\mathrm{T}}(t)\boldsymbol{R}^{\mathrm{T}}(t)\boldsymbol{Q}^{\mathrm{T}}(t)[\text{ICRS}] \tag{9.36}$$

式中，$\boldsymbol{Q}(t)$、$\boldsymbol{R}(t)$、$\boldsymbol{W}(t)$ 分别为天极在国际天球参考系中的岁差和章动、地球绕极轴的旋转、
因极移而产生的变换矩阵。

　　3）恒星的切平面位置

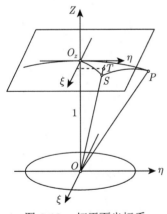

图 9-13　切平面坐标系

　　数字天顶仪工作时是朝天顶方向对局部星空进行拍摄，
用相对于望远镜主光轴的天球切平面坐标可以方便地表示
恒星位置，这种坐标系一般称为切平面坐标系。其具体定义
为：以光轴与天球交点 $O_z$ 以为原点；在该点的切平面上，指
向北天极的方向为 $\eta$ 轴；与 $\eta$ 轴垂直，指向赤经增加的方
向为 $\xi$ 轴，$z$ 轴垂直于 $\eta$ 轴和 $\xi$ 轴，指向天顶，该坐标系为
左手坐标系，如图 9-13 所示。

　　恒星 $S$ 在 $O_z - \eta\xi$ 面上的中心投影为 $T$，设天球的半
径为 1，则指向恒星投影点的矢量为 $[\eta\ \xi\ 1]^{\mathrm{T}}$，$(\eta, \xi)$ 即为恒
星的切平面坐标。

　　设主光轴方向的地球坐标为 $(\lambda_0, \varphi_0)$，恒星 $S$ 的地球
坐标为 $(\lambda, \varphi)$，根据坐标系间的矩阵转换关系，即可得恒星
切平面坐标和地球坐标的转换关系为

$$\frac{1}{\sqrt{1 + \eta^2 + \xi^2}} \begin{bmatrix} \eta \\ \xi \\ 1 \end{bmatrix} = \boldsymbol{T}_x \boldsymbol{R}_y(\frac{\pi}{2} - \varphi_0) \boldsymbol{R}_z(\lambda_0) \begin{bmatrix} \cos\varphi\cos\lambda \\ \cos\varphi\sin\lambda \\ \sin\varphi \end{bmatrix} \tag{9.37}$$

进行矩阵元素计算可得

$$
\left.\begin{aligned}
\eta &= \frac{\cos\varphi_0\tan\varphi - \sin\varphi_0\cos(\lambda-\lambda_0)}{\cos\varphi_0\cos(\lambda-\lambda_0) + \sin\varphi_0\tan\varphi} \\
\xi &= \frac{\sin(\lambda-\lambda_0)}{\cos\varphi_0\cos(\lambda-\lambda_0) + \sin\varphi_0\tan\varphi}
\end{aligned}\right\}
\tag{9.38}
$$

根据式(9.38)可得已知理想坐标计算地球坐标的公式为

$$
\left.\begin{aligned}
\tan(\lambda-\lambda_0) &= \frac{\xi}{\cos\varphi_0 - \eta\sin\varphi_0} \\
\tan\varphi &= \frac{\sin\varphi_0 + \eta\cos\varphi_0}{\cos\varphi_0 - \eta\sin\varphi_0}\cos(\lambda-\lambda_0)
\end{aligned}\right\}
\tag{9.39}
$$

4) 图像平面坐标系

CCD 传感器获得的数字图像由像素组成。像素的表现形式为 $y$ 行和 $x$ 列排列的矩阵，从而构成了如图 9-14所示的图像平面坐标系，其原点位于图像矩阵的左上角。星象点在此坐标系中的坐标 $(x, y)$ 是天文摄影定位测量的观测量。

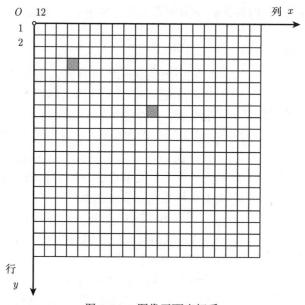

图 9-14    图像平面坐标系

## 2. 星图成像

数字天顶摄影仪一般采用折返式天文望远镜，望远镜成像模型反映的是入射光线和出射光线间的关系。根据折返式天文望远镜成像原理，理想状态下可以利用小孔成像模型来描述，如图 9-15所示。

设恒星 $S_i$ 的地球坐标为 $(\lambda_i, \varphi_i)$，光轴方向的地球坐标为 $(\lambda_0, \varphi_0)$，图像平面坐标系的方位为 $A_c$，望远镜成像时像主点坐标为 $(x_0, y_0)$，焦距为 $f$，恒星 $S_i$ 通过望远镜成像在 CCD 平面上的星象点 $s_i$ 坐标为 $(x_i, y_i)$。

根据成像模型，恒星 $S_i$ 地球坐标和星象点 $s_i$ 的图像平面坐标关系为

$$\begin{bmatrix} x_i - x_0 \\ y_i - y_0 \\ -f \end{bmatrix} = -\mu \boldsymbol{R}_z(A_c)\boldsymbol{T}_x\boldsymbol{R}_y(\frac{\pi}{2} - \varphi_0)\boldsymbol{R}_z(\lambda_0)$$

$$\times \begin{bmatrix} \cos\varphi_i\cos\lambda_i \\ \cos\varphi_i\sin\lambda_i \\ \sin\varphi_i \end{bmatrix} \tag{9.40}$$

用星象点 $s_i$ 的理想坐标 $(\eta_i, \xi_i)$ 表示此关系为

$$\begin{bmatrix} x_i \\ y_i \end{bmatrix} = \begin{bmatrix} x_0 \\ y_0 \end{bmatrix} - f\begin{bmatrix} \eta_i\cos A_c + \xi_i\sin A_c \\ -\eta_i\sin A_c + \xi_i\cos A_c \end{bmatrix} \tag{9.41}$$

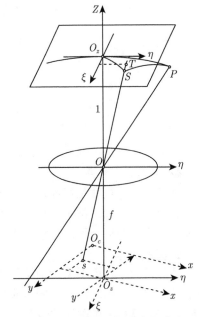

图 9-15　理想望远镜成像模型

式中，理想坐标 $(\eta_i, \xi_i)$ 由式(9.39)计算。

由于各种因素的影响，望远镜不可能完全按照小孔成像规律成像，总是存在一定的畸变。一般来说，镜头畸变分为径向畸变和切向畸变两种。用于数字天顶摄影仪的望远镜，主要研究镜头径向畸变对其成像的影响。径向畸变使像点沿径向产生偏差，对称于某个对称中心，一般接近于主点。

**3. 星点提取**

星点提取是指在图像中将星点与背景分离开来，并计算得到星点中心的图像坐标的过程与方法。数字天顶仪的成像视场一般不超过 $2° \times 2°$，所以在成像视场范围内几乎不受背景光污染。采用星点中心提取算法比使用大视场星敏感器更为简单，可直接进行全局阈值分割，然后利用质心法求解星点中心坐标。

1）阈值分割

阈值分割是指通过设定一个或多个阈值，将图像灰度划分为多个层次，并对同一层次的灰度做相似处理，其关键在于阈值计算方法。常用的算法有自适应阈值算法、Otsu 算法、最大熵法等。数字天顶摄影仪成像背景较为单一，一般采用具有原理简单、灵活性强等特点的自适应阈值算法。

自适应阈值算法的原理可表示为

$$T = \mu + \alpha\delta \tag{9.42}$$

式中，$T$ 为阈值；$\alpha$ 为固定系数，取值范围为 $3 \sim 5$；$\mu$ 和 $\delta$ 分别为图像灰度值的均值和方差，其计算公式为

$$\left. \begin{array}{l} \mu = \dfrac{\sum\limits_{i=1}^{m}\sum\limits_{j=1}^{n} G(i,j)}{m \times n} \\[4mm] \delta = \sqrt{\dfrac{\sum\limits_{i=1}^{m}\sum\limits_{j=1}^{n} [G(i,j) - \mu]^2}{m \times n - 1}} \end{array} \right\} \tag{9.43}$$

式中，$G(i,j)$ 为第 $i$ 行第 $j$ 列像素的灰度值；$m$、$n$ 分别为图像的行、列数。

2）星点中心计算

星点中心计算就是在经过图像阈值分割得到星点概略位置的基础上，进一步精确计算星点中心的图像坐标。常见的星点中心计算方法有灰度质心法、高斯曲面拟合法和高斯像元细分法等，数字天顶摄影仪一般采用带阈值的灰度质心法。

**4. 星图识别**

星图识别是将星图中所拍摄的天体与导航星库中的参考天体进行对应匹配，从而识别视场中天体的过程和方法。星图识别的实质就是在导航星库中寻找与星图中观测的恒星对应的导航星，一般利用星图间的角距、星间几何形状等信息来进行星图匹配，如图 9-16 所示，常通过子图同构、模式识别、人工智能等算法来实现。

建立起图像中恒星与天球上恒星的一一对应关系后，即完成了星图识别。星图识别算法有很多种，一般常用三角形匹配算法。实践证明，采用一些亮星三角形匹配辅以坐标转换匹配的算法更适宜于数字天顶仪的星图识别。其基本思路与过程如下。

（1）选择少许（一般不少于 6 颗）亮星按照三角形匹配算法识别恒星。

（2）利用已经识别的亮星，根据相似变换的原理，建立恒星理论像点切平面坐标与图像坐标之间的转换关系。

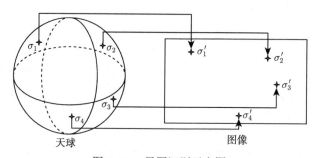

图 9-16　星图识别示意图

（3）将匹配星表中的恒星理论像点切平面坐标转换为图像坐标。

（4）根据转换后的恒星理论图像坐标 $(x_i', y_i')$ 及星点提取得到的图像坐标 $(x_i, y_i)$ 进行匹配计算，匹配准则同时满足

$$\left. \begin{array}{l} |\Delta x_i| = |x_i - x_i'| < \varepsilon \\[2mm] |\Delta y_i| = |y_i - y_i'| < \varepsilon \end{array} \right\} \tag{9.44}$$

式中，$\varepsilon$ 为恒星理论像点坐标与恒星实际像点坐标差的不确定度。

### 5. 经纬度解算

在完成星点提取和星图识别之后，就可以解算测站点的精确天文经纬度了。数字天顶仪的视场一般较小，导致采用基于光轴解算的天文定位方法容易出现法方程病态问题，所以数字天顶摄影仪采用基于对称观测像片解算旋转轴的天文定位方法。

此方法的基本思想是旋转天顶仪在对称的两个位置进行拍摄，建立恒星地球位置和星象点 CCD 平面位置的关系，利用旋转轴的公共性及其与恒星方向间的相对位置关系精确计算仪器旋转轴的位置；然后通过高精度倾斜测量改正旋转轴位置至测站铅垂线位置。

### 练习和思考题

1. 简述天球和天文三角形的概念。
2. 简述赤道坐标系和黄道坐标的定义及其相互转换关系。
3. 简述大地天文测量定位中的时间系统。
4. 简述天顶距法测量定位的基本原理。
5. 简述数字天顶摄影仪的工作原理。

# 主要参考文献

陈希孺. 1998. 最小二乘法的历史回顾与现状. 中国科学院研究生院学报, (1): 4-11.

程鹏飞, 成英燕, 秘金钟, 等. 2014. 2000 国家大地坐标系建立的理论与方法. 北京: 测绘出版社.

丁轶, 陈元. 2019. 军用地理参考系统研究. 电子质量, (11): 79-85.

龚辉. 2008. 基于四元数的线阵 CCD 影像定位技术研究. 郑州: 中国人民解放军战略支援部队信息工程大学硕士学位论文.

龚辉. 2011. 基于四元数的高分辨率卫星遥感影像定位理论与方法研究. 郑州: 中国人民解放军战略支援部队信息工程大学博士学位论文.

龚辉, 江刚武, 姜挺. 2007. 基于单位四元数的绝对定向直接解法. 测绘通报, (9): 10-13, 16.

龚辉, 江刚武, 姜挺, 等. 2014. 基于对偶四元数的绝对定向直接解法. 测绘科学技术学报, 26(6): 434-438.

龚辉, 姜挺, 江刚武, 等. 2011. 一种基于四元数的空间后方交会全局收敛算法. 测绘学报, 40(5): 639-645.

海华沙·布雷. 2018. 人类找北史. 张若剑, 王力军, 党霄羽译. 北京: 电子工业出版社.

黄维彬. 1992. 近代平差理论及其应用. 北京: 解放军出版社.

江刚武. 2009. 空间目标相对位置和姿态的抗差四元数估计. 郑州: 中国人民解放军战略支援部队信息工程大学博士学位论文.

江刚武, 姜挺, 龚辉. 2016. 四元数摄影测量定位理论与方法. 北京: 科学出版社.

江刚武, 姜挺, 王勇, 等. 2007a. 基于单位四元数的无初值依赖空间后方交会. 测绘学报, 36(2): 169-175.

江刚武, 王净, 张锐. 2007b. 基于单位四元数的绝对定向直接解法. 测绘科学技术学报, 24(3): 193-195.

拉巴诺夫 A H. 1978. 解析摄影测量学. 华瑞林译. 北京: 科学出版社.

李厚朴, 边少锋, 钟斌. 2015. 地理坐标系计算机代数精密分析理论. 北京: 国防工业出版社.

刘俊峰. 2004. 三维转动的四元数表述. 大学物理, 23(4): 39-43, 62.

吕晓华, 李少梅. 2016. 地图投影原理与方法. 北京: 测绘出版社.

吕志平, 乔书波. 2010. 大地测量学基础. 北京: 测绘出版社.

牛国华, 郑晓龙, 李雪瑞, 等. 2016. 大地天文测量. 北京: 国防工业出版社.

钱曾波. 1980. 解析空中三角测量基础. 北京: 测绘出版社.

钱曾波, 杨金保. 1986. 用单张像片的目标定位问题. 解放军测绘学院学报, (1): 67-72.

数学手册编写组. 1979. 数学手册. 北京: 人民教育出版社.

孙文瑜, 徐成贤, 朱德通. 2010. 最优化方法. 北京: 高等教育出版社.

王若璞, 张超, 李崇辉. 2018. 大地天文测量原理与方法. 北京: 测绘出版社.

王之卓. 1979. 摄影测量原理. 北京: 测绘出版社.

王之卓. 2007. 摄影测量原理续篇. 武汉: 武汉大学出版社.

徐绍铨, 张华海, 杨志强, 等. 2017. GPS 测量原理及应用. 4 版. 武汉: 武汉大学出版社.

袁绍芹. 1981. 关于极坐标系的几个问题. 数学通报, (11): 23-25.

翟翙, 赵夫来, 杨玉海, 等. 2016. 现代测量学. 2 版. 北京: 测绘出版社.

张保明, 龚志辉, 郭海涛. 2008. 摄影测量学. 北京: 测绘出版社.

张永生, 刘军, 巩丹超, 等. 2014. 高分辨率遥感卫星应用: 成像模型、处理算法及应用技术. 2 版. 北京: 科学出版社.